정부[illegible]

곤[illegible]
강의

쉽게 풀어 쓴 곤충학 입문서

정부희 글과 사진

보리

저자의 글

곤충, 아는 만큼 보이고 아는 만큼 사랑한다

곤충계에 정식으로 입문한 지 벌써 20년이 됩니다. 아마추어 시절까지 거슬러 올라가니 곤충과 함께한 세월이 인생의 절반을 차지합니다. 그 긴 세월 동안 오로지 곤충 연구에 매달렸습니다. 전국을 돌아다니며 찾은 곤충을 논문에 담아 세상에 알리고, 아무도 돌보지 않는 버섯살이 곤충을 키워 세상에 둘도 없는 기록을 만들었습니다. 연구실 안팎에서 곤충을 직접 관찰하며 터득한 천일야화 같은 곤충 이야기를 〈정부희 곤충기〉에 담았고요. 각종 매체나 단체에 곤충 생태 강연을 해 왔습니다.

이른바 '곤충 전도사'인 제가 자주 듣는 말이 있습니다.

"곤충은 아무리 공부하고 싶어도 너무 어려워요. 쉽게 접근할 방법이 뭘까요?"

그렇습니다. 곤충 분야는 접근하기가 굉장히 어렵습니다. 왜 그럴까요? 무엇보다도 곤충 수가 어마어마하게 많기 때문입니다. 그 많은 곤충이 저마다 다른 생김새로 저마다 다르게 살아가니 어려울 만도 하지요.

우리나라 곤충 분야가 하루하루 발전하고 있지만, 유감스럽게도 제대로 된 곤충학 이론서가 부족합니다. 대학의 전공생들조차 대개 원서나 번역서로 공부하니 곤충에 호기심이 있는 비전문인들은 곤충 이론을 접하기 더 어려울 수밖에 없지요.

저에게 '곤충이 어렵다'는 말들이 점점 풀어야 할 숙제로 다가왔습니다. 언젠가 누구나 쉽게 공부할 수 있는 '곤충학 이론' 책을 써서 그동안 독자들에게 받은 사랑을 되갚아야겠다고 생각했습니다. 그렇지만 곤충학 이론을 막상 책으로 쓰려 하니 처음에는 막막했습니다. 우선 책 한 권에 그 많은 내용을 빠짐없이 다 담으려니 부담스러웠습니다. 한자어로 점철된 전문용어를 어떻게 처리할 것인지, 전문적인 내용을 얼마나 담아야 하는지 같은 문제에 맞닥뜨렸습니다. 그렇게 고민을 거듭하던 어느 날, 몸에 힘을 빼고 나니 글을 어떻게 풀어 나가야 할지 가닥이 잡혔습니다.

첫째, 곤충을 이해하는 데 꼭 알아야 할 이론을 선별했습니다. 머리-가슴-배, 세 마디로 이루어진 곤충의 생김새, 한살이 과정, 생존 전략, 생리 현상 들을 자세히 나누어 이야기했습니다. 이를테면 생김새 영역에서는 머리-가슴-배의 생김새, 딸린 부속지와 기능까지 자세하고 알기 쉽게 설명했습니다.

둘째, 난이도를 조절했습니다. 곤충학 이론은 깊이 있게 들어가려고 하면 한없이 어렵기 때문에 지나치게 전문적인 내용은 빼고 꼭 알아야 할 내용만 선별했습니다. 그래서 곤충을 깊고도 체계적으로 알고 싶어 하는 고학년 초등학생에서부터 대학생, 비전공자, 생태 해설사까지 일반인의 눈높이에 맞는 이론을 담는 데 심혈을 기울였습니다. 비전문가가 굳이 파고들지 않아도 되는 내용은 간략하게 소개하고, 우리나라에서 실제로 자주 볼 수 있는 곤충에 적용되는 이론은 꼼꼼하게 챙겼습니다.

셋째, 전문용어를 쉽게 풀어 썼습니다. 곤충학은 순수과학 가운데 한 분야입니다. 그러다 보니 곤충 전문 책이나 논문에 전문용어가 많이 나오고 표현도 딱딱합니다. 더구나 전문용어는 일본식 한자말이 많습니다. 그래서 전문용어를 쉬운 우리말로 풀어 쓰고자 애썼습니다. 그렇다고 전문용어를 모두 우리말로 바꾸려고 하지는 않았습니다. 자칫하다가는 현재 쓰이고 있는 용어의 뜻이 다르게 읽힐 수도 있기 때문입니다.

얼마 전 식물에 대한 강의를 듣다가 강사 선생님께서 식물 형태에 대해 설명하면서 전문용어를 많이 쓰는 걸 보고 놀랐습니다. 더 놀라운 건 수업을 듣는 학생들 거의가 그 어려운 한자식 전문용어를 알아듣는 것이었습니다. 저는 지금까지 쓰이는 전문용어들 가운데 대중이 받아들일 수 있는 정도를 감안해 곤충학계에서 일반적으로 사용하는 전문용어는 그대로 쓰고, 그 용어를 알기 쉽게 풀어 쓰는 것으로 갈음했습니다.

넷째, 우리 둘레에서 흔히 볼 수 있는 곤충을 선별해 소개했습니다. '곤충강' 족보는 여러 개의 '목' 가문으로 나뉩니다. 목 수준은 날개의 구조가 어떤지, 주둥이가 어떤 형태인지, 변태를 어떤 방식으로 하는지에 따라 나뉩니다. 우리나라에서는 모두 28목을 채택하였습니다. 이 가운데 적어도 1년에 한두 번 넘게 만날 수 있는 흔한 곤충들을 간추렸습니다. 인간의 간섭 때문이든 기후의 변화 때문이든 1년에 한두 번 만나는 곤충이 흔한 곤충의 대열에 든다는 현실이 가슴 아픕니다. 가려 뽑은 곤충에 대한 이야기를 누구나 알기 쉽게 풀어 나갔지만 워낙 전문 분야이기 때문에 내용이 좀 낯설지도 모릅니다. 하지만 어려우면 어려운 대로 우리 이웃인 곤충을 차근차근 만나 보면 되겠습니다.

아는 만큼 보이고, 아는 만큼 사랑한다는 말이 떠오릅니다. 생태계가 심각하게 파괴되어 가고 있지만, 여전히 산과 들에 나가면 풀밭에서 톡톡 튀는 메뚜기를 만날 수 있습니다. 그 '메뚜기'는 저마다 다른 종류일 텐데 보통은 보자마자 "메뚜기!"라고 부릅니다.

우리나라에 사는 메뚜기목은 176종이나 되어 메뚜기마다 엄연한 이름이 있습니다. 그 녀석들의 정체를 하나하나 알면 더할 나위 없겠지만, 그건 전문가의 몫으로 둡시다. 하지만 이 책을 읽고 나면 적어도 메뚜기 생김새를 보고 소리를 내지 못하는 메뚜기 무리인지, 날개를 열심히 비벼 소리를 내는 여치 무리인지 구분할 수 있기를 바랍니다. 더듬이가 짧고 암컷의 산란관이 몸속에 있어 보이지 않는 녀석들은 메뚜기 무리이고, 더듬이가 제 몸보다 더 길고 암컷의 산란관이 몸 밖으로 길게 뻗어 나와 눈에 보이는 녀석들은 여치 무리거든요.

또한 송충이같이 꿈틀거리며 기어 다니는 애벌레가 나중에 탈바꿈한 뒤 어여쁜 날개가 달린 나비가 되어 나풀나풀 날아다닌다는 사실을 이 책을 통해 알면 참 좋겠습니다.

곤충의 삶은 우리네 삶과 비슷합니다. 다만 생김새가 다를 뿐이지요. 우리에게 있는 코가 곤충에게는 없고, 우리에게 있는 눈썹이 곤충에겐 없고, 우리에게 있는 커다란 뇌는 곤충에겐 거의 없다시피 할 만큼 작고, 우리에게 있는 귀를 가진 곤충은 거의 없습니다. 이렇게 신체적 조건이 불리한데도 곤충은 아주 오래전부터 지금까지 번성하여 늘 우리 곁에서 함께 살아갑니다. 우리 이웃인 곤충이 생태계에서 해 내는 한없는 역할 덕분에 우리 인류가 아직까지 건재하다는 말은 그리 터무니없는 게 아닙니다.

한 발짝 한 발짝 산과 들에 발을 들여놓을 때마다 마주치는 곤충! 밀어내기보다는 역지사지의 심정으로 우리와 같은 소중한 생명체로 받아들이며 곤충과 공존할 수 있는 계기가 되기를 간절히 바랍니다.

2021. 5. 정부희

차례

2장
곤충의
몸 생김새

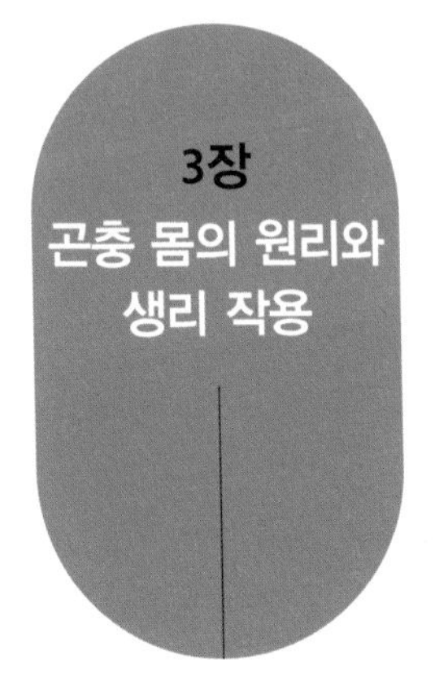
3장
곤충 몸의 원리와
생리 작용

4장
곤충의
생존 전략

5장
꼭 알아야 할
곤충들

1장

곤충의 탄생과 번영

1. 곤충은 언제 태어났을까

지금으로부터 약 150억 년 전 우주 대폭발이 있었습니다. 이 어마어마한 사건이 있은 뒤 우주에서 떠돌던 먼지와 가스들이 점점 뭉치면서 현재의 지구와 달이 만들어졌습니다. 그때가 약 46억 년 전이니, 지구의 나이는 약 46억 살입니다. 지구가 생기고 6억 년이 흐른 뒤, 다시 말해 지금으로부터 약 40억 년 전에 지구에 최초의 생명체가 태어납니다. 그리고 약 5억 년 전에 이르러서야 삼엽충처럼 우리에게 낯익은 동물들이 나타나기 시작합니다. 그렇다면 곤충은 언제 지구에 나타났을까요?

(1) 곤충의 탄생과 진화

곤충은 약 4억만 년~3억5천만 년 전 지구에 처음 나타났습니다. 공룡이 약 2억5천만 년 전쯤에 나타났고, 사람은 약 4만 년 전에 나타났습니다. 약 46억 살인 지구의 나이를 24시간으로 계산하면, 곤충은 오후 9시 50분경에, 사람은 오후 11시 58분경에 탄생한 셈입니다. 이번에는 지구의 나이를 한 달로 환산해 볼까요? 곤충은 28일째 되는 날에 지구에 나타나고, 사람은 30일째 되는 날 오후 11시 50분에 나타났으니, 역시 곤충은 사람보다 먼저 지구 세상에 나온 선배입니다.

지구에 최초로 나타난 곤충은 지금은 존재하지 않지만 화석으로 남아 있습니다. 그때 모습을 화석으로 보면 날개가 없는 좀과 비슷하게 생겼습니다. 물론 이 동물의 몸은 매우 원시적이어서 현재 우리가 만나는 곤충과 매우 다르게 생겼지요. 한참 세월이 흐른 뒤 약 3억5천만 년~3억 년 전(고생대 석탄기)쯤 되어

서야 비로소 날개 달린 곤충이 등장하기 시작했습니다. 이 시대에 곤충은 뛰어난 적응 능력을 발휘하여 광범위하게 퍼져 나갑니다. 약 3억 년 전쯤 지구에서는 멸종되어 지금은 볼 수 없는 옛잠자리류를 비롯해 거대한 크기의 다양한 곤충들이 살고 있었습니다. 옛잠자리류는 날개를 편 길이가 약 75센티미터이고, 옛바퀴류 또한 날개를 편 길이가 무려 56센티미터나 될 정도였습니다. 지금 시대에 볼 수 있는 곤충들과 견주어 봤을 때 도저히 곤충이라고 상상하지 못할 만큼 몸집이 컸습니다.

이어 약 2억8천만 년 전(고생대 페름기)에 접어들면서 무성하게 퍼져 있던 양치식물의 틈새로 겉씨식물(나자식물)이 들어서게 됩니다. 이와 함께 곤충들도 대거 나타났는데, 약 30여 목 곤충들이 이 시대에 태어난 것으로 여겨집니다. 이 시대에 있었던 곤충들 가운데 몇몇은 식물의 신선한 즙을 먹을 뿐더러 화분도 먹고 살았습니다. 하지만 이 시기에 살았던 다양한 곤충들은 고생대 페름기 말 세 번째 대절멸 사건으로 거의가 멸종되고 지금까지 남아 있는 무리는 하루살이류, 바퀴류와 메뚜기류에 불과합니다.

다시 세월이 흘러 약 2억2천만 년 전(중생대 삼첩기, 트라이아스기)에 접어들면서 곤충들이 다양하게 나타납니다. 이때야 비로소 오늘날 볼 수 있는 다양한 목 곤충들이 지구 곳곳에 자리 잡게 되었고, 얼마 지나지 않아 나비목과 벌목 곤충들이 탄생합니다. 그 뒤로 식물 역시 수많은 세월을 거치며 진화를 거듭하다 공룡이 뛰놀던 약 1억5천만 년 전(중생대 백악기)에 이르러 '꽃 피는 식물'(속씨식물)이 번성하게 되는데, 이때 곤충은 더 다양하게 나타납니다. 실제로 화석을 살펴보면 백악기 말기쯤 곤충의 분포가 현대 곤충의 분포와 비슷할 만큼 곤충의 다양성이 높습니다.

인간의 역사가 5만 년도 안 되는 것으로 견주었을 때 곤충은 그 어느 동물보다 참으로 오랜 역사를 지니고 있습니다. 이렇게 곤충들은 수억 년을 두고 저마다 환경에 따라 자기에게 맞는 적응을 하며 진화해 왔다는 점에서 오늘날 지구에서 가장 성공적으로 번성한 생물입니다.

(2) 곤충의 진화 방향

그렇다면 곤충이 어떤 방향으로 진화해 왔는지 살펴볼까요? 우선 날개가 없는 무시류(無翅類) 곤충에서 날개가 달린 유시류(有翅類) 곤충으로 진화해 왔습니다. 유시류 곤충은 고시류(古翅類)와 신시류(新翅類)로 나뉩니다.

공중을 나는 유시류가 적을 만나면 숲속이나 나무 틈새와 같은 안전한 곳으로 숨어야 합니다. 이때 날개를 뒤로 접어서 몸에 붙일 수 있다면 나뭇가지나 나뭇잎에 걸리지 않고 도망갈 수 있지만 날개를 뒤로 접지 못하면 아무래도 잽싸게 도망칠 수 없겠지요.

고시류는 날개가 달려 있으나 날개를 뒤로 접을 수 없어서 자유롭게 움직이지 못합니다. 보다 초기에 나온 하루살이류나 잠자리류가 고시류에 속합니다. 반면 고시류보다 더 진화한 신시류는 날개를 뒤로 접을 수 있어 나뭇잎이나 나뭇가지 사이를 수월하게 날아다닐 수 있습니다. 학자에 따라 의견이 갈리지만, 대개는 고시류에서 신시류가 진화했고, 다시 신시류는 진화를 거듭하여 메뚜기 계열, 노린재 계열, 내시류와 같이 세 계열로 나뉜 것으로 봅니다.

현존하는 곤충은 약 30목 정도이고, 약 12목 정도는 적응에 실패해 지구에서 사라졌습니다. 결국 곤충은 날개의 발달 덕분에 뿔뿔이 흩어져 멀리멀리 퍼져 나갈 수 있었고, 그 결과 새로운 환경에서 적응하면서 종 다양성을 크게 높였을 것으로 보입니다.

2. 곤충의 족보는 어떻게 될까

지구에 생물이 너무 많다 보니 종을 일일이 인식하는 것은 어렵습니다. 그래서 각각의 종들을 '계－문－강－목－과－속－종'이란 분류 체계에 편입시켜 종에 대한 족보를 만들었습니다.

그럼 곤충의 족보는 어떻게 될까요? 우선 곤충은 움직이니 동물계에 속합니다. 동물계에는 연체동물문, 선형동물문, 자포동물문, 절지동물문과 같이 35개 내외의 문(門, Phylum)이 있는데, 곤충은 절지동물문에 속해 있습니다. 절지동물문은 몸이 외골격(뼈옷)으로 덮여 있으나 여러 마디로 나뉘어 있고, 여러 마디로 된 부속지를 써서 이동하는 특징이 있습니다.

(1) 곤충의 친척

좀 더 구체적으로 절지동물문의 족보를 살펴보면 지금은 멸종된 삼엽충아문, 새우나 게가 속해 있는 갑각아문, 거미나 진드기가 속해 있는 협각아문, 무당벌레나 모기가 속해 있는 곤충아문, 다리가 많은 지네류와 노래기가 속한 다지아문 들이 있습니다. 따라서 절지동물문은 곤충의 종갓집인 셈이고, 우리에게 친숙한 동물인 가재, 새우, 게, 지네, 노래기, 거미, 진드기 들은 곤충의 사촌쯤 되는 셈입니다.

강연하다가 종종 거미가 곤충이냐는 질문을 받습니다. 결론 먼저 말하자면 거미는 곤충이 아닙니다. 거미는 다리가 여덟 개이고 몸이 두흉부(머리와 가슴)와 배 두 마디로 이루어져 있고 더듬이가 없으므로 곤충과 구조가 다릅니다. 그래서 거미는 거미강에 속합니다. 또한 냄새나는 노래기도 곤충에 속하냐는 질문도 받습니다. 노래기는 몸이 수십 마디로 이루어져 있고, 다리도 몸 마디마다 두 쌍씩 다리 수십 개가 있으므로 곤충이 아니라 노래기강에 속합니다.

(2) 절지동물의 조상

절지동물의 조상은 누구일까요? 이 물음에 속 시원히 대답할 만한 증거는 아직 없습니다. 이들의 진화 과정을 살펴보려면 생태학적, 생물지리학적, 고생물학적 자료와 같은 많은 증거가 필요합니다. 하지만 아쉽게도 이러한 자료는 매우 빈약합니다. 심지어 과거에 태어나서 현재까지 생존하는 종은 거의 없고 남아 있는 화석도 굉장히 적습니다. 그래서 절지동물의 조상을 추적하는 것 자체가 상상하는 수준에 가까우나 일부 알려진 내용은 다음과 같습니다.

절지동물의 조상은 '환형동물(지렁이) 같은' 동물로 추정하고 있습니다. '환형동물 같은' 동물의 특징은 아래와 같습니다.

몸이 여러 마디로 나뉘어 있고, 각 마디마다 부속지가 한 쌍씩 있고, 소화계, 신경계, 배설계, 순환계 같은 여러 내장기관을 가지고 있다.

이 같은 특징은 절지동물에게도 나타납니다. '환형동물 같은' 동물은 흙 속에서 살기 때문에 피부가 무척 부드럽지요. 자외선이나 거친 환경에 노출되면 살아남기 힘듭니다. 따라서 진화하면서 피부가 튼튼하게 변형되어, 마침내 두껍고 단단한 외골격 몸을 가진 절지동물이 나타났을 것으로 추정합니다. 이들이 이동하려면 관절로 이루어진 운동기관이 필요했을 것입니다. 그렇게 '환형동물 같은' 동물의 몸에 붙어 있던 다리(부속지)는 아가미, 더듬이, 입틀, 다리들로 구조나 기능이 다르게 분화되었습니다. 또한 외골격 때문에 피부호흡이 불가능하므로 기관이나 아가미 같은 호흡기관이 발달했습니다.

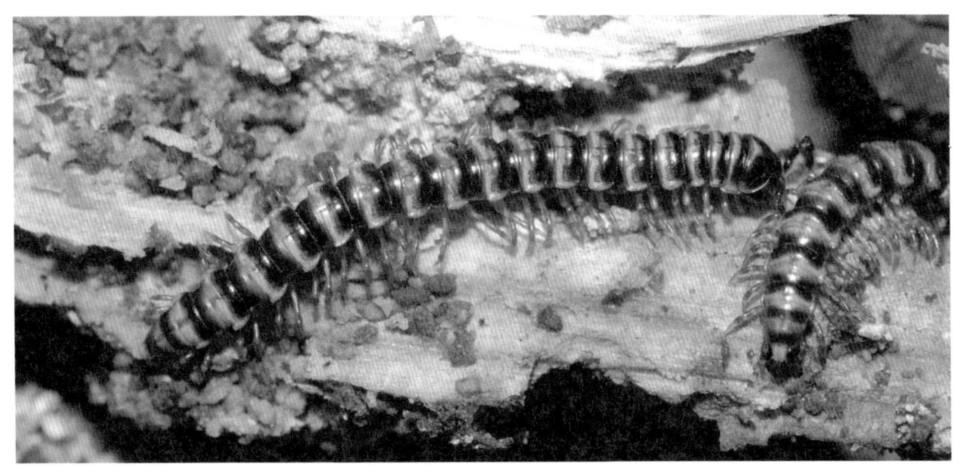

절지동물문 노래기강 노래기류

절지동물문 연갑강 쥐며느리

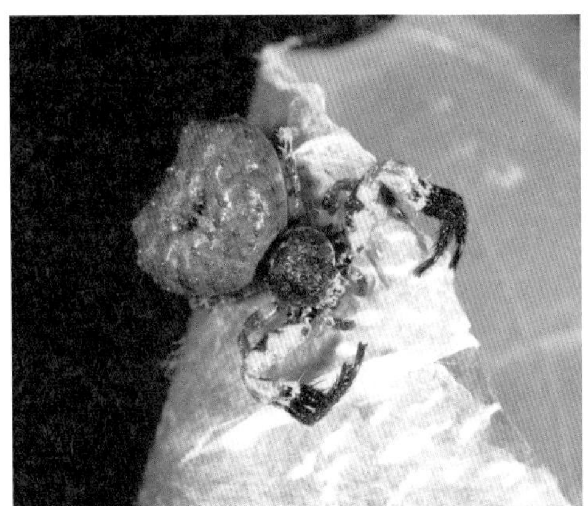

절지동물문 거미강 사마귀게거미

절지동물문 지네강 지네

구슬무당거저리

(3) 구슬무당거저리 족보

그럼 버섯을 먹고 사는 아름답고 매혹적인 거저리인 '구슬무당거저리'의 족보를 알아볼까요? 분류 체계를 쉽게 이해하기 위해 우리나라의 행정구역을 함께 표시했습니다.

구슬무당거저리는 움직이므로 **동물계**에 속하고, 몸이 마디로 되어 있고 마디마다 부속지가 붙어 있으므로 **절지동물문**이고, 몸이 머리, 가슴, 배 세 마디이고, 더듬이는 두 개이고, 다리는 여섯 개이며 날개가 네 장이므로 **곤충강**이고, 앞날개가 딱딱하고 더듬이가 열한 마디이므로 **딱정벌레목**이고, 더듬이가 염주 모양 또는 톱니 모양이고, 뒷다리의 발목마디가 네 마디이므로 **거저리과**이고, 몸 색깔이 무지갯빛이 나니 **무당거저리속**이고, 수컷 앞다리의 종아리마디가 휘어지지 않으니 **구슬무당거저리**이다.

구슬무당거저리의 분류 체계와 우리나라 행정구역 체계 비교

계급 단위	생물계급 및 소속	행정구역
계(Kingdom)	동물계 Animalia	대한민국
문(Phylum)	절지동물문 Arthropoda	도(시)
강(Class)	곤충강 Insecta	구(군)
목(Order)	딱정벌레목 Coleoptera	읍(면)
과(Family)	거저리과 Tenebrionidae	동(리)
속(Genus)	무당거저리속 *Ceropria*	홍씨
종(Species)	구슬무당거저리 *Ceropria induta*	홍길동

3. 지구에는 얼마나 많은 곤충이 살고 있을까

지구에서는 곤충이 얼마나 살고 있을까요? 약 100만 종 정도가 지구 곳곳에 터를 잡고 삽니다. 분류학의 아버지인 린네(Carl Linné, 1707~1778)가 1758년 《자연체계(Systema Naturae)》라는 책에서 생물 4,162종을 최초로 기록한 이래로 여러 연구자들이 많은 종들을 밝혀냈습니다. 138년 뒤인 1896년 뫼비우스(August Ferdinand Möbius, 1790~1868)는 41만 5천 종을, 1969년 마이어(Ernst Mayr, 1904~2005)는 약 107만 종의 생물을 집계해 기록했습니다. 현재까지 알려진 동물 종만 따져 보면 지구상에는 약 150만 종 이상이 살고 있는 것으로 알려졌는데, 그 가운데 곤충이 약 100만 종이나 차지합니다. 이렇게 곤충의 종 수는 모든 다른 동물 종을 합한 수보다 훨씬 많습니다. 심지어 우리 주변에 널려 있는 식물이 약 40만 종이니 곤충은 식물의 두 배 이상이나 많습니다.

곤충 수가 100만 종이라고는 하지만 이는 어디까지나 정식으로 기록된 종 수일 뿐이고, 아직도 이름 없는 종과 발견되지 않은 종들도 많이 있습니다. 연구자들에 따라 견해가 다르지만 실제로 이미 알려진 100만 종의 두 배에서 다섯 배는 더 많을 것으로 추정합니다. 심지어 딱정벌레 분류학자 어윈(Terry Erwin, 1940~2020)은 3,000만 종 이상일 것이라고 호언장담했으니 말 다 했지요. 우리나라의 경우 1994년에 약 12,000종의 곤충이 기록되었으나, 2019년에는 약 18,000종으로 늘어났습니다.

종 수뿐만 아니라 곤충의 개체 수도 어마어마하게 많습니다. 어느 열대 지역을 조사해 보니 개미의 생물량(그곳에 사는 개미 전체의 몸무게)은 육상에 사는 모든 척추동물의 몸무게보다 훨씬 높았다고 합니다. 또한 일부 연구자들은 한 사람마다 곤충 2억 마리가 지구에 존재한다고 추산하니 실로 곤충의 개체 수는 상상할 수 없을 정도로 어마어마하게 많습니다.

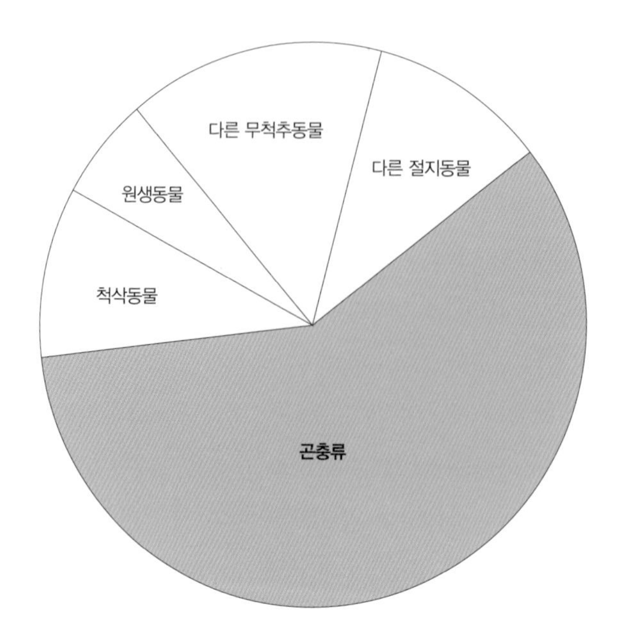

지구상에 있는 동물 종의 상대적 수

이렇게 종 수와 개체 수가 많다 보니 지구에서 곤충이 살지 않는 곳은 거의 없습니다. 숲속, 연못, 하천, 들판, 버섯, 해수욕장의 모래사장, 사막, 높은 산에서 살고 있으며, 심지어 식물과 동물의 몸속이나 몸 위에서 기생하며 살아가기도 합니다. 하지만 아직 바닷물에서는 살지 못합니다.

곤충의 종 수가 지구의 모든 동물을 합한 수보다 많고, 곤충이 지구의 전 지역에 퍼져 살게 된 까닭은 무엇일까요? 그건 거칠고 불리한 육상 환경과 모든 기후에 맞서 적응할 수 있는 능력이 타의 추종을 불허하기 때문입니다. 이제부터 척박한 지구 환경에 적응하는 곤충들의 탁월한 능력을 짚어보려고 합니다.

4. 곤충이 지구에서 번성한 까닭은 뭘까

지구상의 동물 가운데 3분의 2나 차지하는 곤충은 종 수로만 보면 분명히 지구의 주인입니다. 오늘날 곤충이 이렇게 훌륭하게 번성한 것은 그들이 지구에서 살아온 세월이 몇억 년이나 될 정도로 긴 데다 환경에 대한 적응력이 여느 동물보다도 탁월하기 때문일 것입니다.

곤충은 모든 육상 환경에서 다양한 기후에 적응할 수 있는 능력이 비교할 수 없을 만큼 뛰어납니다. 육상뿐만 아니라 많은 곤충들이 담수와 연안 같은 척박하고 불리한 환경 조건에서도 살아남을 수 있도록 진화해 왔습니다.

실제로 곤충은 남극, 북극, 깊은 바닷속과 같은 극한 환경이 아니라면 지구 곳곳에서 삽니다. 해발 5,400미터가 넘는 히말라야의 온천수에서도 딱정벌레인 *Helophorus*속의 종이 발견되었고, 백두산 천지 주변의 돌멩이 밑에서도 딱정벌레류가 살고 있습니다. 원유 저장소에서 파리류가 살고 있고, 심지어 60도가 넘는 감귤 잎 위에서 깍지벌레류(예: *Aonidiella aurantii*) 암컷이 버티며 삽니다. 이렇게 곤충은 극히 척박한 환경에 적응할 수 있는 능력을 갖추고 있기 때문에 오늘날 지구에서 크게 번성할 수 있었을 것입니다. 이제부터 곤충들이 어떻게 변화무쌍한 지구의 환경에 적응하면서 놀랍게 번성할 수 있었는지 차근차근 살펴보겠습니다.

(1) 몸이 작다

지금은 멸종되어 화석으로만 남아 있는 옛잠자리류는 날개를 편 길이가 약 760밀리미터이고, 현존하는 대형나방인 산누에나방류도 날개를 편 길이가 약

300밀리미터입니다. 어린이들에게 인기가 많은 장수풍뎅이의 몸길이는 약 55밀리미터가 될 정도로 몸집이 커 눈에 확 띕니다. 하지만 현재 지구에 사는 곤충은 대개 1~10밀리미터 이하로 작습니다. 심지어 다른 곤충의 알에 기생하는 알좀벌의 몸집은 몸길이가 0.3밀리미터일 정도로 매우 작습니다. 이렇게 곤충의 몸은 세월이 흐르면서 대형에서 소형으로 점점 변해 왔습니다.

몸이 작으면 살아가는 데 불리한 면도 있지만 장점이 더 많습니다. 천적을 만나거나 위험에 맞닥뜨리면 나무껍질 아래, 나뭇잎 아래, 낙엽 속, 돌멩이 밑, 땅굴 속, 썩은 나무 틈새 같은 곳으로 잽싸게 숨을 수 있습니다. 몸집이 작으니 식사량이 적어서 먹잇감 때문에 고생할 필요가 없습니다. 또한 곤충은 기관(氣管, air tube)으로 공기를 공급하는 기관호흡을 하기 때문에 몸집이 큰 동물보다 산소를 몸의 각 기관에 훨씬 수월하게 공급할 수 있습니다.

반면에 체구가 작다 보니 상대적으로 표면적이 넓어서 몸속의 수분 증발이 빨리 일어납니다. 또 극심한 기후 변화가 일어날 때나 물질대사에 문제가 생겼을 때 대처 능력이 떨어질 수 있습니다. 무엇보다 몸이 가볍기 때문에 거센 바람이 불면 쓸려 나갈 수 있습니다. 하지만 수분이 투과하지 못하는 큐티클성 피부를 갖춘 덕분에 수분 증발 문제를 해결할 수 있었고, 예기치 않은 기후 변화는 휴면으로 대처했습니다. 또한 바람에 날려간 곤충은 새로운 환경에서 적응을 하면서 새로운 집단을 만들어 되레 종족의 수를 늘리게 되니 사람으로 치면 인생 역전의 기회를 잡은 것입니다.

(2) 날개가 있다

지구상에서 최초로 날개를 가진 동물은 누구일까요? 바로 곤충입니다. 어른벌레는 대개 날개 네 장을 달고 삽니다. 다리 여섯 개도 모자라 네 장의 날개까지 단 곤충은 사부작사부작 걸을 뿐만 아니라 위급한 상황이 닥치면 날개를 펼치고 휘리릭 날아갑니다. 확실히 걸어 다니는 것보다는 날아다니는 게 빠르고 효율적입니다. 먹이를 찾아갈 때나 맘에 드는 짝을 찾아갈 때도 날개가 있어 잽싸게 이동할 수 있습니다. 따라서 날개 덕분에 짝짓기 기회를 높이고, 먹이가 있는 곳이면 어디든시 쉽게 오갈 수 있게 되어 종족이 번성할 기회를 잡을 수 있습니다.

(3) 뼈옷을 입고 산다

곤충의 피부는 뼈입니다. 다시 말하면 곤충은 죽을 때까지 늘 뼈옷을 입고 삽니다. 그래서 곤충을 외골격 동물이라고 하지요. 방아깨비나 나방 애벌레를 만져 본 적이 있나요? '만져 보면 말랑말랑한데 도대체 어디에 뼈가 있다는 거지?' 하는 의문이 들 겁니다. 사람을 포함한 척추동물은 목이나 등, 허리 따위 부분 중심에 뼈가 있고 그 뼈 둘레에는 근육이 붙어 있습니다. 반면 곤충의 '뼈' 구조는 척추동물과 완전히 다릅니다. 곤충의 피부는 사람으로 치면 뼈에 해당합니다. 사람의 뼈는 단단하고 두꺼운데 곤충의 뼈는 얇고 가벼우며 두껍지도 않아 도무지 뼈처럼 느껴지지 않습니다. 그건 곤충의 뼈는 '큐티클'이라는 매우 얇고 질긴 재질로 만들어졌기 때문입니다.

큐티클은 몸속 수분이 몸 바깥으로 증발하는 것을 막아서 몸속의 삼투압을 제대로 유지할 수 있습니다. 또한 비바람이 치거나, 위험한 사고에 맞닥뜨릴 때도 큐티클이 소화기관과 같은 중요한 내부 기관을 잘 보호해 줍니다. 큐티클은 표피 아래에서부터 분비되어 몸의 표면을 둘러싸고 있지요. 마치 단단한 갑옷을 입고 있는 것 같습니다. 다행히도 몸통과 다리, 더듬이같이 부속지가 연결되는 곳은 큐티클이 얇고 신축성이 있어 관절을 자유자재로 움직일 수 있습니다.

그럼 큐티클의 성분은 무엇일까요? 큐티클은 단백질과 지질, 질소 다당류로 이루어져 있습니다. 무엇보다도 큐티클의 가장 중요한 재질은 단백질과 결합된 키틴(chitin)질입니다. 키틴은 단단하고 저항성이 강한 질소 다당류라 물, 알칼리, 약산에도 녹지 않습니다. 그래서 물에 끓여도 심지어 양잿물에 담가 놓아도 흐늘거리거나 녹지 않습니다. 그러고 보면 곤충은 큐티클이라는 신비로운 재질로 된 뼈옷을 입고 변화무쌍한 지구의 환경을 효과적으로 대처하며 사는

두점박이사슴벌레 단단한 외골격을 가졌다.

지혜로운 동물입니다.

큐티클에도 단점은 있습니다. 큐티클은 늘어나지 않습니다. 그러다 보니 곤충의 몸(특히 애벌레)이 성장하는 데 걸림돌이 됩니다. 몸이 크게 성장하기 위해서는 일정한 시기마다 몸을 덮고 있는 뼈옷을 벗고 큰 뼈옷으로 갈아입어야 합니다. 다시 말하면 완전한 어른벌레가 되기까지 여러 번의 허물을 벗으며 몸을 키워야 합니다. 이 과정을 '허물벗기' 또는 '탈피'라고 합니다. 허물벗기는 3장 곤충 몸의 원리와 생리작용에서 자세히 이야기하겠습니다.

(4) 탈바꿈(변태)을 한다

곤충은 사람처럼 한꺼번에 자라지 않고, 여러 단계로 자랍니다. 알 단계가 있고 애벌레 단계가 있고 번데기 단계가 있고 어른벌레 단계가 있습니다. 단계별로 모습이 바뀌는 것을 '변태'라고 합니다. 변태를 풀어 쓰면 모습을 바꾼다는 말이지요. 변태에는 불완전변태와 완전변태가 있습니다.

우선 불완전변태(안갖춘탈바꿈)는 알 – 애벌레 – 어른벌레 세 시기를 거치며 한살이를 하는 방법입니다. 불완전변태는 주로 하등한 곤충 무리에서 일어나는데, 대표적인 곤충으로는 메뚜기목, 사마귀목, 대벌레목, 잠자리목, 집게벌레목, 노린재목, 바퀴목 들을 들 수 있습니다. 완전변태(갖춘탈바꿈)는 알 – 애벌레 – 번데기 – 어른벌레 네 시기를 거치며 한살이를 하는 방법입니다. 완전변태는 주로 진화한 고등 곤충 무리에서 일어나는데, 대표적인 곤충으로는 나비목, 딱정벌레목, 벌목, 파리목 들을 들 수 있습니다. 완전변태와 불완전변태의 차이는 번데기 시기가 있느냐 없느냐입니다. 즉, 번데기 시기를 거치면 완전변태, 번데기 시기를 거치지 않으면 불완전변태입니다.

변태는 곤충이 번성하는 데 어떤 영향을 줄까요? 한 모습으로 사는 것보다 여러 모습으로 사는 게 극심한 환경 변화를 견뎌 내며 살아남을 가능성이 높습니다. 특히 알과 번데기는 곤충의 생활사 가운데 물질대사를 최대한 정지시키는 시기로서 극심한 기후 변화를 비롯한 여러 불리한 환경을 극복할 때 굉장히 유리합니다. 또한 각 시기마다 분업을 잘함으로써 변화가 심한 환경에 최대한 잘 적응합니다. 애벌레는 성장을 위해 오로지 먹는 일에만, 번데기는 성장 중심의 애벌레의 몸 구조에서 생식 중심의 어른벌레의 몸 구조로 바꾸는 일에만, 어른벌레는 오로지 짝짓기로 종족 번식을 하는 일에만 몰두합니다. 다시 말하면 애벌레 시기는 일생 동안 필요로 하는 영양분을 축적하는 단계이며, 번데기 시기는 애벌레에서 어른벌레로 변화하는 생리적 변화 단계, 어른벌레 시기는 오직 번식과 분산에만 몰두하는 단계입니다. 분업화의 가장 좋은 예로 하루살이를 들 수 있는데, 하루살이 어른벌레는 아예 입틀이 퇴화해 먹지 않고 짧은 삶 동안 오로지 번식에만 충실합니다. 이와 같이 단계의 분업화는 환경 변화가 심한 곳에서 자신의 생존 기회를 높일 수 있는 굉장히 훌륭한 전략입니다.

(5) 한살이가 짧다

곤충은 일생이 굉장히 짧습니다. 우리 둘레에서 흔히 볼 수 있는 배추흰나비와 네발나비는 한살이가 1년에 네 번 넘게 돌아갑니다. 물론 파리의 한살이 기간은 그보다 더 짧습니다.

사과초파리의 한살이 기간은 약 2주이며, 적어도 1년에 스물다섯 번 한살이가 돌아갑니다. 예컨대 암컷 한 마리가 백 개의 알을 낳는다 치면 1년 동안 낳은 알의 총 수는 천문학적 숫자에 이릅니다. 이렇게 한살이가 짧다는 것은 세대교체가 빠르다는 뜻입니다. 세대교체가 빠르다는 것은 그만큼 유전자가 섞일 기회가 많아지고, 그에 따라 변형된 유전자가 생겨날 가능성이 높다는 걸 뜻하지요.

더구나 다산을 하게 되면 변형된 유전자가 생겨날 확률은 기하급수적으로 높아집니다. 변형된 유전자를 지니고 태어난 개체는 대개 정상적인 생활을 이어가지 못하고 도태될 가능성이 높습니다. 하지만 그 가운데 새로운 환경에서 잘 견디며 적응할 가능성이 더 높은 개체도 섞여 있을 수 있습니다. 이러한 개체는 이미 자신의 부모와는 다른 유전자를 지니고 있기 때문에 새로운 환경에서 새로운 생활 방식을 영위하면서 새로운 종으로 갈라져 나갈 가능성이 높습니다. 그래서 종 수를 늘리고 다양한 환경에서 터를 잡아 살아갈 수 있습니다.

(6) 번식능력이 어마어마하다

곤충의 생식능력은 다른 동물들에 비해 월등하게 왕성합니다. 무엇보다도 곤충의 부모는 새끼(애벌레나 알)를 돌보지 못하고 죽기 때문에 암컷은 알을 많이 낳습니다. 보통 알을 한 번에 수십 개에서 수백 개씩 몇 번에 걸쳐 낳는데, 암컷 한 마리가 낳는 알 수는 적어도 몇백 개에서 많게는 몇천 개나 됩니다. 사마귀는 알 3백여 개를 낳고, 남가뢰는 알 3천여 개를 낳습니다. 그뿐만 아닙니다. 진딧물류는 암컷이 수컷 없이 알 대신 새끼를 직접 낳아 종 수를 늘립니다. 즉 암컷 혼자서 새끼를 낳는 단위생식을 함으로써 짧은 기간에 기하급수적으로 개체 수를 늘릴 수 있습니다. 복숭아혹진딧물은 1년에 23세대가 돌아간다고 하니 진딧물의 번식능력은 타의 추종을 불허합니다.

개미 알과 번데기 개미는 다산을 한다.

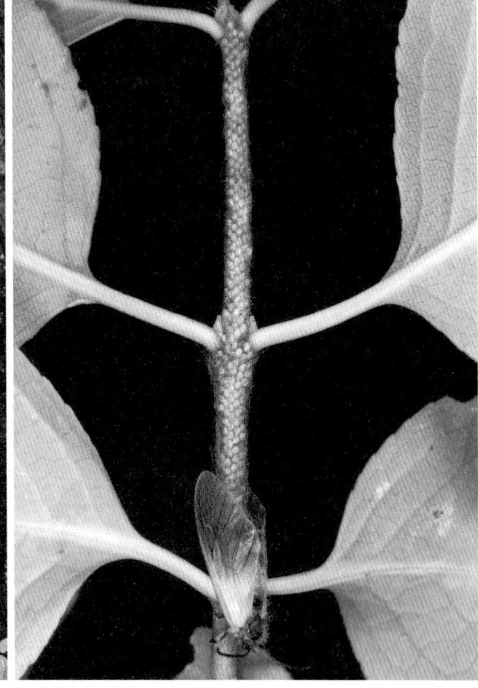
노랑털알락나방 알 노랑털알락나방은 수백 개의 알을 낳는다.

(7) 생리적, 생태적 특성이 다양하다

곤충은 다양한 생리적, 생태적 특성을 가지고 있습니다. 곤충은 변온 동물이라 체온을 스스로 조절하지 못합니다. 날씨가 더우면 체온이 올라가고, 추우면 체온이 덩달아 내려갑니다. 그래서 더운 여름이 되면 시원한 곳에 들어가 생활하거나, 아예 여름잠을 자기도 합니다. 겨울에는 따뜻한 곳에서 겨울잠을 자는데, 대부분 몸속에 부동물질을 분비해서 몸이 얼지 않게 합니다.

또한 생태적으로 굉장히 뛰어난 능력을 지니고 있습니다. 어른벌레의 구애 활동은 눈에 띌 정도로 적극적입니다. 매미류는 수컷만 노래를 부를 수 있는데, 발음기관이 배에 붙어 있습니다. 배를 수축하며 소리를 내어 암컷을 불러들입니다. 여치류나 귀뚜라미류는 겉날개를 비벼서 소리를 내 암컷을 유인합니다. 어떤 나방류는 암컷이 성페로몬을 내뿜어 수컷을 유인하기도 하고, 개미, 꿀벌, 말벌 같은 사회성 곤충은 인간 세상을 빰칠 만큼 정교한 사회구조를 이루고 있어 종족 번식을 왕성하게 합니다.

(8) 생존 전략이 다양하다

곤충은 종 다양성이 높은 만큼 재주 또한 다양합니다. 살아남기 위한 곤충의 재주는 기발합니다. 천적으로부터 자신을 보호하기 위해 보호색이나 경고색을 띠며, 심지어 폭탄먼지벌레는 화학 물질을 이용해 화학방어를 하기도 합니다. 또한 반딧불이는 인간이 개발하지 못한 냉광을 만들어 불빛을 내는 능력이 있습니다. 어떤 풍뎅이류는 자기 몸무게의 2백 배 넘는 것도 들어 올릴 수 있고, 메뚜기류는 자기 몸길이의 다섯 배 넘는 높이로 뛰어오를 수 있습니다. 그런가 하면 꿀벌은 자기 몸에서 밀랍을 분비해 집을 짓습니다.

(9) 남의 밥을 건드리지 않는다

곤충이 지구에서 번성하게 된 원인 가운데 하나는 곤충의 밥이 지구 여기저기에 널려 있기 때문입니다. 모든 동물이 다 그렇듯이 곤충도 먹어야 삽니다. 다행히 곤충들은 식량이 될 만한 먹을거리를 저마다 자기 식성에 맞게 선택해 먹습니다. 식물을 먹는 식식성, 다른 동물을 잡아먹는 육식성, 버섯이나 균을 먹는 균식성, 똥과 시체를 먹는 분식성같이 식성이 다양합니다. 식식성 종들 거의가 좋아하는 식물만 선택적으로 먹기 때문에 종간의 먹이경쟁이 거의 일어나지 않습니다. 그러다 보니 곤충들은 먹는 밥에 따라 몸의 모양새도 그에 맞게 변하고, 그 결과 서식 공간도 다양해졌습니다.

곤충의 주둥이는 잎이나 다른 곤충을 씹어 먹기에 좋은 입, 꿀 따 먹기에(빨아 먹기에) 좋은 입, 식물에 주둥이를 꽂고 즙을 빨아 먹기에 알맞은 입, 살아 있는 곤충에 소화 효소나 마취제를 주입하기에 알맞은 입 들처럼 생김새가 다양합니다. 곤충이 어떤 먹이를 먹는 것인지에 따라 서식지가 정해지고 이에 따라 식물, 죽은 동물, 땅속뿌리, 버섯, 똥과 같이 곤충들의 삶터가 굉장히 다양해졌기에 곤충이 번성할 수 있었습니다.

1. **긴은점표범나비** 큰금계국 꽃꿀을 먹는다.
2. **제주진주거저리** 털목이를 먹고 산다.
3. **먹그림나비** 진흙물을 먹는다.
4. **사마귀** 잠자리 같은 곤충을 먹고 산다.

2장

곤충의
몸 생김새

곤충의 몸-머리, 가슴, 배로 이어진 세 칸 기차

사람의 몸은 어떻게 생겼을까요? 간단하게 말하자면 머리와 몸통으로 이루어져 있습니다. 가만히 들여다보니 머리에는 뇌, 눈, 코, 입, 귀 등 감각기관이 붙어 있고, 몸통에는 팔과 다리가 가지런히 붙어 있군요. 물론 몸통에는 위나 소장 같은 소화기관, 폐와 같은 호흡기관, 콩팥과 같은 배설기관들이 복잡하고도 질서정연하게 들어서 있습니다. 그러면 곤충의 몸은 어떻게 생겼을까요? 당연히 하등동물인 곤충은 모든 생물의 꼭대기에 있는 사람과는 하늘과 땅 사이만큼 매우 다르게 생겼습니다.

곤충의 몸은 세 마디, 즉 머리, 가슴, 배로 구성되어 있습니다. 세 칸짜리 기차와 비슷하지요. 첫 번째 칸인 머리, 두 번째 칸인 가슴과 세 번째 칸인 배로 연결된 기차 말입니다. 머리와 가슴 사이, 가슴과 배 사이가 부드러운 연결막으로 이어져 있어 몸이 유연합니다. 몸이 나무토막처럼 한 덩어리이면 유연하게 움직이지 못하지만, 세 토막이다 보니 움직임이 보다 자유롭습니다. 그러다 보니 먹이와 짝을 찾아 돌아다니거나 천적을 피해 도망치기에 매우 유리하지요. 꽃을 들락거리는 꿀벌을 보세요. 꽃가루와 꽃꿀을 따기 위해 요가 선수처럼 온몸을 그 가운데서도 특히 배를 동그랗게 말았다 풀었다 합니다. 심지어 아까시나무 꽃처럼 좁은 통꽃 속으로 몸을 유연하게 해서 들어갔다 꿀을 딴 뒤 잽싸게 돌아 나올 수 있습니다.

그럼 세 마디로 이루어진 곤충의 몸에는 무엇이 붙어 있을까요? 머리에는 입, 더듬이, 겹눈, 간혹 홑눈이 붙어 있습니다. 가슴에는 이동할 때 필요한 다리 여섯 개와 날개 네 장이 붙어 있습니다. 배에는 창자 같은 소화기관, 배설기관, 호흡에 필요한 숨구멍이 있으며 생식에 필요한 정자와 난자가 있습니다. 이제부터 몸에 붙어 있는 여러 기관들의 생김새와 역할을 차근차근 살펴봅시다.

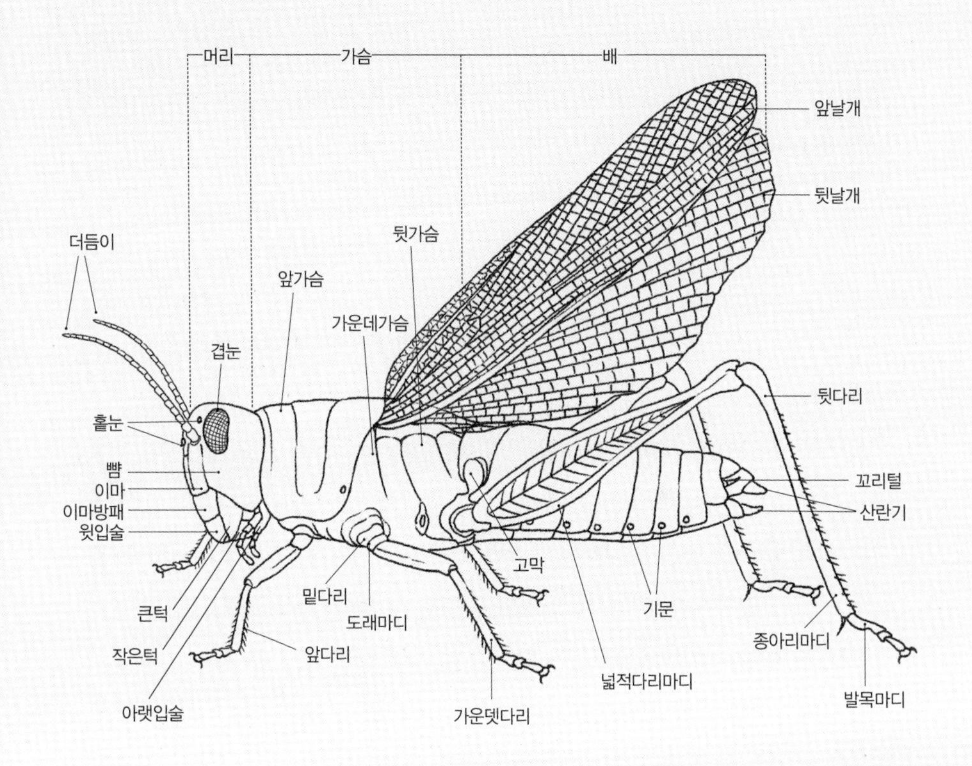
머리
가슴
배
앞날개
뒷날개
뒷가슴
더듬이
앞가슴
가운데가슴
겹눈
홑눈
뒷다리
뺨
이마
이마방패
윗입술
꼬리털
산란기
고막
밑다리
도래마디
기문
큰턱
작은턱
앞다리
종아리마디
넓적다리마디
아랫입술
가운뎃다리
발목마디

곤충의 몸 구조

1. 머리, 감각기관이 집중된 곳

곤충의 머리는 감각기관이 오밀조밀하면서도 빈틈없이 체계적으로 밀집되어 있는 곳입니다. 배고플 때 먹어야 하는 입(입틀), 냄새를 맡고 맛을 보는 더듬이(사람으로 치면 코 역할), 먹잇감이나 짝을 보는 겹눈처럼 없어서는 안 될 중요한 기관이 붙어 있는 곳이지요. 재미있게도 곤충에게는 사람에게 있는 귀와 코가 없습니다. 이제부터 머리에 붙어 있는 여러 기관들을 하나하나 살펴봅시다.

(1) 겹눈

사람의 눈은 좌우 합해서 두 개입니다. 이때 사람의 한쪽 눈을 '한 개'란 뜻으로 '낱눈'이라 부릅니다. 그럼 곤충의 낱눈은? 수천 개 이상입니다. 단도직입적으로 말해 곤충의 눈은 하나하나의 낱눈들이 모여서 만들어진 겹눈입니다. 겹눈을 이루는 낱눈(Facet)의 수가 엄청나게 많은데, 종에 따라 적게는 몇백 개에서 많게는 몇만 개까지 이릅니다. 실제로 돋보기나 현미경으로 겹눈을 꼼꼼히 보면 수많은 낱눈들이 오톨도톨 모여 있습니다. 배율이 높아 더 세밀한 전자현미경으로 사진을 찍어 보면, 그 많은 낱눈들은 육각형의 벌집 모양이며 아주 빽빽하게 밀착되어 있습니다. 낱눈의 재질은 투명한 큐티클이며, 낱눈의 생김새는 육각형의 렌즈 모양입니다. 빛을 수집하는 렌즈 부분과 빛을 감지하는 망막세포와 색소세포 들로 구성되어 있습니다. 따라서 곤충은 수많은 낱눈들이 치밀하게 배열된 겹눈을 통해 사물의 모양이나 자외선, 명암 들을 분별할 수 있습니다.

먹줄왕잠자리 겹눈 왕잠자리의 겹눈은 2만8천 개의 낱눈으로 이루어져 있다.

우리 둘레에서 흔히 만날 수 있는 곤충들의 낱눈의 수는 몇 개나 될까요? 헤아려 보니 왕잠자리류는 무려 약 2만8천 개, 좀잠자리류는 약 2만 개, 나비류는 약 1만4천 개, 집파리류는 약 4천 개, 벌류는 약 4천~5천 개나 될 만큼 어마어마해서 입이 떡 벌어집니다. 그리 많은 낱눈을 세어 본 사람은 더 대단합니다. 물론 동굴 같은 어두운 곳에서 사는 녀석들의 겹눈은 퇴화되었습니다.

그러면 사람보다 수만 배나 많은 낱눈을 가진 곤충의 시력은 좋을까요? 아닙니다. 사람보다 훨씬 좋지 않습니다. 그건 사물을 보는 방식이 사람과 다르기 때문입니다. 신기하게도 곤충들의 낱눈들은 저마다 위치한 각도와 방향의 사물만 봅니다. 이를테면 2만8천 개나 되는 왕잠자리의 낱눈들은 제각각 위치한 각도와 방향의 사물만 감지한 뒤 재빠르게 시신경에서 종합한 정보로 사물을 인식합니다. 그래서 곤충들이 보는 세계는 육각형 벌집 모양 모자이크에 가깝습니다. 한번은 잠자리를 잡으려고 뒤에서 살금살금 다가갔는데 눈치 빠른 녀석이 쌩 날아가 버렸습니다. 그래서 "어! 잠자리는 눈이 뒤에도 달려 있나 봐!"

1. **늦반딧불이 수컷 겹눈** 둥근 공 모양이다.

2. **등검은메뚜기 겹눈** 타원형 겹눈에 줄무늬가 있다.

3. **호리꽃등에 겹눈** 찌그러진 타원형이다.

4. **장수말벌 겹눈** 초승달 모양이다.

5. **사마귀 겹눈** 밤이 되면 멜라닌 색소가 이동해 겹눈 색깔이 까맣게 변한다.

6. **무지개무당거저리 겹눈** 콩팥 모양이다.

라고 중얼거린 적이 있습니다. 잠자리의 뒤통수 쪽에 있는 낱눈들에게 제 존재를 들켰기 때문입니다. 그러니 '잠자리 눈이 뒤에도 달려 있다.'는 말이 틀리지 않습니다.

겹눈의 크기는 종마다 다릅니다. 땅강아지처럼 어두운 땅속에서 생활하는 녀석들은 겹눈이 작고, 잠자리처럼 넓은 공간에서 먹잇감을 찾아야 하는 녀석들은 겹눈이 큽니다. 겹눈이 크면 머리 한가운데에서 만나 좌우 겹눈이 맞붙어 있기도 하는데, 대표적인 예로 잠자리목을 들 수 있습니다.

겹눈의 생김새는 공 모양, 찌그러진 콩팥 모양, 타원형 모양 들로 종마다 다릅니다. 공 모양 겹눈은 말 그대로 겹눈이 동그랗게 생겼습니다. 잠자리의 겹눈을 보세요. 마치 커다란 선글라스를 낀 것 같이 동그랗습니다. 딱정벌레목 가운데 뛰어난 사냥꾼인 길앞잡이, 반짝반짝 불빛을 내는 반딧불이도 겹눈이 동그랗습니다. 나비와 나방을 포함한 나비목과 모기, 깔다구, 꽃등에, 파리매 따위 파리목 곤충도 동그란 겹눈을 가지고 있습니다.

타원형 겹눈을 가진 곤충은 누구일까요? 여름과 가을에 들판을 주름잡는 메뚜기목이 대표적입니다. 방아깨비, 섬서구메뚜기, 벼메뚜기, 여치의 눈은 부드러운 타원형입니다.

찌그러진 콩팥 모양의 겹눈도 있습니다. 대표로 말벌과나 딱정벌레목인 거저리과, 하늘소과, 잎벌레과 들을 들 수 있습니다. 이는 더듬이와 겹눈이 서로 좋은 자리를 차지하려는 자리싸움의 결과입니다. 더듬이의 뿌리가 겹눈 자리로 심하게 침입해 들어오면 겹눈의 일부가 안쪽으로 들어가 콩팥 모양이 되는 것이지요.

(2) 홑눈

곤충의 머리에는 겹눈 말고도, 작은 홑눈이 붙어 있습니다. 홑눈은 모든 곤충이 지니고 있는 게 아니라 몇몇 곤충들만 가지고 있습니다. 보통은 겹눈 사이에 있는 머리 정수리에 홑눈 세 개가 역삼각형으로 배열되어 있으나 때로는

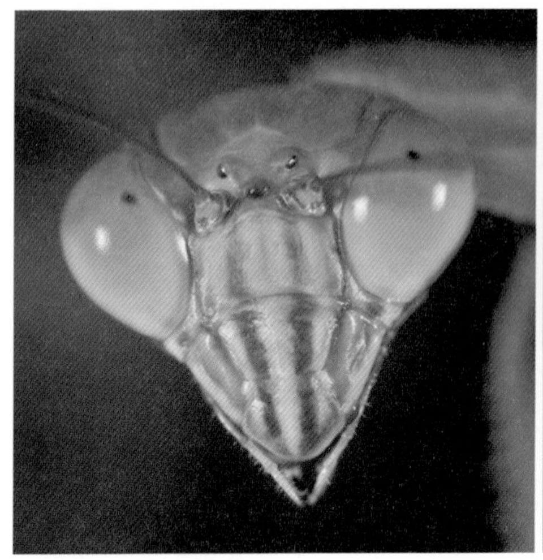

사마귀 홑눈 홑눈이 세 개 있다.

참매미 홑눈 홑눈이 세 개 있다.

홑눈 두 개가 배열되어 있기도 합니다. 홑눈은 수정체가 없고 구조가 원시적입니다. 홑눈의 역할은 빛과 어둠을 분별하고, 움직임을 감지한다고 알려져 있으나 아직 연구가 미흡해 자세한 기능은 별로 알려진 바가 없습니다.

홑눈을 가진 곤충을 알아볼까요? 잠자리목, 하루살이목, 사마귀목, 총채벌레목, 파리목 곤충은 홑눈 세 개를 지니고 있으며 대벌레목, 메뚜기목 곤충은 홑눈 두세 개를 가지고 있습니다. 딱정벌레목 가운데 몇몇은 앞홑눈 한두 개를 지니고 있고, 수시렁이과는 홑눈 한 개를 가지고 있으나 홑눈이 퇴화된 수시렁이과 곤충도 있습니다. 노린재목과 딱정벌레목 가운데에도 홑눈이 퇴화된 곤충이 있습니다.

(3) 입틀

살기 위해서는 먹어야 합니다. 다시 말해 먹지 않으면 죽습니다. 그러면 무엇으로 영양분을 섭취할까요? 그야 물론 입으로 먹습니다. 잘 알다시피 입은 머리에 붙어 있습니다. 곤충에게도 사람처럼 입이 있습니다. 다만 입의 생김새와 구조가 사람과 다를 뿐이지, 음식을 먹는 기능은 똑같습니다.

우선 사람의 입은 윗입술, 윗니, 아랫니와 아랫입술로 이루어져 있습니다. 하지만 곤충의 입은 다섯 개의 기관, 즉 윗입술 한 쌍, 큰턱 한 쌍, 작은턱 한 쌍,

아랫입술과 혀로 이루어져 있습니다. 이 가운데 큰턱과 작은턱은 사람에게 없는 부분인데, 특이하게도 작은턱과 아랫입술엔 수염이 달려 있습니다. 이렇게 입을 구성하는 기관이 많아 곤충의 입을 한 단어로 '입틀'이라 부르는데, 한자어로는 '구기(口器)'라 하고, 영어로는 '마우스파트(mouthpart)'라고도 부릅니다.

곤충들의 입틀은 거의가 몸속에 숨어 있지 않고 바깥쪽으로 튀어나와 있거나 앞쪽으로 쭉 돌출되어 있어 잘 보입니다. 잠시 입틀의 구성기관을 살펴볼까요?

① 윗입술(labrum)

윗입술을 한자어로 상순(上脣)이라고 하는데, 다른 여러 곤충 책에서는 윗입술보다는 상순이라는 말을 더 많이 씁니다. 윗입술은 이마의 아래쪽에서 뻗어 나와 입틀의 앞부분을 덮고 있습니다. 먹이의 맛을 느끼는 곳으로 보일락 말락한 짧은 감각털들로 덮여 있습니다.

② 큰턱(mandible)

큰턱을 한자어로 대악(大顎)이라고 하는데, 다른 곤충 책들에서는 큰턱보다는 대악이라는 말을 더 많이 씁니다. 큰턱은 사람으로 치면 치아라고 할 수 있는데, 윗입술 바로 아래에 있습니다. 큰턱의 주요 역할은 자르고 씹는 일입니다. 그래서 곤충들은 큰턱으로 먹이를 한입씩 한입씩 잘라서 씹어 먹습니다. 큰턱은 한 쌍으로 이루어져 있고, 좌우로 배열되어 있으며 수염이 달려 있지 않습니다. 큰턱의 안쪽에는 어금니가 발달하여 앞부분에서 자른 먹이를 씹을 수 있습니다. 어금니는 사람과는 다르게 맷돌같이 생겼습니다.

③ 작은턱(maxillae)

작은턱을 한자어로 소악(小顎)이라고 하는데, 작은턱 역시 다른 여러 곤충 책에서는 작은턱보다는 소악이라는 말을 더 많이 씁니다. 작은턱은 큰턱의 바로 뒤에 붙어 있으며 끝부분에 내엽과 외엽, 그리고 작은턱수염이 붙어 있습니다.

작은턱은 큰턱을 돕는 조력자입니다. 큰턱이 먹이를 잡고 씹을 때 먹이가 입

밖으로 흘러내리지 않게 도와줄 뿐만 아니라 먹이를 잘라 내기도 합니다. 이때 작은턱수염이 맛을 보면서 자기가 먹을 수 있는 것인지 아닌지를 선택합니다. 작은턱수염은 보통 한 개에서 일곱 개 마디로 이루어져 있고, 작은턱 끝의 옆쪽에 붙어 있습니다. 대체로 작은턱은 씹는 기능보다는 감각기의 기능이 더 많습니다.

④ 아랫입술(labium)

아랫입술은 한자어로 하순(下脣)이라고 합니다. 아랫입술은 작은턱 뒤편에 붙어 있으며, 음식을 흘리지 않게 해 줍니다. 아랫입술수염은 끝부분 양쪽 가장자리에 붙어 있어 음식 맛을 보는 데 유용하게 쓰입니다.

대부분의 파리목과 사슴벌레류는 아랫입술로 음식물을 핥아 먹습니다. 아랫입술은 배발생 때는 작은턱과 비슷한 한 쌍의 구조로 출발하지만, 곧 좌우 구조가 중앙에서 융합되고 감각기들로 빼곡한 아랫입술수염이 한 쌍 붙습니다. 아랫입술수염은 음식물이 입틀 밖으로 빠져나가지 않도록 도와줍니다.

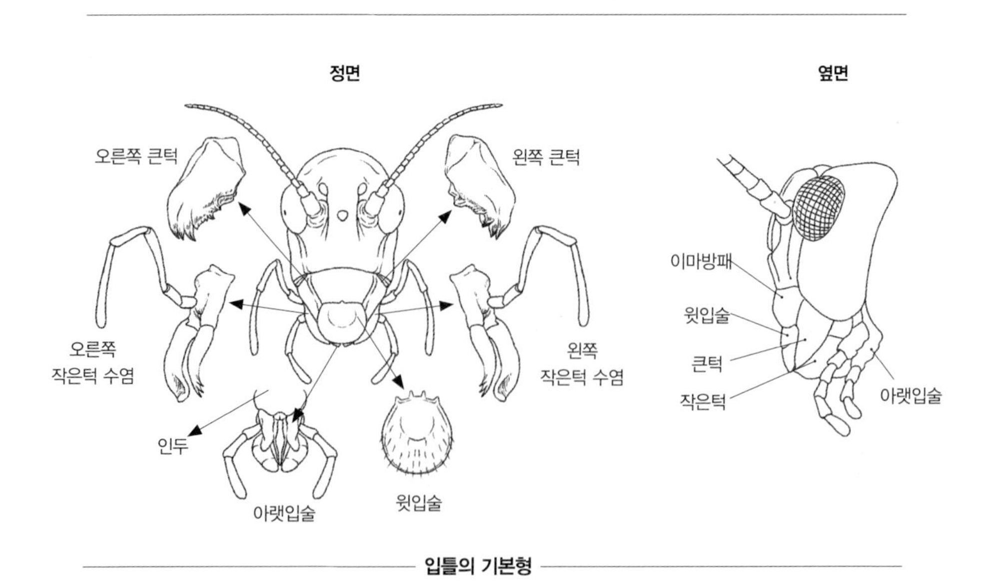

입틀의 기본형

⑤ **혀**(hypopharynx)

혀는 한자어로 하인두(下咽頭)라고 합니다. 혀는 나뭇잎 모양으로 머리의 아래쪽에서 시작되어 입틀과 밀착되어 있습니다. 입틀 바닥에 위치한 혀는 전후 운동으로 입틀 안의 먹이를 이동하게 합니다. 혀는 입틀을 이루는 큰턱, 작은턱 같은 부분과 달리 부속지가 아니라 몸체가 돌출하여 생겨났습니다. 혀는 침샘이 열리는 곳이기도 합니다. 혀 뒤쪽에는 침샘의 입구가 있고, 앞쪽 끝에는 인두로 들어가는 구멍(실질적인 입)이 있습니다.

(4) 여러 가지 입틀 모양

가장 기본적인 곤충의 입틀은 저작형(씹는형)으로 위에서 언급한 다섯 가지 기관이 합쳐져 있습니다. 이 기본형은 섭식 방법에 따라 변이가 많은데 다음과 같이 나눌 수 있습니다.

① **저작형**(씹는형, chewing type)

'저작형'은 입틀의 가장 기본형으로 입틀의 구성 요소인 윗입술, 큰턱, 작은턱, 아랫입술과 혀 다섯 개 기관이 완전하게 갖추어져 있습니다. 특히 큰턱이 잘 발달되어 동물이든 식물이든 음식물이면 뭐든지 한입씩 잘라 야금야금 씹어 먹을 수 있습니다. 곤충들의 입틀은 거의가 저작형으로 바퀴목, 강도래목, 잠자리목, 메뚜기목, 사마귀목, 밑들이목, 나비목 애벌레, 딱정벌레목 들이 있습니다.

그러면 씹는 주둥이를 가진 곤충들은 어떤 방법으로 먹을까요? 먹이를 발견하면 곤충은 우선 큰턱으로 잘게 잘라 씹고, 곧바로 작은턱과 아랫입술로 잘게 부수어진 먹이를 식도로 밀어 넣습니다. 이때 작은턱과 아랫입술에 달려 있는 작은턱수염과 아랫입술수염에서 맛을 느끼고, 혀와 아랫입술 사이에 연결된 분비선에서 탄수화물 소화 효소가 나와 소화가 원활하게 이루어집니다.

저작형 주둥이에서 가장 큰 공헌을 하는 기관은 뭐니 뭐니 해도 큰턱입니다.

풀무치 입틀 곤충 입틀의 기본형이다.

사람은 음식을 먹을 때 위아래로 턱을 움직이며 치아로 자르고 씹지만, 메뚜기류같이 저작형 주둥이를 가진 곤충들은 마치 박수 치듯이 큰턱을 좌우로 움직입니다. 베짱이의 큰턱을 벌려 보면 바깥쪽에는 돌기(이)가 나 있고 안쪽에는 어금니가 있습니다. 방아깨비처럼 식물 잎을 먹는 곤충들은 바깥쪽 돌기로 잎을 잘라 씹어 먹습니다. 반면에 균을 먹는 무당벌레붙이나 꽃가루를 먹는 하늘소붙이처럼 미세한 입자 먹이를 먹는 곤충들은 안쪽의 어금니가 잘 발달되어 맷돌처럼 먹이를 잘 갈아 먹을 수 있습니다. 길앞잡이나 폭탄먼지벌레 같은 포식자들은 힘 약한 생물들을 잡아먹기 좋게 큰턱 끄트머리가 낫처럼 날카롭고 길게 돌출되어 있습니다.

예외로 큰턱이 비정상에 가깝게 클 뿐 아니라, 큰턱을 식사용으로 사용하지 않는 곤충이 있습니다. 이러한 곤충으로는 사슴벌레, 장수풍뎅이, 사슴풍뎅이가 있습니다. 녀석들의 수컷을 보세요. 맨 먼저 머리에 난 뿔이 눈에 확 띄지요?

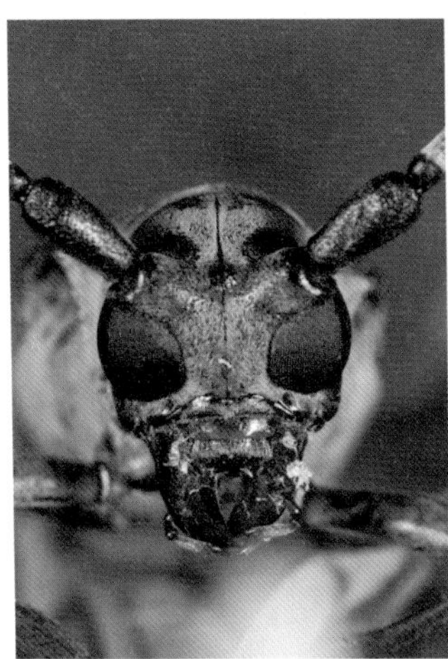
저작형 입틀인 뽕나무하늘소
큰턱이 매우 발달했다.

저작형 입틀인 사마귀
큰턱을 좌우로 벌리고 있다.

두점박이사슴벌레
큰턱이 뿔로 변형되었다.

큰 집게 같은 뿔의 정체는 바로 큰턱입니다. 물론 암컷의 큰턱은 매우 작습니다. 사슴벌레나 장수풍뎅이 수컷의 큰턱이 어마무시하게 거대해진 까닭은 수컷끼리의 경쟁에서 자기 몸을 지키는 한편, 암컷을 차지하기 위한 무기로 쓰기 때문입니다. 이처럼 암컷과 수컷의 생김새가 다른 현상을 '성적이형'이라고 합니다. 한편 길앞잡이의 날카롭게 기다란 큰턱은 사냥할 때뿐만 아니라 짝짓기 할 때 요긴하게 쓰입니다. 암컷을 오래 잡아 두기 위해 큰턱으로 암컷의 몸을 꽉 무는 것이지요. 특이한 경우도 있는데, 병정개미의 큰턱은 방어용으로 천적을 물리치는 데 쓰입니다.

보통은 큰턱 안쪽에 이가 나지만, 가끔 큰턱의 바깥쪽에 나기도 합니다. 대표적인 녀석이 우리가 잘 아는 도토리거위벌레와 밤바구미입니다. 도토리거위벌레는 알을 딱딱한 열매인 도토리 속에 낳는데, 녀석의 산란관으로는 딱딱한 도토리를 뚫을 수 없습니다. 그래서 큰턱의 바깥쪽에 난 이를 도토리에 대고 드릴처럼 쏠고 쏠아서 구멍을 뚫은 뒤, 그 속에 배꽁무니를 대고 알을 낳습니다.

심지어 큰턱이 아예 퇴화된 경우도 있습니다. 깜깜한 밤을 아름답게 수놓는 반딧불이 어른벌레의 큰턱은 퇴화되어 먹이를 먹을 수 없고, 다만 배고프면 물만 먹습니다. 날도래목과 파리목 어른벌레는 큰턱이 없고 대신 변형된 다른 기관으로 식사합니다.

② **흡관형**(빨대형, siphoning-Tube type)

노출된 액체를 빨아 먹기에 적당한 입으로 대표적인 곤충으로는 나비목 어른벌레가 있습니다. 자르고 씹는 데 필요한 큰턱은 퇴화되고(흔적만 남아 있음), 대신 큰턱의 뒤쪽에 있는 작은턱 한 쌍이 늘어난 뒤 유합되어 기다란 빨대와 똑 닮은 대롱 모양으로 변형됩니다. 빨대 모양의 긴 대롱 관은 식도와 연결되어 빠르고 수월하게 액체를 빨아 마실 수 있습니다. 나비목 어른벌레가 즐겨 빨아 마시는 먹이는 꽃꿀, 진흙물, 똥즙, 과일즙, 수액 들이 있습니다.

③ **흡수형**(천흡형, 찔러 빨아 마시는 형, piercing-Sucking type)

흡수형 즉 '찔러 빨아 마시는 형'은 식물이나 동물을 찔러 빨아 먹기에 적당한 모양을 갖춘 입틀입니다. 흡수형 입틀을 가진 곤충으로는 노린재목 어른벌레와 애벌레, 파리목의 모기와 벼룩목 들이 있습니다. 노린재목에는 노린재과, 진딧물과, 매미과, 선녀벌레과, 깍지벌레과, 매미충과 들이 속해 있으니, 우리 둘레에서 흡수형 주둥이를 가진 곤충들을 흔히 만날 수 있습니다. 노린재목 곤충들은 액체를 먹고 삽니다. 식물을 먹는 초식성 채식주의자는 식물의 조직을 찔러 즙을 빨아 마시고, 동물을 먹는 포식성 육식주의자는 동물의 피부를 찔러 체액을 빨아 마십니다. 식물이나 동물을 잘 찌르려면 침처럼 가느다랗고 뾰족한 주둥이가 필요합니다. 그래서 노린재목의 주둥이는 큰턱(한 쌍)과 작은턱(한 쌍)이 가느다랗고 뾰족하게 늘어나고 유합되어 침 모양으로 바뀌었습니다. 먹이를 먹지 않을 때는 침처럼 늘어난 긴 주둥이를 접어서 배 쪽 다리 사이에다 둡니다.

그런데 벼룩이나 모기같이 포유류, 설치류나 새들의 피를 빨아 먹고 사는 흡혈곤충들은 입틀의 다섯 개 기관(윗입술, 큰턱, 작은턱, 아랫입술과 인두)이 모두 가늘고 긴 주사침 모양으로 변형되어 동물의 피부를 뚫고 피를 먹습니다. 이들 역시 액체 음식을 빠르고 수월하게 식도로 보냅니다.

④ **흡취형**(핥아 먹는 형, sponging type)

액체를 핥아 먹기에 적당한 입으로 파리류 어른벌레가 있습니다. 흡취형 입

흡관형 입틀인 홍점알락나비 빨대 모양 입틀이 돌돌 말려 있다.

흡수형 입틀인 다리무늬침노린재 꿀벌을 사냥하고 있다.

틀에 있는 큰턱과 작은턱은 퇴화되었으며, 아랫입술이 주걱처럼 넓적하고 해면처럼 말랑말랑하게 변형됩니다. 이러한 순판 주둥이로는 즙을 핥아 먹을 수밖에 없습니다. 흡취형 입틀을 가진 곤충은 순판 표면에 있는 미세한 홈을 통해 음식을 핥는 동시에 빨아들여 식도로 보냅니다. 파리목 곤충들은 축축한 액즙뿐만 아니라 고체인 설탕 조각도 먹을 수 있습니다. 설탕 조각 위에 침(타액)을 떨어뜨려 녹인 뒤 눅눅하게 변한 용액 상태의 설탕을 핥아 먹습니다.

⑤ 교흡형(절단흡취형, 잘라 핥아 먹는 형, cutting-Sponging type)

동물의 피부를 자르거나 찢은 뒤 핥아 먹는 입틀 모양을 말합니다. 대표적인 곤충으로는 혈액을 빨아 먹는 등에류가 있습니다. 큰턱은 날카로운 칼날 모양으로 변형되고, 작은턱은 길고 가느다란 침 모양으로 바뀌었습니다. 이렇게 변형된 주둥이로 짐승이나 사람의 피부를 자르고 찢어 피가 흐르게 한 다음, 흥건한 피를 해면과 같은 아랫입술로 핥아 먹습니다. 이때 혈액응고를 방해하는 물질을 분비해 피가 굳지 않고 흐르게 만듭니다.

⑥ 저지형(씹고 빨아 먹는 형, chewing-Lapping type)

씹고 빨아 먹기에 적당한 입으로, 꿀벌이나 말벌 같은 벌목 어른벌레가 저

흡취형 입틀인 광붙이꽃등에
순판으로 변한 아랫입술로 큰개불알풀 꽃가루를 핥아 먹는다.

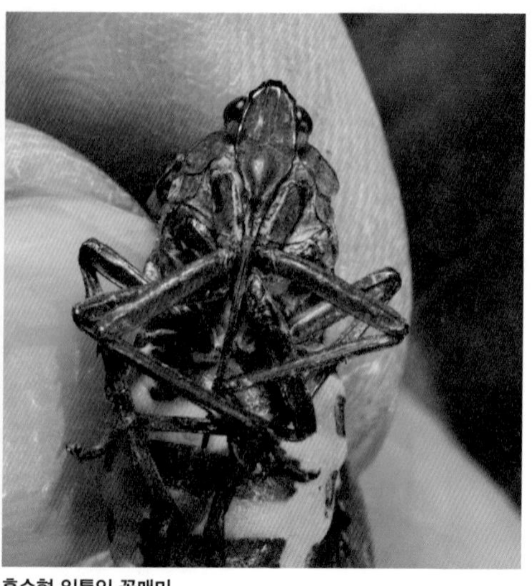
흡수형 입틀인 꽃매미
주둥이가 뾰족한 침 모양이다.

지형 입틀을 갖고 있습니다. 작은턱과 아랫입술은 길고 편평한 관 모양으로 변형되어 꽃꿀이나 수액 같은 액체를 먹을 수 있고, 큰턱과 윗입술은 씹는형으로 발달해 먹잇감을 꽉 물거나, 집 짓는 재료를 잘 긁어 나를 수 있으니 일석이조인 셈입니다. 이때 작은턱과 아랫입술이 변형된 기다란 주둥이를 꽃 속의 꿀샘에 깊게 넣고 꽃꿀을 빨아 마십니다.

(5) 더듬이

곤충에겐 코가 없습니다. 코 없는 곤충이 사람의 코를 보면 "저 연통 같은 물건은 뭐야? 이상하게도 생겼네."라고 말할 지도 모릅니다. 사람의 코가 하는 가장 큰일은 숨쉬기와 냄새 맡기입니다. 곤충이 사람 코의 기능을 알면 깜짝 놀랄 겁니다. 곤충에게는 그런 코가 없기 때문입니다.

코가 없는 곤충은 무엇으로 냄새를 맡고 숨을 쉴까요? 숨은 옆구리에 있는 숨구멍으로 쉬고, 냄새는 더듬이로 맡습니다. 다시 말하면 곤충의 더듬이는 사람의 코에 해당합니다. 더듬이는 냄새뿐만 아니라 맛도 보고, 온도나 습도를 감지하기도 하고, 짝을 찾아내기도 합니다. 곤충이 살아가는 데 없어서는 안 될 소중한 감각기관입니다. 더듬이에 붙어 있는 수많은 털들과 미세한 감각기관이 다양한 환경 변화를 느끼게 하기 때문입니다. 특히 더듬이엔 냄새 정보를 수집하는 화학 감각기관이 빼곡하게 들어차 있습니다. 덕분에 곤충들은 예비 짝이 내는 페로몬 냄새를 탐지해 기막히게 짝을 찾아내고, 먹이식물이 내는 냄새를 알아차릴 수 있습니다.

재미있게도 더듬이의 모양은 종종 2차 성징을 나타내어 암컷과 수컷이 서로 다를 때도 있습니다. 대체로 수컷의 더듬이는 암컷에 비해 길이가 길거나, 폭이 넓습니다. 또한 짝짓기 할 때 암컷에게 구애 행동에 유리하게 변형되기도 합니다. 이를테면 남가뢰 수컷은 한껏 부푼 더듬이로 짝짓기 하는 동안 암컷의 머리를 잡습니다. 노랑무늬의병벌레 수컷은 부푼 더듬이로 구애 행동을 하는데, 암컷의 얼굴에 부딪치며 페로몬을 감지하게 합니다. 또한 일부 하늘소 수컷들은 서로 싸울 때 긴 더듬이를 휘두르기도 합니다.

① 더듬이의 구조(밑마디+흔들마디+채찍마디)

곤충의 더듬이는 두 개입니다. 보통 겹눈과 입틀 사이에 붙어 있으며 자유롭게 흔들흔들 움직일 수 있습니다. 특이하게 더듬이는 한 덩이가 아니라 여러 개에서 수십 개의 마디들이 실에 구슬이 꿰어진 것처럼 촘촘히 연결되어 이루어진 기관입니다. 더듬이 마디 수는 곤충의 종류에 따라 달라 종족의 목을 구분하는 데 중요한 열쇠가 됩니다. 이를테면 노린재류의 더듬이 마디 수는 다섯 마디, 딱정벌레목은 열한 마디, 바퀴는 백여 마디입니다. 여기서 짚고 넘어갈 것이 있습니다. 더듬이 마디 숫자가 많든 적든 간에, 더듬이는 크게 세 부분으로 나뉜다는 점입니다.

• 밑마디(기절)

첫 번째 마디인 밑마디는 머리와 연결된 부분입니다. 건물로 치면 주춧돌에 해당하는 부분으로 더듬이의 토대 역할을 해 다른 더듬이 마디보다 크고 우람하며 근육질입니다.

• **흔들마디(병절)**

두 번째 마디인 흔들마디는 자루마디라고도 부릅니다. 흔들마디는 밑마디에서부터 이어져 있는데, 밑마디보다 약간 가늡니다. 밑마디와 흔들마디는 근육으로 연결되어 흔들흔들 움직이지 못하고 고정되어 있습니다. 물 표면에 사는 딱정벌레목 물맴이류는 흔들마디에 존스턴 기관(Johnston's organ)이라는 감각기관을 지니고 있어 물의 진동으로 물 위의 환경 변화를 알아차립니다. 또한 모기도 흔들마디에 존스턴 기관이 있어 주변의 환경 변화에 적절히 대응합니다.

• **채찍마디(편절)**

채찍마디는 밑마디와 흔들마디를 뺀 나머지 마디들이 적게는 두 개부터 많게는 수십 개까지 실에 구슬을 꿴 듯이 촘촘히 연결되어 있습니다. 밑마디와 흔들마디와 다르게 채찍마디는 근육으로 연결되어 있지 않습니다. 덕분에 채찍처럼 휘휘 젓듯이 자유롭게 움직일 수 있어 주변을 탐지하는 데 큰 역할을 합니다. 채찍마디에는 다양한 감각기관이 깔려 있습니다. 물체와 접촉 면적을 최대한 넓히기 위해 야구장갑 모양이나 빗살 모양 들로 변형되어 있는데, 확장된 부분에 감각기관이 집중적으로 쫙 깔려 있습니다. 그래서 채찍마디는 채찍, 실, 염주, 톱니, 곤봉, 빗, 깃털 모양같이 다양한 형태로 변형되었는데, 종마다 모양이 다릅니다.

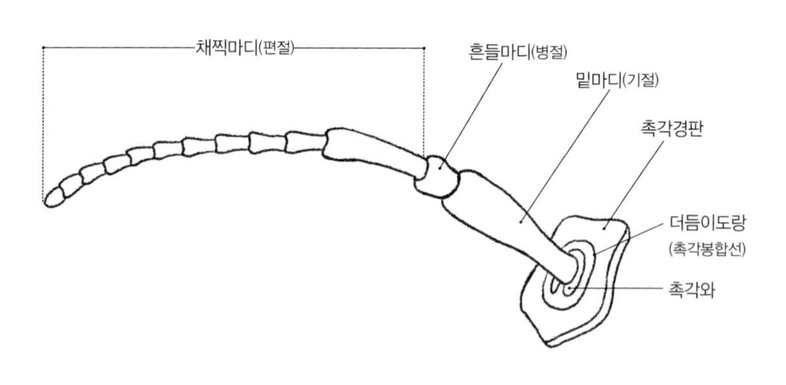

더듬이의 구조

② 더듬이의 생김새

이제부터 종마다 다른 더듬이의 생김새를 하나하나 쉽게 살펴봅시다.

• **실 모양**(사상형, filiform)

각 채찍마디들이 마치 실처럼 가늘고 길게 연결되어 있습니다. 대표적인 곤충으로는 강도래목, 메뚜기목(여치아목), 사마귀목, 바퀴목, 노린재목, 밑들이목 들이 있습니다.

• **채찍 모양**(강모형, setaceous)

각 채찍마디들이 가늘고 길게 연결되어 있습니다. 더듬이 끝으로 갈수록 매우 가늘어지는데, 모양이 말채찍처럼 생겼습니다. 대표적인 곤충으로는 잠자리목, 하늘소류, 메뚜기아목 들이 있습니다.

• **염주 모양**(moniliform)

각 채찍마디들이 둥글고 짧은 염주나 구슬처럼 생겼는데, 실에 구슬들을 꿰어 놓은 듯 연결되어 있습니다. 대표적인 곤충으로는 흰개미과, 등줄벌레, 거저리과 일부(갈색거저리 따위) 들이 있습니다.

• **톱니 모양**(거치형, serrate)

각 채찍마디들이 한쪽이 비대칭으로 늘어나 있는데, 촘촘히 연결된 모양이 마치 톱니(톱날)처럼 생겼습니다. 대표적인 곤충으로는 비단벌레과, 방아벌레과, 거저리과 일부(무당거저리 따위) 들이 있습니다.

• **곤봉 모양**(clavate)

채찍마디들이 중간까지는 실 모양으로 연결되지만 끝 쪽으로 가면서 점점 굵어지고 커져 마치 야구방망이처럼 보입니다. 대표적인 곤충으로는 나비류, 애버섯벌레과, 거저리과 일부(막대거저리) 들이 있습니다.

• **구간 모양**(capitate)

채찍마디들이 가느다랗게 연결되다가, 끝 쪽 세 마디에서 다섯 마디 정도가 엄청나게 크고 넓어집니다. 대표적인 곤충으로는 밑빠진벌레과, 버섯벌레과, 무당벌레과, 무당벌레붙이과 들이 있습니다.

• **빗살 모양**(즐치상, pectinate)

채찍마디들의 한쪽이 나뭇가지처럼 가늘고 길쭉하게 더 튀어나와 마치 빗살처럼 보입니다. 일부 수컷 곤충들의 더듬이는 빗살 모양입니다. 대표적인 곤충으로는 홍날개과 수컷, 깃털벌레과 수컷, 살짝수염벌레과 수컷, 개미붙이상과 수컷 일부들이 있습니다.

• **야구 장갑 모양**(엽상아가미 모양, 엽상, lamellate)

채찍마디들이 중간까지는 염주 모양 또는 실 모양으로 연결되다가 보통 끝 쪽 세 마디(드물게 네 마디에서 일곱 마디)가 길쭉한 잎사귀가 겹겹이 붙어 있는 것처럼 촘촘하게 연결되어 있습니다. 그 모습이 마치 야구 장갑처럼 보입니다. 대표적인 곤충으로는 풍뎅이상과 곤충이 있습니다. 풍뎅이상과에는 풍뎅이과, 사슴벌레과, 꽃무지과, 소똥구리과, 소똥풍뎅이과, 장수풍뎅이 들이 속해 있습니다.

• **자모상**(aristate)

채찍마디에 거친 센털이 나 있습니다. 대표적인 곤충으로는 파리목이 있습니다.

• **깃털 모양**(우모상, plumose)

채찍마디들이 마치 깃털처럼 생겼습니다. 대표적인 곤충으로는 나방류가 있는데, 특히 수컷의 더듬이는 깃털 모양의 진수를 보여 줍니다.

• **팔굽 모양**(geniculate)

여러 모양의 더듬이들 중에서 심하게 변형된 경우로 더듬이의 밑마디는 여러 마디를 합한 길이만큼이나 길고 나머지 마디들은 매우 촘촘히 붙어 있습니다. 언뜻 보면 마치 사람이 팔꿈치를 적당히 구부리고 알통을 자랑하는 모습과 닮았습니다. 대표적인 예로 딱정벌레목 바구미과가 있습니다.

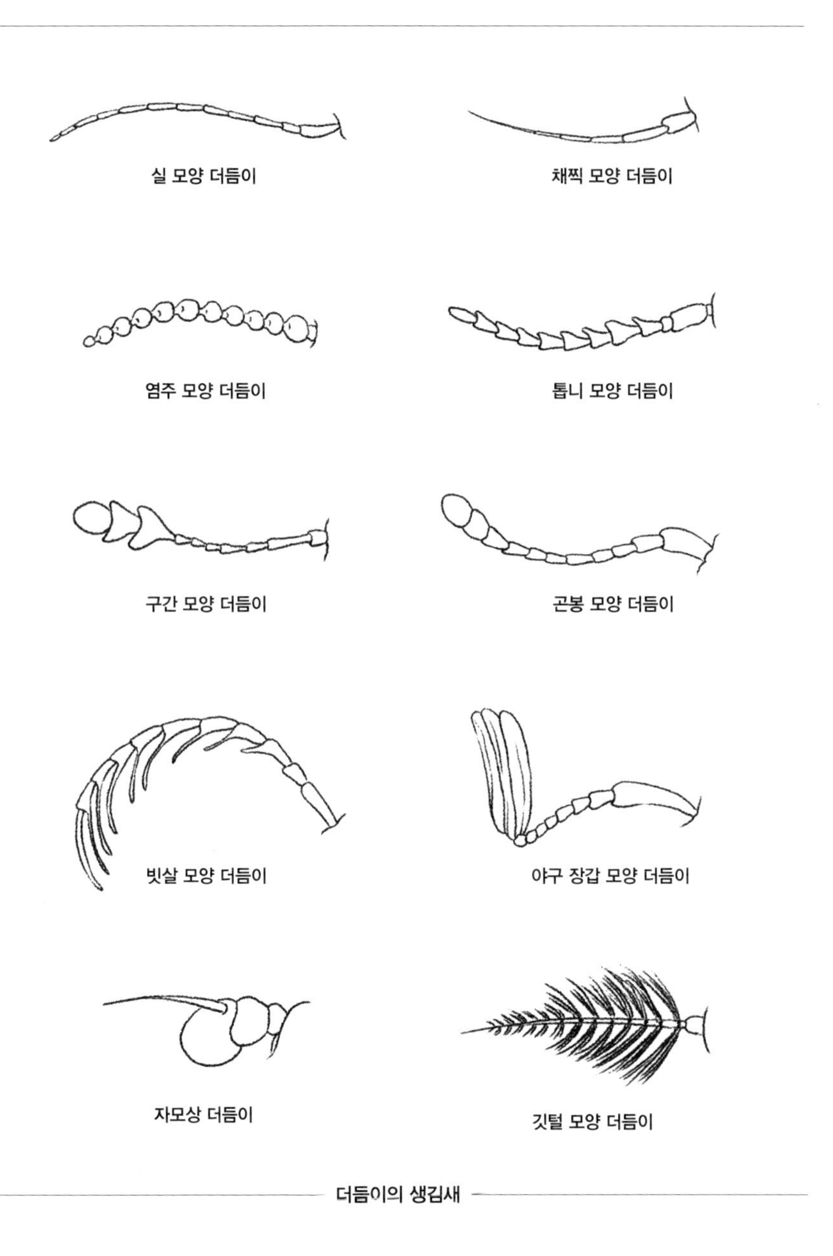

더듬이의 생김새

1. 긴수염대벌레의 실 모양 더듬이
2. 등얼룩풍뎅이의 야구 장갑 모양 더듬이
3. 뚱보기생파리의 자모상 더듬이

1. 털두꺼비하늘소의 채찍 모양 더듬이
2. 황다리독나방의 깃털 모양 더듬이
3. 깔다구류의 깃털 모양 더듬이
4. 청가뢰의 염주 모양 더듬이
5. 띠가슴개미붙이의 톱니 모양 더듬이
6. 노랑뿔잠자리의 곤봉 모양 더듬이

(6) 기타 용어들

① 정수리(vertex)

한자어로 두정(頭頂)이라고 부릅니다. 정수리는 겹눈 사이의 이마와 뒷머리 사이에 있습니다.

② 이마방패(clypeus)

이마방패선과 윗입술 사이에 있는 기관으로 입술 모양입니다. 이마방패는 이마와 이어져 있지 않고, 움직이지 않는 부동형입니다. 이마방패 아래쪽에 윗입술이 연결되어 있습니다.

③ 머리부속샘(head gland)

머리에는 소화기관과 관련 있는 머리부속샘이 있습니다. 머리부속샘은 입틀 부분으로 열려 있는데, 큰턱샘, 작은턱샘, 혀샘과 아랫입술샘 들이 이에 포함되어 있습니다. 이들 가운데 주로 아랫입술샘이 침샘 역할을 하지만, 나비목 애벌레를 포함한 일부 곤충들은 다른 부속샘이 침샘 역할을 맡습니다. 이제부터 각각 샘들의 기능을 자세히 살펴봅시다.

- **큰턱샘**(mandibular gland)

큰턱샘은 큰턱의 밑부분에서 발달한 한 쌍의 샘으로, 주머니 모양처럼 생겼습니다. 큰턱샘이 발달한 곤충들로는 무시류, 그물날개목, 흰개미목, 딱정벌레목, 벌목과 날도래목 및 나비목 애벌레를 들 수 있습니다. 그럼 곤충들마다 예를 들어 볼까요?

우선 그물날개목의 큰턱샘에선 탄수화물을 분해하는 아밀라아제를 분비합니다. 나방류과 나비류의 애벌레의 경우, 아랫입술샘이 고치를 만드는 명주실을 생산하기 때문에 큰턱샘이 아랫입술샘을 대신해 실질적인 침샘 역할을 합니다. 물론 어른벌레가 되면 큰턱샘은 퇴화되어 사라집니다. 또한 꿀벌의 경우, 여왕벌의 큰턱샘이 매우 발달되어 여러 일을 합니다. 여왕벌 하면 '여왕물질'이 가장 먼저 떠오릅니다. 큰턱샘에서 그 유명한 여왕물질을 포함한 산성분비물(ph 4.6~6.8)이 만들어집니다. 잘 아시다시피 여왕물질은 성페로몬으로써 수벌들을 유혹할 뿐만 아니라 자신의 딸들(일벌)이 알을 낳지 못하게 합니다. 뿐만 아니라 여왕벌의 큰턱샘 분비물에는 일벌들이 벌집을 떠나지 않게 하는 물질도 포함되어 있습니다. 여왕벌의 큰턱샘에 견주어 볼 때 수벌의 큰턱샘은 매우 작지요. 일벌이나 개미의 큰턱샘은 경보페로몬을 분비합니다.

- **작은턱샘**(maxillary gland)

작은턱샘은 작은턱의 밑부분에서 시작되는 한 쌍의 자그마한 샘입니다. 작은턱샘이 발달한 곤충들로는 낫발이목, 노린재목, 일부 풀잠자리목, 벌목 애벌레와 톡토기강 들을 들 수 있습니다. 보통 작은턱샘은 입틀을 적시는 물질들을 분비하지만, 침노린재과 같은 육식성 노린재의 경우엔 사냥감(먹잇감)을 죽이는 독성 물질을 만들어 냅니다. 일부 노린재의 작은턱샘에서는 사냥한 먹잇감의 신경과 근육의 흥분을 없애거나, 조직을 분해시키는 효소가 분비됩니다.

- **혀샘**(hypopharyngeal gland)

혀샘은 벌목 가운데서도 특히 일벌의 머리부속샘에 잘 발달되어 있습니다. 하지만 여왕벌은 흔적만 남아 있고, 수벌의 머리부속샘에는 전혀 없습니다. 일벌의 경우, 포도송이처럼 생긴 한 쌍의 혀샘이 각각 혀 밑부분에 열려 있는데, 혀샘의 분비물은 산성(ph 4.5~5.0)을 띱니다. 놀랍게도 일벌의 혀샘에서는 애벌레, 특히 여왕벌 후보 애벌레가 먹을 왕유*가 만들어집니다. 일벌이 어른벌레로 우화한 직후에는 혀샘이 잘 발달되지 않으나, 화분을 먹고 지낸 덕에 우화 닷새째 되는 날부터 혀샘이 성숙하여 분비물을 내기 시작합니다. 우화 3주쯤 지나면 일벌들은 집 밖으로 나가 꽃가루와 꽃꿀을 따는데, 이때 혀샘에서 아밀라아제와 인베르타아제(invertase)를 분비하

* **왕유(로열 젤리, royal jelly)**
일벌은 포육선(哺育腺)에서 담황색의 왕유를 분비한다. 왕유는 젖처럼 하얗고 걸쭉한 물질로 단맛과 신맛이 난다. 어른 여왕벌이 되기 위해 애벌레 시절에 꼭 먹어야 하는 필수 식품이다.

여 꿀을 만드는 데 씁니다.

- **아랫입술샘**(labial gland)

아랫입술샘은 일부 딱정벌레목 곤충을 빼고는 거의 모든 곤충에 있지만, 그 모양은 매우 다양합니다. 아랫입술샘은 굉장히 큰 편으로 가슴 부분까지 뻗치는데, 곤충들의 아랫입술샘 모양은 거의가 포도송이처럼 생겼습니다.

하지만 파리목, 나비목, 벌목과 벼룩목의 아랫입술샘은 끝부분이 점차로 팽창한 관 모양입니다. 특히 파리목 애벌레의 샘세포는 핵 내 유사분열 때 거대염색체를 형성하여 세포의 크기가 매우 큽니다. 그러다 보니 일반생물학에서 실험 재료로 많이 쓰입니다. 또한 노린재목의 아랫입술샘은 여러 개의 분비엽으로 이루어졌는데, 구조와 기능이 저마다 다릅니다. 머리와 가슴 양쪽에 있는 각각의 샘들은 합쳐져 한 개의 공통도관을 이루며 입틀 안으로 들어갑니다. 흡수형 입틀을 가진 곤충들의 경우, 아랫입술샘의 공통도관 끝부분이 침샘 펌프로 변형되어 침을 뱉는 데 씁니다.

곤충들 거의가 아랫입술샘에서 침(바퀴는 ph 6.9)을 분비합니다. 침은 먹이와 입틀을 적시고 소량이지만 소화 효소를 분비하기도 합니다. 침 속에 들어 있는 소화 효소는 여러 종류이지만 대개 먹잇감에 따라 다릅니다. 가장 흔한 소화 효소는 탄수화물(전분과 글리코겐 같은 다당류)을 분해하는 아밀라아제로 이질바퀴, 진딧물과 매미충류에 많습니다. 나비목은 이당류인 설탕을 단당류인 포도당과 과당으로 분해하는 인베르타아제 효소가 많습니다.

육식성 노린재나 육식성 파리의 아랫입술샘에서는 단백질이나 지방을 분해하는 효소가 분비됩니다. 흡혈성 곤충(모기아목, 벼룩, 흡혈 노린재류)은 혈관에 주둥이를 꽂고 피를 빨아 먹지만 체체파리(등에과)는 먹잇감의 조직에 상처를 내고 흐르는 피를 핥아 먹습니다. 이때 지혈반응을 억제하는 항응고 물질을 냅니다. 이 밖에도 아랫입술샘에서 분비되는 효소로는 노린재류의 펙티나아제, 수서성 노린재류의 독물질, 충영곤충의 식물생장 촉진제 따위를 들 수 있습니다.

한편 나비목 애벌레와 날도래목 애벌레는 아랫입술샘에서 명주실을 분비합니다. 다시 말하면 아랫입술샘이 실샘 역할을 합니다. 실제로 누에나방의 애벌레는

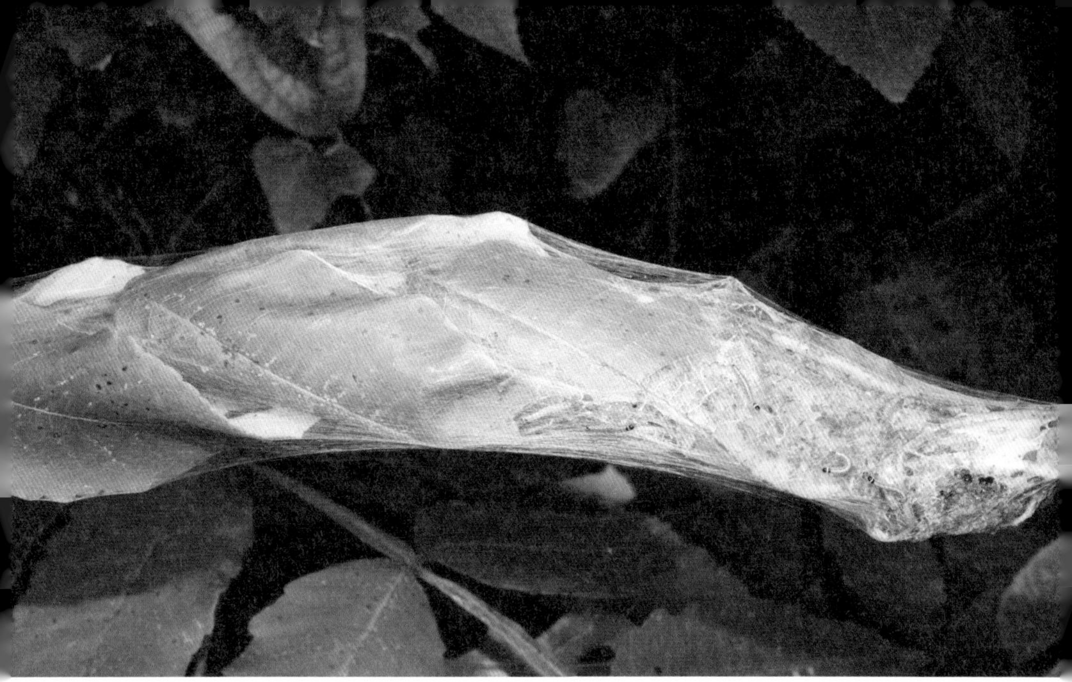

벼슬집명나방 애벌레가 만든 잎사귀 집
수십 마리의 벼슬집명나방 애벌레들이 아랫입술샘에서 명주실을 토해 텐트를 만든 뒤 그 안에서 생활한다.

실샘의 뒤쪽에서 피브로인(fibroin), 가운데 부분에서 세리신(sericin)을 분비합니다. 이 두 종류의 단백질은 토사구(누에가 실을 토해 내는 입)를 통해 나오면서 피브로인은 명주실의 속 질긴 부분이 되고, 세리신은 명주실의 바깥쪽을 감싸는 젤라틴이 됩니다. 물론 명주실을 뽑아 내기 위해 고치를 물에 끓이면 세리신은 녹고 질긴 피브로인만 남습니다.

또 일벌의 아랫입술샘은 굉장히 발달하여 머리와 가슴으로 나눕니다. 머리샘에서는 왁스를 만드는 데 필요한 맑은 기름과 물질을 적시는 침이 나오고, 가슴샘에서는 벌집을 만드는 물질이 나옵니다. 톡토기류는 배설기관인 말피기소관이 없기 때문에 아랫입술샘이 배설을 담당합니다.

2. 가슴, 이동 기관이 모여 있는 곳

곤충의 가슴 부분은 몸 한가운데를 차지합니다. 몸의 중심에 위치해 있다 보니 이동 수단이 안정적으로 붙어 있기에 유리합니다. 그래서인지 곤충의 이동 수단인 날개와 다리가 가슴 부분에 오밀조밀 질서정연하게 붙어 있습니다. 이동 기관이 붙어 있는 가슴은 운동 근육이 매우 발달해서 곤충의 몸 가운데 가장 튼튼한 곳입니다.

대부분 곤충들은 다리 여섯 개, 날개 네 장을 갖고 있지만, 다리가 네 개뿐이고, 날개는 없는 곤충도 있습니다. 살아남기 위해서 먹이를 찾아 나서고, 천적을 피해 달아나야 합니다. 뿐만 아니라 종족 번식을 위해 짝을 찾아나서야 합니다. 이때 걷거나 달릴 다리와 날개가 필요한데, 곤충들은 서식지나 먹이 활동에 따라 저마다 변형된 다리와 날개를 가집니다. 이제부터 가슴의 구조, 날개와 다리의 생김새에 대해 차근차근 살펴봅시다.

(1) 가슴

곤충의 가슴은 앞가슴, 가운데가슴, 뒷가슴 이렇게 세 부분으로 이루어져 유연하게 움직일 수 있습니다. 가슴의 각 부분마다 다리 한 쌍이 붙어 있고, 가운데가슴과 뒷가슴에만 날개 네 장이 달려 있습니다. 앞가슴에는 앞다리가, 가운데가슴은 가운뎃다리가, 뒷가슴에는 뒷다리가 붙어 있습니다. 주로 앞다리는 식사할 때 먹이를 잡거나 짝짓기 할 때 수컷이 암컷을 붙잡는 데 쓰이고, 뒷다리는 위험할 때 뛰거나 도망치는 데 쓰입니다. 그래서 대개 앞다리는 짧고 뒷다리가 긴 편입니다. 항상 예외는 있는 법으로, 사슴풍뎅이의 수컷은 굉장히 긴

먹줄왕잠자리 가슴 다리 여섯 개와 날개 네 장이 붙어 있다.

톱사슴벌레 가슴 뒷가슴복판이 매우 넓다.

앞다리를 가지고 있는데, 이는 짝짓기 할 때 암컷을 꼭 잡기 위해서입니다.

잠시 용어를 살펴보면, 가슴의 윗면은 등판이라 부르고, 좌우 양 측면인 옆구리는 옆판, 아랫면은 복판이라 부릅니다. 이를테면, 앞가슴에 있는 면들은 앞가슴등판, 앞가슴옆판, 앞가슴복판이라고 부릅니다.

우리는 보통 곤충을 위에서 내려다봅니다. 잎사귀에 앉아 있는 메뚜기, 줄기에 붙어 있는 하늘소, 꽃 위에 앉아 있는 나비처럼 옆모습이나 아래 모습보다는 위 모습을 훨씬 많이 봅니다. 이때 위에서 내려다보면 커다란 가슴판이 보이는데, 그 부분이 바로 앞가슴등판입니다. 그러면 나머지 가슴 부분은 어디에 있을까요? 날개 속에 숨겨져 있습니다. 그래서 가운데가슴과 뒷가슴을 보려면 옆쪽에서 봐야 합니다. 옆쪽에서 보면 다리가 보일 겁니다. 앞다리가 붙어 있는 부분은 앞가슴, 가운뎃다리가 붙어 있는 부분은 가운데가슴이고 뒷다리가 붙어 있는 부분은 뒷가슴입니다.

사슴벌레나 방아깨비같이 몸집이 큰 곤충은 가슴 부분을 관찰하기 좋습니다. 뒤집어 배 부분을 관찰해 보면 뒷가슴복판이 매우 넓습니다. 뒷가슴복판은 뒷날개가 붙어 있는 곳입니다. 곤충이 날 때 앞날개보다는 뒷날개가 엄청나게 힘을 발휘합니다. 곤충이 잘 날려면 뒷가슴이 엄청 힘세고 강한 근육으로 무장되어야 하니 뒷가슴복판이 큰 건 당연한 현상입니다.

(2) 다리

사람 다리는 허벅지, 종아리, 발목, 발가락 등 여러 부분으로 나뉘어 있습니다. 곤충 다리도 잘 보면 여러 마디로 나뉘어 있습니다. 밑마디, 도래마디, 넓적다리마디, 종아리마디, 발목마디 이렇게 모두 다섯 마디로 이루어졌습니다.

① 다리 구조

- **밑마디(기절)**

밑마디는 곤충의 몸통(가슴 부분)과 연결된 부분으로 건물을 받치는 주춧돌같이 나머지 다리 마디를 지탱해 줍니다.

- **도래마디(전절)**

도래마디는 밑마디 바로 뒤에 연결된 부분으로 작아서 잘 보이지 않습니다. 어떤 행동에 쓰이는지 명확하지 않으나 종족을 구분하는 데 중요한 단서가 됩니다.

- **넓적다리마디(퇴절)**

넓적다리마디는 사람의 허벅지에 해당됩니다. 대개 근육이 발달해 가운데 부분이 알통이 나온 것처럼 부풀어 있습니다. 어떤 바구미들은 안쪽에 가시가 나 있기도 합니다. 허벅지(넓적다리마디)가 잘 발달한 곤충들은 뜀뛰기를 굉장히 잘하는데, 대표적인 곤충으로는 벼룩, 바구미류, 벼룩잎벌레 들이 있습니다.

- **종아리마디(경절)**

종아리마디는 사람의 종아리에 해당합니다. 대개 막대기 모양으로 끝(발목마디

사슴풍뎅이 수컷 다리 발목마디가 다섯 마디로 이루어져 있다. 발톱 맨 끝이 갈고리같이 생겼다.

쪽)으로 갈수록 점점 넓어지며 안쪽에는 며느리발톱 두 개가 붙어 있습니다. 며느리발톱은 대부분 짧고 단단한 가시털인데, 잎이나 나무줄기에서 떨어지지 않도록 도와줍니다. 하지만 호리긴썩덩벌레(딱정벌레목 긴썩덩벌레과)의 며느리발톱은 길어서 뜀뛰기에 도움을 주기도 합니다.

종아리마디는 곤충에 따라 몸을 단장할 때 쓰이기도 합니다. 베짱이, 여치, 먼지벌레류는 앞다리 종아리마디 끝 쪽에 있는 움푹 파인 홈에 자신의 더듬이를 끌어다 끼운 뒤 쭉 훑어 내려 더듬이에 묻은 먼지나 때 같은 것을 닦아 냅니다.

- **발목마디**(부절)

발목마디는 사람의 발과 발가락에 해당됩니다. 발가락은 보통 다섯 개로 이루어져 있는데(때로는 네 개), 전문적인 용어로 발목마디라고 부릅니다. 사람의 발가락은 엄지발가락부터 새끼발가락까지 옆으로 나란히 배열되어 있지만, 곤충의 발목마디는 위에서 아래로 차례차례 연결되어 있습니다. 말하자면 맨 꼭대기에 첫째 발목마디(사람으로 치면 엄지발가락), 그다음으로 둘째 발목마디가 연결되어 있고, 셋째 발가락, 넷째 발가락과 다섯째 발가락 순서로 연결되어 있습니다. 사람과 달리 다섯째 발목마디에만 갈고리 모양 발톱이 붙어 있습니다.

발목마디 아래쪽에는 억세고 짧은 센털이 빽빽하게 붙어 있어 식물이나 지지대에서 떨어지지 않습니다. 특히 발톱은 갈고리처럼 끝이 날카롭고 휘어져 있는 데다 발톱 안쪽에는 끈적이는 흡반이 붙어 있어 떨어지지 않고 뭐든지 잘 붙잡을 수 있습니다. 재미있게도 발목마디는 청소용 솔 역할을 하기도 합니다. 많은 곤충들은 발목마디를 이용해 몸을 깨끗하게 단장하지요.

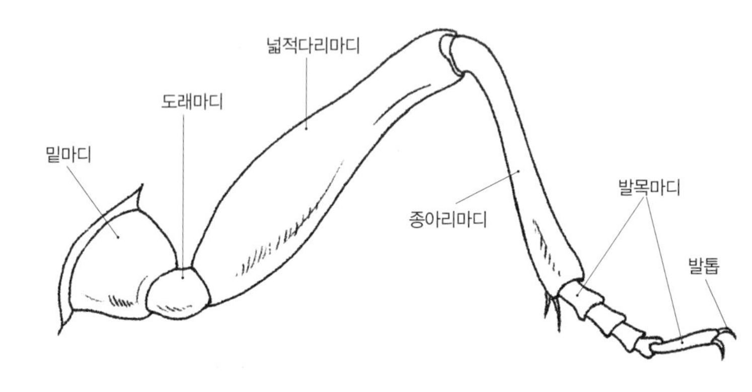

다리 구조

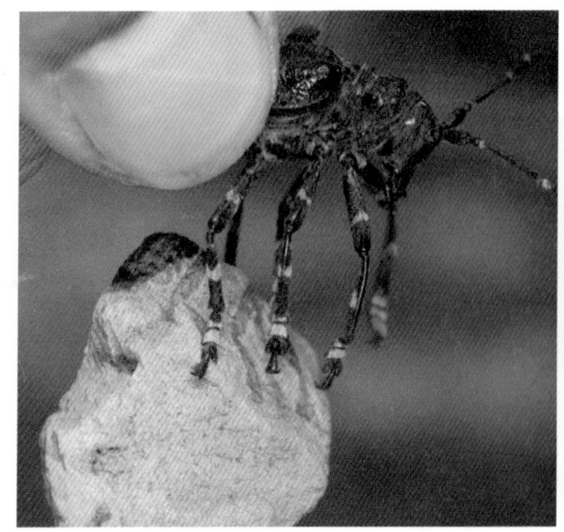

두꺼비하늘소는 발목마디 안쪽에 털들이 빽빽이 붙어 있고, 발톱이 발달해 돌을 꽉 잡을 수 있다.

서양꿀벌이 뒷다리에 꽃가루를 모아 매달고 있다.

곤충의 다리는 이렇게 기본적으로 다섯 마디로 이루어져 있으나, 서식지나 생활 유형에 따라 각 마디의 생김새가 다릅니다. 대표적인 다리의 유형으로는 뜀뛰기형, 헤엄형, 포획형, 땅파기형, 걷는형 들을 들 수 있습니다.

② 다리 유형

- **걷는형**(보행형, walking)

걷거나 달리기에 적당한 다리로 넓적다리마디와 종아리마디가 잘 발달되어 있습니다. 다리가 긴 편입니다. 대표적인 곤충으로는 딱정벌레과, 길앞잡이과, 거저리과, 바퀴목 들이 있습니다.

- **뜀뛰기형**(도약형, jumping)

위험할 때 훌쩍 튀어 도망치기에 적당한 다리로, 넓적다리마디와 종아리마디가 잘 발달되어 있습니다. 특히 근육질인 넓적다리마디는 알통처럼 불끈 부풀어 있어 뛰어오를 때 엄청난 힘을 발휘합니다. 대표적인 곤충으로는 메뚜기아목, 여치아목, 귀뚜라미과, 벼룩, 벼룩잎벌레과, 벼룩바구미과 들이 있습니다.

- **포획형**(seizing prey)

사냥을 잘할 수 있도록 앞다리(도래마디, 넓적다리마디, 종아리마디)가 잘 발달되어 있습니다. 특히 넓적다리마디가 굉장히 발달해 힘이 약한 곤충을 순식간에 낚아챌 수 있습니다. 대표적인 곤충으로는 사마귀목, 사마귀붙이과, 물장군, 물자라, 장구애비 들이 있습니다.

- **헤엄치기형**(유영형, swimming)

물속에서 헤엄을 자유자재로 칠 수 있게 뒷다리의 종아리마디와 발목마디가 변형되어 있습니다. 특히 종아리마디와 발목마디에 붙은 털들이 노를 효과적으로 쓱쓱 저을 수 있도록 빗자루 솔처럼 빽빽하게 붙어 있습니다. 물속 곤충들 거의가 헤

긴날개여치의 뜀뛰기형 다리
넓적다리마디가 알통처럼 부풀어 있다.

물방개의 헤엄치기형 다리
뒷다리가 노를 저을 수 있게 털들이 붙어 있다.

왕사마귀의 포획형 다리
앞다리가 낫 모양으로 매우 튼실하게 발달되어 있다.

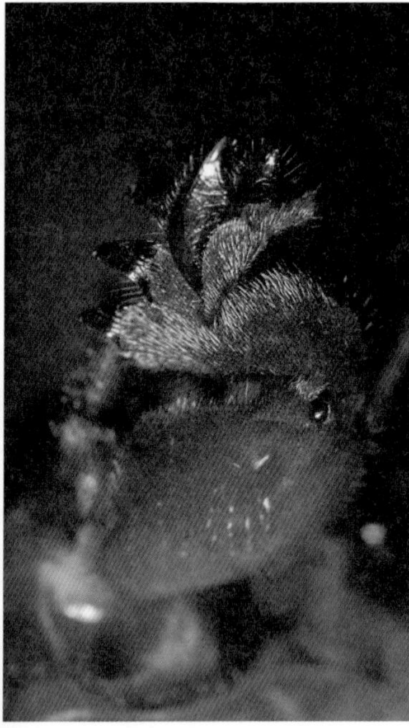

땅강아지류의 땅파기형 다리
땅파기에 유리하도록 앞다리가 매우 넓고 크다.

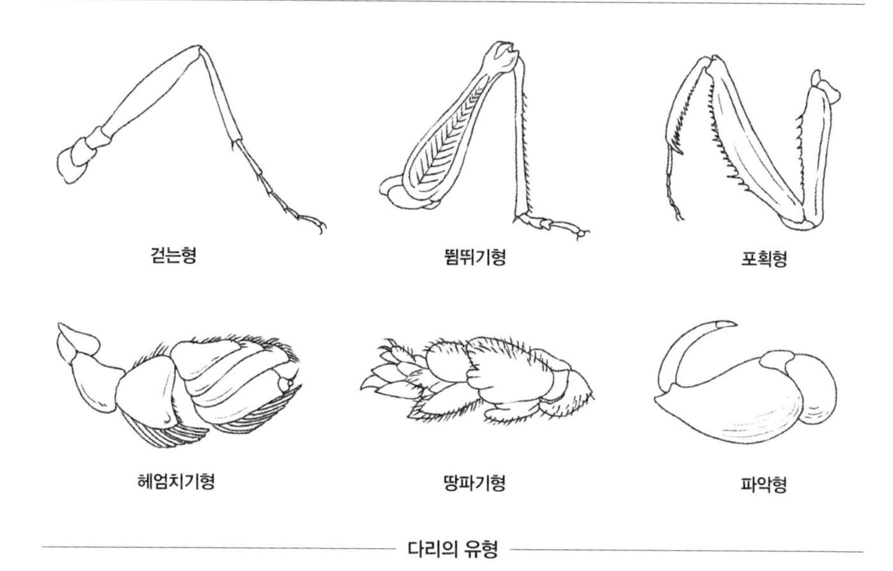

다리의 유형

엄치기형 다리를 가지고 있습니다. 대표적인 곤충으로는 물방개, 송장헤엄치게, 물벌레, 물땡땡이, 물자라, 물장군 들이 있습니다.

• **땅파기형**(굴착형, digging)

흙, 모래나 똥 속으로 잘 파고 들어갈 수 있게 앞다리의 종아리마디가 비정상적으로 크게 변형되어 있습니다. 대표적인 곤충으로는 땅강아지, 소똥구리류, 소똥풍뎅이류, 모래거저리류, 사구성 거저리류, 땅노린재류, 사구성 풍뎅이붙이류 들이 있습니다.

(3) 날개

46억 살 먹은 지구에서 맨 처음 날개를 단 동물은 누굴까요? 곤충입니다. 곤충은 걷고 뛰는 것보다 더 빨리 이동할 수 있는 날개를 지녔습니다. 다만 애벌레 시기에는 날개가 없고 어른벌레 시기에만 날개를 달고 삽니다.

잘 알다시피 곤충의 날개는 모두 네 장입니다. 앞날개 두 장, 뒷날개 두 장인데, 대개 앞날개는 몸을 보호하는 역할을 하고 뒷날개는 나는 역할을 합니다. 물론 잠자리목, 나비목, 날도래목 들은 앞날개와 뒷날개 모두 나는 데 씁니다.

예외로 파리처럼 뒷날개 두 장이 퇴화되어 앞날개가 두 장만 있는 경우도 있고, 부채벌레목처럼 앞날개는 퇴화되고 뒷날개만 있는 경우도 있습니다. 또한 돌좀이나 이처럼 날개가 없는 종도 있습니다.

① 무시류와 유시류

무시류는 날개가 없는 곤충을 일컫는 말입니다. 이들은 곤충 가운데 가장 원시적인 무리로, 어른벌레가 된 뒤에도 날개가 없으며 탈피를 계속합니다. 화석자료를 찾아보면 무시류는 약 4억 년 전인 고생대 데본기에 처음 출현했는데, 대표적인 예로 돌좀목, 좀목을 들 수 있습니다.

유시류는 말 그대로 날개가 달린 곤충을 일컫는데, 무시류를 제외한 바퀴목, 잠자리목, 메뚜기목, 사마귀목, 대벌레목, 노린재목, 풀잠자리목, 나비목, 날도래목, 딱정벌레목, 벌목, 파리목 따위 모든 곤충들이 이에 속합니다. 보통 가슴부분에 날개 네 장이 붙어 있는데, 이 날개 덕분에 유시류는 무시류에 견주어 아주 많이 진화했습니다.

② 고시류와 신시류

고시류는 '옛 날개', 즉 원시적인 날개를 달고 있다고 해서 붙인 용어입니다. 처음 지구에 나타난 곤충의 날개의 관절은 위아래 단순하게 움직이는 구조입니다. 대표적인 곤충으로는 두 무리가 있는데, 바로 우리가 잘 아는 잠자리목과 하루살이목입니다. 놀랍게도 약 3억 년 전(고생대 석탄기 후기) 화석에 나타난 원하루살이류는 현재의 하루살이류와 생김새가 매우 비슷합니다. 다만 원하루살이류는 앞날개와 뒷날개의 생김새가 비슷하지만, 현재의 하루살이류 앞날개는 뒷날개보다 훨씬 더 큽니다.

신시류는 '새로운', 즉 한층 발달된 신식 날개를 달고 있는 무리를 일컫는 말입니다. 신시류는 날개를 접어 배 위에 살포시 올릴 수 있습니다. 날개가 달려 있어 공중비행이 가능했던 유시류 곤충들은 천적을 만나거나 위험에 맞닥뜨리

콩중이 날개 겉날개는 두툼하고 뒷날개는 부드러운 막질이다.

면 숲속 또는 어떤 틈새 같은 안전한 곳으로 피해야 합니다. 이때 날개를 접어 배 위에 딱 붙일 수 있다면 나뭇가지나 틈새에 걸리지 않고 도망가기에 훨씬 수월하겠지만 접지 못하면 나뭇가지나 어떤 물체에 걸릴 가능성이 많습니다. 대표적인 곤충으로는 메뚜기목, 사마귀목, 집게벌레목, 바퀴목, 대벌레목, 강도래목, 풀잠자리목, 나비목, 날도래목, 딱정벌레목, 벌목, 파리목과 같이 고시류를 제외한 곤충 대부분을 들 수 있습니다.

③ 앞날개와 뒷날개

앞날개는 위쪽에 붙어 있는 날개로, 겉에서 덮어 주기 때문에 '겉날개'라고도 부릅니다. 뒷날개는 뒤쪽에 붙어 있는 날개로, 겉날개 속에 들어 있어서 '속날개'라고 부릅니다. 날개의 위쪽은 윗면이라고 부르고, 아래쪽은 아랫면이라 부릅니다. 앞날개는 대개 질기고 두터워 비행력은 떨어지는 편이나 몸을 보호하는 데는 그만입니다. 곤충들마다 앞날개에 대한 별명이 있는데, 딱정벌레목의 경우엔 '딱지날개', 메뚜기목의 경우 '두텁날개'라고 부릅니다.

이에 비해 뒷날개는 얇은 막이라 매우 부드러워 날기에 안성맞춤입니다. 그래서 곤충의 비행 실력은 뒷날개의 능력이라 해도 과언이 아닙니다. 그래서인지 메뚜기류나 딱정벌레류의 뒷날개는 앞날개보다 큽니다. 이 녀석들은 앞날개보다는 뒷날개로 날아야 하니 비행 효율을 높이기 위해 뒷날개가 큰 것으로 여겨집니다.

문제는 큰 뒷날개를 어떻게 보관하느냐입니다. 나름 방법이 있는데, 쉴 때엔 뒷날개를 종이접기 하듯 고이고이 접어 앞날개 아래 둡니다. 물론 날 때는 고이 접은 날개를 활짝 펼칩니다. 접힌 뒷날개를 보면 이보다 놀라운 예술이 있을까 싶어 입이 떡 벌어집니다. 뒷날개를 접는 방법은 종마다 다르니, 날개 접는 방식을 연구해 보면 신기하고 재밌는 결과가 나올 것 같습니다.

④ 곤충별 날개 특징

날개의 생김새는 종족(목 수준)을 나누는 데 중요한 단서가 됩니다. 이제부터 우리 둘레에서 흔히 볼 수 있는 곤충들의 날개 특징을 알아볼까요?

• 하루살이목 날개

비행할 때 앞날개와 뒷날개가 협동합니다. 앞날개와 뒷날개 모두 얇은 막입니다. 앞날개는 삼각형으로 뒷날개에 비해 매우 큽니다. 쉴 때 날개를 접고 있으면 뒷날개는 앞날개 속에 들어가 보이지 않습니다.

• 잠자리목 날개

비행할 때 앞날개와 뒷날개가 협동합니다. 앞날개와 뒷날개 모두 얇은 막으로 이루어져 있습니다.

– 실잠자리아목

앞날개와 뒷날개의 크기와 생김새가 거의 비슷합니다. 앉아 쉴 때 날개를 접습니다. 날개가 배꽁무니를 덮지 못합니다.

– 잠자리아목

뒷날개가 앞날개보다 폭이 약간 넓습니다. 앉아 쉴 때 날개를 양팔 벌리듯이 양옆으로 펼칩니다. 날개가 배꽁무니를 덮습니다.

• 강도래목, 바퀴목, 사마귀목, 메뚜기목, 대벌레목 날개

비행할 때 앞날개와 뒷날개가 협동하지만, 뒷날개가 더 많은 힘을 발휘합니다. 앞날개는 약간 두터운 편이고, 뒷날개만 얇은 막으로 이루어져 있습니다. 뒷날개는 앞날개보다 더 크며, 앉아 쉴 때는 앞날개 속에 접어 보관합니다. 메뚜기목 가운데 여치아목의 수컷은 앞날개를 비벼 소리를 내고, 메뚜기아목은 날 때 앞날개와 뒷다리를 비벼 소리를 냅니다. 우리나라에서 사는 밑들이메뚜기류와 대벌레류는 대부분 날개가 퇴화되었습니다.

• 집게벌레목 날개

집게벌레목의 앞날개는 대부분 매우 짧고 가죽질처럼 질기며, 뒷날개는 크고 매우 부드러운 막으로 이루어져 있습니다. 앞날개가 가죽질 같아서 '혁시목'이란 별명이 붙었습니다. 앞날개의 생김새가 딱정벌레목 반날개과와 비슷합니다. 앉아 쉴 때는 뒷날개를 고이 접어 짧은 앞날개 속에 숨겨 두고, 날아갈 때 반달 모양의 뒷날개를 펼칩니다. 간혹 날개가 퇴화되어 없는 종도 있습니다.

• 노린재목 날개

노린재목은 노린재아목과 매미아목으로 나뉘는데, 날개는 목마다 약간 다릅니다.

– 노린재아목

비행할 때 앞날개와 뒷날개가 협동하지만, 앞날개는 거의 힘을 못 씁니다. 대신 몸을 보호합니다. 앞날개의 절반은 두꺼운 가죽질인 반면 나머지 절반은 얇

1. **잠자리아목 날개띠좀잠자리** 날개가 모두 막질이다. 양 날개를 펼치고 앉는다.
2. **여치아목 땅강아지의 날개** 겉날개는 짧고 가죽질이며, 뒷날개는 크고 막질이다.
3. **메뚜기목 밑들이메뚜기 암컷** 날개가 퇴화되었다.
4. **사마귀목 왕사마귀의 날개** 겉날개는 두텁고, 뒷날개는 막질인데 자줏빛이 돈다.
5. **노린재아목 알락수염노린재** 겉날개의 절반은 가죽질이고 절반은 막질이다. 뒷날개는 막질이다.
6. **매미아목 진딧물류** 날개가 없는 진딧물류 무시충과 날개가 달린 진딧물류 유시충이 섞여 있다.

은 막이기 때문입니다.

반면에 뒷날개는 얇은 막으로 이루어져 있어 나는 데 큰 역할을 힙니다. 뒷날개는 앞날개보다 훨씬 크며, 앉아 쉴 때는 앞날개 속에 접어 보관합니다. 대표적인 종으로 알락수염노린재, 큰허리노린재, 다리무늬침노린재 들이 있습니다.

– 매미아목

비행할 때 앞날개와 뒷날개가 협동합니다. 노린재류와 달리 앞날개와 뒷날개 모두 얇은 막입니다. 앞날개는 뒷날개에 비해 매우 큽니다.

쉴 때 날개를 접고 있으면 뒷날개가 앞날개 속에 들어가 보이지 않습니다. 진딧물의 경우, 암컷은 다른 생물체에 붙어 사는 고착생활을 할 때 날개가 없습니다. 대표적인 곤충으로는 나무이류, 진딧물류, 매미류, 말매미충류, 선녀벌레류 들이 있습니다.

• 풀잠자리목 날개

비행할 때 앞날개와 뒷날개가 협동합니다. 앞날개와 뒷날개 모두 망사 같은 얇

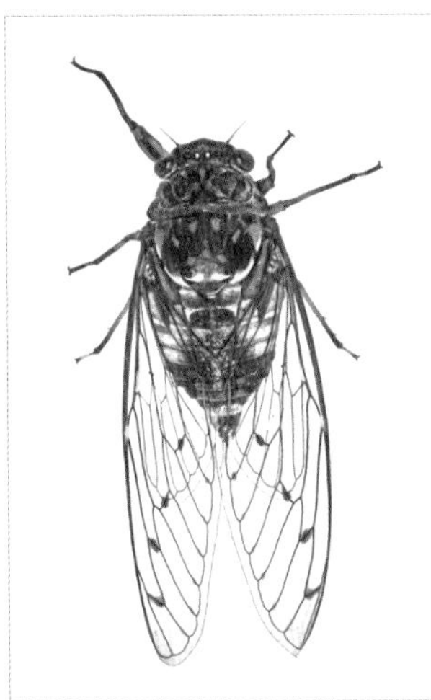

매미아목 참매미
날개가 막질로 이루어져 있으며
앞날개가 뒷날개보다 크다.

딱정벌레목 대유동방아벌레
딱지날개라 불리는 딱딱한 앞날개는 몸을 보호한다.
뒷날개는 막질이라 비행하는 데 쓰인다.

은 막으로 이루어져 있습니다. 앉아 쉴 때는 날개를 접는데, 뒷날개가 앞날개 속에 들어가 있습니다. 대표적인 곤충으로는 명주잠자리류, 풀잠자리류, 사마귀붙이류, 뿔잠자리류 들이 있습니다.

• 딱정벌레목 날개

비행할 때 뒷날개가 큰 힘을 발휘합니다. 딱지날개란 별명을 가진 앞날개가 매우 딱딱해 몸을 보호하는 역할을 할 뿐 나는 데 있어 제 역할을 못하기 때문입니다. 반면에 뒷날개는 얇은 막으로 이루어져 있어 나는 데 큰 역할을 합니다. 뒷날개는 앞날개보다 훨씬 크며, 앉아 쉴 때는 앞날개 속에 여러 겹 접어 보관합니다. 이때 앞날개 두 장이 마치 두 짝의 문이 닫힌 것처럼 중앙선(봉합선)에서 딱 맞게 만납니다.

앞날개의 표면에는 미세한 점각들이 찍혀 있고, 대개 그 점각들은 열병식을 하듯 9~10개의 줄을 만듭니다. 이 줄들을 홈줄 또는 점각열이라고 하고 전문용어로는 조구라고도 부릅니다. 다만 무당벌레 같은 일부 딱정벌레목 곤충들은 앞날개에 홈줄은 없고 미세한 점각들만 흩어져 찍혀 있습니다. 대표적인 종으로 풍뎅이류, 방아벌레류, 거저리류, 하늘소류, 바구미류, 잎벌레류 들이 있습니다.

• 벌목 날개

비행할 때 앞날개와 뒷날개가 협동합니다. 앞날개와 뒷날개는 모두 얇은 막으로 이루어져 있습니다. 앞날개가 뒷날개보다 큽니다. 앉아 쉴 때는 날개를 접는데, 뒷날개는 앞날개 속으로 들어가 보이지 않습니다. 특이하게 개미류의 경우, 혼인비행을 마친 여왕개미와 일개미들은 날개가 없습니다. 대표적인 종으로 잎벌류, 호리병벌류, 나나니벌, 기생벌류, 말벌류, 쌍살벌류, 호박벌, 꿀벌 들이 있습니다.

• 파리목 날개

비행할 때 앞날개만 날갯짓합니다. 뒷날개는 퇴화되어 흔적만 남았기 때문입니다. 뒷날개의 흔적은 짧은 곤봉처럼 생겼는데 '평균곤'이라고 부릅니다. 평균곤은 비행할 때 평형을 잡아 주는 역할을 합니다. 앉아 쉴 때는 날개를 시옷(ㅅ) 모양 또

1. **벌목 개미류** 여왕개미는 짝짓기를 마친 뒤 날개를 뗀다.
2. **파리목 노랑털기생파리** 날개가 두 장이다.
뒷날개는 퇴화되었다.
3. **나비목 먹그림나비의 화려한 날개** 날개가 비늘로 덮여 있다.
4. **대벌레목 긴수염대벌레** 암수 모두 날개가 없다.

는 맞배지붕 모양으로 약 45도 펼칩니다. 대표적인 종으로는 각다귀, 깔따구, 집파리, 모기, 초파리, 기생파리, 쉬파리 들이 있습니다.

• 나비목 날개, 날도래목 날개

비행할 때 앞날개와 뒷날개가 협동합니다. 나비목과 날도래목은 날개 생김새나 생태가 꽤 비슷합니다. 우선 나비의 앞날개와 뒷날개는 모두 비늘로 덮여 있습니다. 나비목은 대개 날개를 두 손 모으듯 접고 있으나, 일광욕을 할 때처럼 필요에 따라 앞날개와 뒷날개를 양옆으로 활짝 펼치고 앉기도 합니다. 반면에 날도래목의 앞날개와 뒷날개는 가시로 덮여 있습니다. 날도래목은 앉아 쉴 때 늘 지붕 모양으로 접는데, 이때 뒷날개는 앞날개 속에 숨어 있어 보이지 않습니다.

• 무시류

날개가 아예 없거나 진화 과정 가운데 어느 시기에 날개가 퇴화되어 날 수 없습니다. 돌좀목, 좀목 따위로 원시적인 무리는 날개가 없습니다. 또한 진딧물의 무시충도 날개가 없으며, 대벌레목은 대부분 앞날개와 뒷날개가 퇴화되어 없습니다. 예외로 대벌레류 가운데 분홍날개대벌레와 날개대벌레는 앞날개가 있습니다.

3. 배, 소화기관과 생식기관이 위치한 곳

곤충의 배는 단순한 구조를 가지고 있지만, 배 속에는 생명을 유지하는 데 꼭 필요한 소화기관과 배설기관이 들어 있고, 무엇보다도 종족 번식을 위한 생식기관이 들어 있습니다.

(1) 구조

곤충의 배에는 소화기관과 생식기관이 있습니다. 배의 생김새는 원통 모양으로 머리나 가슴에 비해 매우 단순하고, 피부(표피)의 재질은 편평한 큐티클입니다. 머리와 가슴과는 달리 배에는 아무런 부속지가 달려 있지 않고, 옆구리(위판과 아래판이 겹쳐진 옆 부분)에 공기가 드나드는 숨구멍(기공)이 있습니다.

배는 보통 열 마디에서 열한 마디로 구성되어 있는데, 마디 수는 목에 따라 조금씩 다릅니다. 예를 들어 딱정벌레목 곤충은 배마디 수가 아홉 개인데, 첫 번째, 두 번째 마디와 배 끝마디들이 축소되어 실제로는 다섯 마디에서 여섯 마디만 보입니다. 배마디들은 각각 연결막으로 이어져 있습니다. 배마디들을 이어 주는 연결막은 매우 유연합니다. 그러다 보니 배마디들을 약간 구부리거나 펼칠 수 있어 배를 전체적으로 길어지게 할 수 있습니다.

소나무비단벌레의 배 쪽 면

이를테면 모기 암컷의 경우, 자기 몸무게

보다 세 배 정도 많은 피를 빨아 먹으면 배가 터질 듯 빵빵하게 늘어납니다. 또한 사마귀 암컷의 경우, 알을 많이 가지면 배가 땅에 질질 끌릴 정도로 커다랗게 부릅니다. 좀남색잎벌레의 암컷도 알을 낳을 때가 되면 만삭인 임산부처럼 배가 엄청나게 커집니다.

(2) 생식기관과 꼬리털

배 끝부분에는 다음 세대를 이어갈 암컷과 수컷의 생식기관이 저마다 위치해 있습니다. 생식기관은 대부분 몸속에 들어 있는 데다 맨눈으로 보이지 않을 정도로 매우 작기 때문에 해부해서 현미경으로 살펴볼 수 있습니다. 수컷은 정소가, 암컷은 난소가 각각 발달되어 정자와 난자를 생산합니다. 재미있게도 생식기(정소와 난소)는 오로지 '어른벌레 시기'에만 성숙합니다. 그러니까 어른벌레만 짝짓기를 통해 정자와 난자가 만나게 할 수 있는 것이지요. 특히 수컷의 생식기 모양은 종을 구분하는 데 굉장히 중요한 단서로 쓰입니다. 그래서 새로운 신종이나 미기록종을 논문으로 발표할 때는 수컷의 생식기를 그 종의 인증 자료로 씁니다.

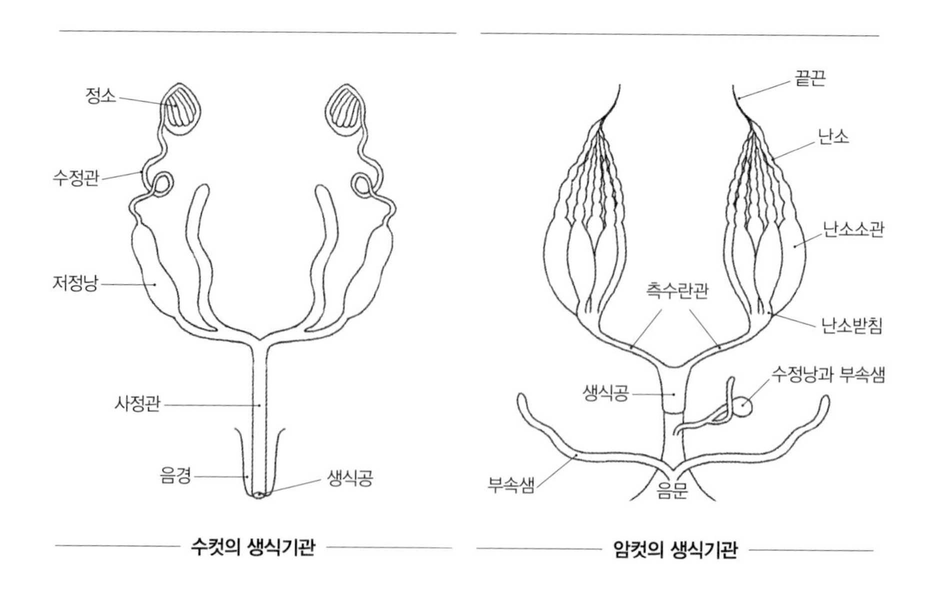

수컷의 생식기관 / 암컷의 생식기관

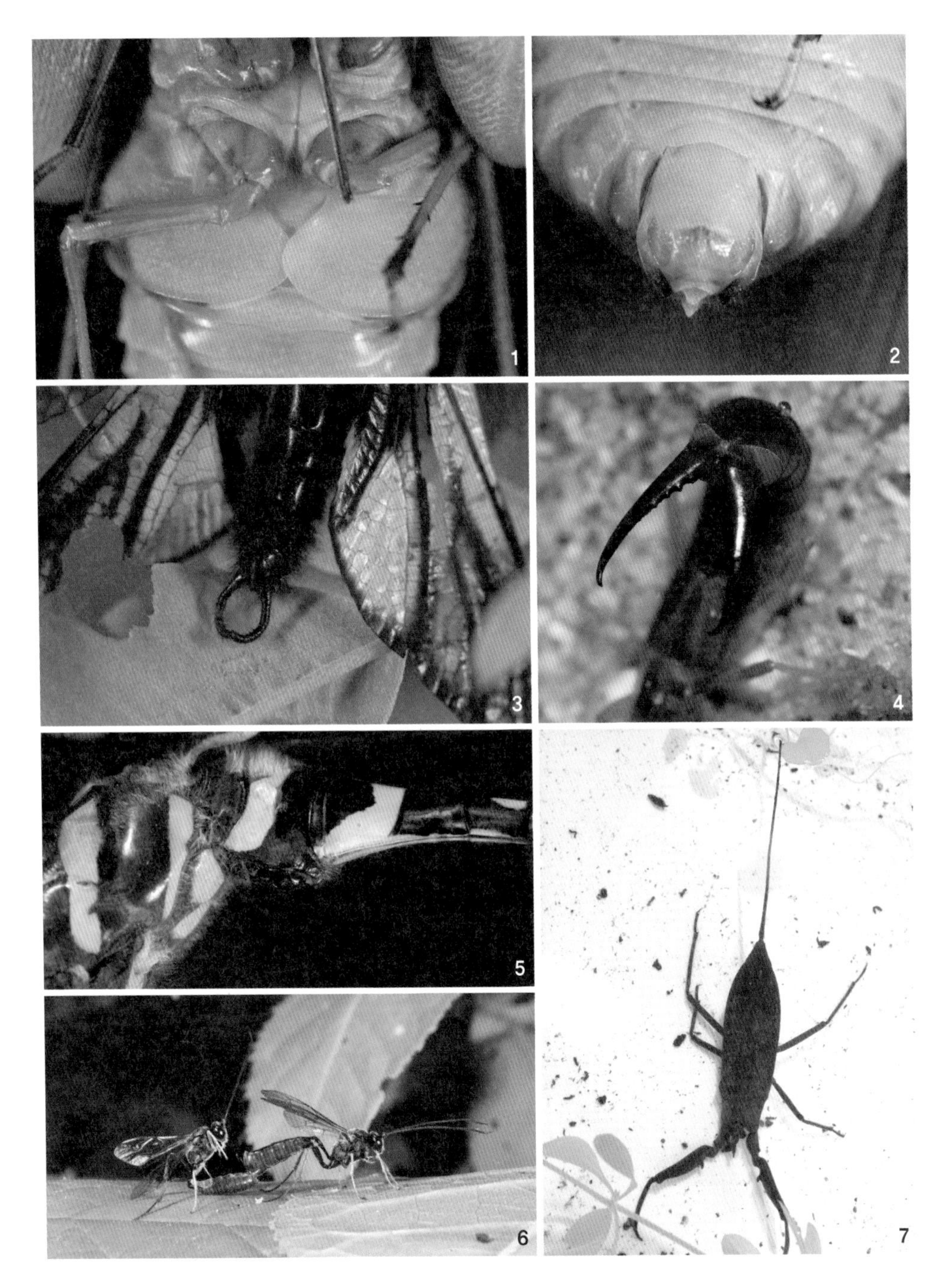

1. **참매미 배 쪽** 발음관이 있다.
2. **참매미의 배 끝** 외부 생식기가 있다.
3. **동그랗게 변형된 노랑뿔잠자리의 꼬리털**
4. **집게 모양 돌기로 발달한 큰집게벌레의 꼬리털**
5. **산잠자리 보조생식기** 배 두세 번째 마디에 있다.
6. **맵시벌류의 짝짓기** 배 끝부분에 생식기가 분화되어 있다.
7. **장구애비 꼬리털** 호흡할 수 있는 숨관으로 변형되었다.

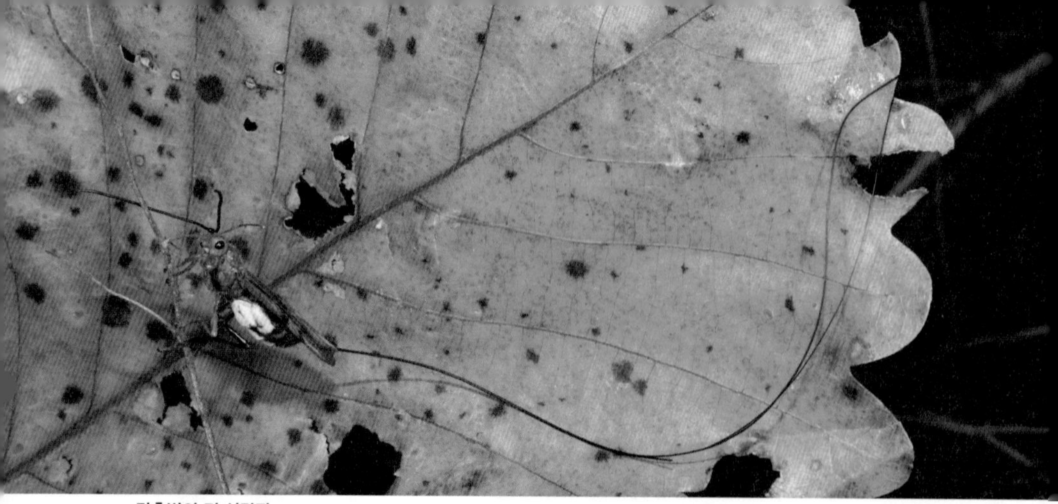
말총벌의 긴 산란관

암컷은 산란관이 발달합니다. 산란관은 말 그대로 알을 낳는 관입니다. 대부분 산란관은 몸속에 들어 있어 바깥으로 보이지 않지만, 메뚜기목 곤충 가운데 여치아목 암컷의 산란관은 몸 밖으로 삐져나오거나 쭉 뻗어 나와 맨눈으로도 아주 잘 관찰됩니다. 귀뚜라미, 베짱이, 여치, 꼽등이, 땅강아지 들을 만나면 얼른 배 끝을 살펴보세요. 배꽁무니에 침이나 칼처럼 생긴 산란관이 달려 있으면 암컷, 산란관이 달려 있지 않고 밋밋하면 수컷입니다.

대부분의 딱정벌레목 곤충들은 산란관을 몸 밖이 아닌 몸속에 지니고 있습니다. 하지만 종종 하늘소과 곤충 가운데 원통 모양으로 생긴 기다란 산란관을 지닌 종도 있습니다. 이들의 산란관은 8~9번째 배마디가 변형된 것인데, 종에 따라 나무껍질 틈이나 썩은 나무 틈새에 3센티미터 넘는 깊이까지 산란관을 찔러 넣고 알을 낳을 만큼 길고 튼튼합니다. 딱정벌레과와 송장벌레과 곤충들은 땅속에 알을 낳는데, 이 녀석들의 산란관은 단단해 흙을 파고 알을 낳을 수 있습니다. 물속에 사는 물방개의 산란관은 식물 조직을 잘근잘근 자르고 그 속에 알을 낳기 좋도록 끝부분이 예리하게 변형되었습니다. 버섯벌레과의 방아벌레붙이아과와 꽃벼룩과 곤충들 또한 산란관이 침처럼 생기지 않고 끝부분이 예리하게 생겼습니다.

특이하게 어떤 곤충들의 배꽁무니에는 꼬리털(미모)이 붙어 있습니다. 메뚜기목, 사마귀목, 바퀴목, 물방개류 들의 배꽁무니에는 단단하고 짧은 꼬리털이

한 쌍 붙어 있는데 감각기관 역할을 합니다. 집게벌레류의 꼬리털은 집게 모양으로 변형되어 있습니다.

(3) 소화기관

곤충들이 먹은 먹이는 소화기관 안에서 소화되는데, 소화기관은 주로 배 속에 들어 있습니다. 소화기관은 입과 항문으로 이어지는 기다란 관 모양으로 생겼는데, 보통 전장, 중장, 후장과 그 부속샘들로 구성됩니다. 소화기관의 길이는 채식주의자냐 육식주의자냐에 따라 다릅니다. 예를 들면 단백질 많은 음식을 먹는 육식 곤충들은 소화 흡수가 비교적 빠르기 때문에 소화관이 짧고 굵은 편입니다. 하지만 식물 즙이나 꽃꿀처럼 액체로 된 먹이를 먹는 곤충들은 대개 길고 구부러진 소화관을 지니고 있고, 곡물을 먹는 곤충들은 몸길이보다 1.3배에서 1.5배 정도 긴 소화관을 가지고 있습니다.

소화와 흡수는 주로 소화 효소가 만들어지는 중장에서 일어나며, 배설은 주로 후장에서 일어납니다. 이제부터 소화기관에서 어떤 주요 기관들이 있는지 살펴볼까요?

① 전장(foregut)

전장은 소화기관 앞쪽에 위치해 있는데, 네 부분(인두, 식도, 소낭과 전위)으로 이루어져 있습니다.

- **인두**(pharynx)**와 식도**(esophagus)

곤충이 주둥이로 삼킨 먹이는 소화기관의 첫 부분인 인두를 거쳐 소낭으로 보내집니다. 인두는 흡관형 주둥이를 가진 나비목 곤충과 벌목 곤충들에 잘 발달되어 있습니다. 이들의 주둥이에는 즙(액체성 먹이)을 빨아들이기 수월하도록 인두펌프가 잘 발달되어 있습니다. 반면에 노린재목 곤충의 주둥이에는 즙을 잘 빨아 먹기 위해 구강펌프가 발달되어 있는데, 구강펌프는 인두가 시작되기 전 구강 조직에서 생

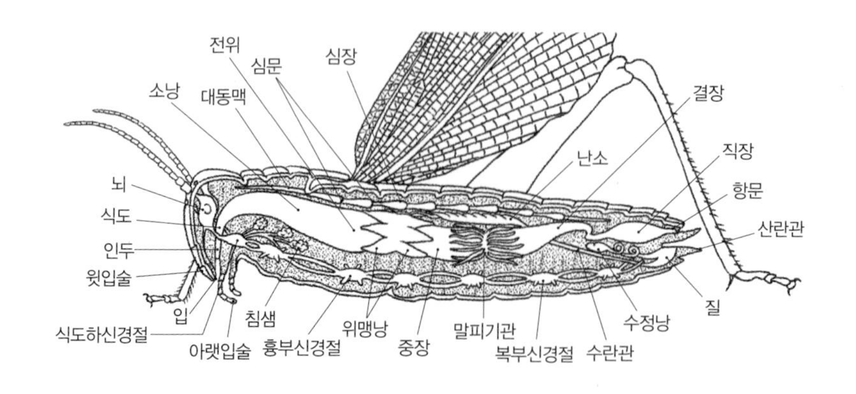

곤충의 소화기관

겨난 것입니다. 한편 식도는 단순한 좁은 관 모양으로 인두와 소낭 사이에 위치해 있는데, 인두에 도착한 먹이를 소낭으로 보내는 역할을 합니다. 식도는 뒤쪽으로 갈수록 점차 부풀어 오르면서 소낭을 만듭니다.

• **소낭**(crop)

소낭은 주둥이에서 삼킨 뒤 인두와 식도를 거쳐 온 음식물을 일시적으로 저장하는 곳입니다. 이름처럼 작은 주머니, 즉 주머니처럼 부풀어 팽창된 저장기관으로 꿀벌, 나비목 애벌레와 메뚜기목 곤충들에서 잘 관찰됩니다. 물론 소낭의 생김새는 곤충 종류에 따라 저마다 다르게 변형됩니다. 소낭의 벽은 주름져 있지만, 음식물이 채워지면 주름이 펴지면서 빵빵하게 부풉니다. 이를테면 다 자란 풀무치 애벌레(5령)의 소낭은 먹이를 배부르게 먹을 경우, 평소보다 다섯 배 정도 늘어난다고 합니다. 그에 못지않게 일벌의 소낭도 큽니다. 자기 체중과 맞먹는, 무려 70밀리그램이나 되는 꽃꿀을 소낭에 저장한다고 합니다. 그 조그만 꿀벌이 그 많은 꽃꿀을 저장할 만큼 큰 소낭을 가지고 있다니 그저 놀랍기만 합니다.

물론 소낭이 잘 발달되지 않는 곤충들도 있습니다. 대표적인 곤충이 몇몇 노린재류와 벼룩인데, 소낭이 없는 대신 중장 앞쪽을 크게 확장시켜 음식물을 저장합니다. 또한 흰개미들과 풍뎅이류 애벌레들은 소낭이 없는 대신 후장의 일부분을 음식물 저장고로 활용합니다.

먹이 속에 섞여 온 침샘의 소화 효소나 중장에서 역류된 소화 효소들이 아주 드물게 소낭에서의 흡수를 돕지만, 실제로 소낭에서는 영양분을 거의 흡수하지 못합니다. 예외로 이질바퀴는 소낭에서 지방산이 통과되어 영양분을 흡수합니다.

• **전위**(proventriculus)

전위는 소낭과 중장 사이에 위치하면서 소낭에 머물고 있는 음식물이 중장으로 이동하도록 조절합니다. 전위는 특히 딱정벌레목 곤충과 메뚜기목 곤충이 잘 발달되어 있는데, 먹이를 부수기도 합니다. 특이하게 일벌의 전위는 수집해 온 꽃꿀(화밀, nectar)과 꽃가루를 분리하는 여과장치 역할을 합니다. 그래서 일벌의 전위를 '화밀마개'라고도 부릅니다. 놀랍게도 일벌은 전위에서 먹은 지 20~25분 만에 꽃꿀과 꽃가루를 완전히 분리합니다. 일벌은 벌통으로 날아가 소낭에 있는 꽃꿀을 벌통에서 일하는 다른 일벌에게 넘겨줍니다. 꽃꿀을 넘겨받은 녀석들은 이 꽃꿀을 삼켰다가 내뱉는 작업을 하는데, 약 20분 동안 무려 여든 번에서 아흔 번 정도 반복합니다. 이렇게 수분을 증발시켜 꽃꿀을 농축하는데, 이 꽃꿀이 바로 우리가 먹는 벌꿀입니다.

꽃꿀에는 보통 60~80퍼센트의 수분과 20~40퍼센트의 설탕이 들어 있지만 단백질은 거의 들어 있지 않습니다. 일벌은 수분증산뿐만 아니라 당 가수분해 효소인 인베르타아제를 분비하여 설탕을 포도당과 과당으로 분해시킵니다. 그래서 벌꿀의 수분 함량은 줄고 도리어 과당, 포도당, 설탕과 맥아당 따위로 당 함량이 약 70퍼센트 늘어나 엄청나게 단맛이 납니다. 한편 즙을 먹는 노린재목은 전위를 지니지 않는 대신 중장 입구에 조절판이 있습니다.

② **중장**(midgut)

중장은 소화 효소를 분비하여 소화를 돕고, 소화된 영양분을 흡수하는 역할을 합니다. 전장과 이어진 기관으로 생김새는 관 모양인데, 특이하게 앞부분에

버들잎벌레 애벌레가 똥을 누고 있다.

중장맹관 4~8개가 앞쪽에 돌출되어 있어 표면적이 늘어나 있습니다. 표면적이 넓을수록 소화 흡수가 잘됩니다. 중장에서 분비되는 효소는 각각의 곤충들이 선호하는 음식에 따라 다릅니다.

먹이 특이성이 있는 곤충의 경우, 소화 효소도 특이성이 있습니다. 심지어 같은 종인데도 애벌레와 어른벌레의 식성이 다르면 각각 다른 소화 효소가 분비됩니다. 잎사귀를 주로 먹는 대벌레목이나 나비목 애벌레들의 중장에서는 대부분의 효소를 분비하지만, 설탕이 주로 포함된 꽃꿀을 마시는 나비목 어른벌레는 인베르타아제만 분비합니다. 다당류나 단백질이 없는 식물즙을 빨아 마시는 진딧물류도 아밀라아제, 프로테이나제(proteinase)는 지니고 있지 않아 오로지 인베르타아제만 분비합니다. 잡식성 곤충들은 위의 세 가지 효소를 모두 분비하지만, 육식 곤충은 단백질과 지질을 분해하는 효소를 더 분비합니다.

③ 후장(hindgut)

후장은 전장에 견주어 내막이 얇아 투과성도 더 높습니다. 후장의 직장 부위가 물과 무기물질들을 재흡수하기 때문입니다. 회장은 직장으로 찌꺼기가 통과하는 단순한 통로입니다. 하지만 일부 곤충의 회장은 변형되어 있습니다. 이를테면 나무를 먹는 곤충의 회장은 확장되어 발효실을 만들기도 합니다. 흰개미의 발효실에는 편모충(원생동물)이, 풍뎅이류의 발효실에는 세균들이 공생해 목재의 섬유질을 소화하는 데 큰 공헌을 합니다.

또한 일부 곤충들의 경우, 후장의 기능이 여러 가지입니다. 잠자리목 애벌레의 경우, 직장 앞쪽이 아가미 방으로 변형되어 호흡에 중요한 역할을 합니다. 나무좀류(*Ips*속 수컷, *Trypodendron*속 암컷)는 후장 특히 회장벽 세포에서 집합 페로몬을 합성하여 항문을 통해 몸 밖으로 퍼뜨립니다. 과실파리과 수컷(*Dacus tryoni*)은 직장에서 페로몬을 분비합니다.

3장

곤충 몸의 원리와 생리 작용

1. 뼈, 곤충의 피부

사람의 뼈는 몸속에 있고, 근육과 살이 그 뼈를 감쌉니다. 하지만 곤충의 뼈는 몸의 맨 바깥쪽에 있고, 그 뼈는 내장기관과 근육을 감쌉니다. 다시 말해 곤충의 피부가 사람으로 치면 뼈에 해당합니다. 그래서 곤충을 외골격 동물이라고 부르지요. 놀랍게도 곤충은 죽을 때까지 뼈옷을 입고 삽니다.

방아깨비나 호랑나비 애벌레를 만져 본 적 있나요? '말랑말랑한데 도대체 어디에 뼈가 있다는 거지?' 하는 의문이 들 겁니다. 척추동물인 사람의 뼈는 단단하고 두껍지만, 곤충의 뼈는 얇고 가벼우며 두껍지도 않아 도무지 뼈처럼 느껴지지 않습니다.

(1) 큐티클

곤충의 뼈는 '큐티클'이라는 매우 얇고 질긴 재질로 이루어져 있습니다. 이 큐티클은 몸속 수분이 외부로 증발하는 것을 막아 몸속의 삼투압을 제대로 유지하게 해 줍니다. 또한 큐티클은 비바람이 치거나, 위험한 사고에 맞닥뜨릴 때도 소화기관과 같은 중요한 내부 기관을 잘 보호해 줍니다.

큐티클은 표피 아래에서 분비되어 몸의 표면을 갑옷처럼 둘러쌉니다. 다행히도 몸통에 부속지(다리, 더듬이, 날개 등)가 연결된 부분 큐티클은 얇고 유연하며 신축성이 있어 관절을 자유자재로 움직일 수 있습니다. 하지만 절지동물문에 속하는 갑각류의 큐티클은 부드럽지 않고 신축성과 유연성이 현저하게 떨어집니다. 큐티클 안쪽 일부에 칼슘염이 섞여 있기 때문입니다. 특히 바닷가재와 게의 껍질은 이러한 석회화가 극단적으로 일어나 매우 딱딱합니다.

날개돋이 쇠측범잠자리가 날개돋이가 갓 끝난 뒤 쉬고 있고, 옆에 탈피각이 보인다.

그럼 큐티클의 성분은 무엇일까요? 큐티클은 단백질과 지질, 질소 다당류로 이루어져 있습니다. 무엇보다도 큐티클의 가장 중요한 재질은 단백질과 결합된 키틴(chitin)질입니다. 키틴은 단단하고 저항성이 강한 질소 다당류라 물, 알칼리, 약산에도 녹지 않습니다. 그래서 물에 끓여도, 심지어 양잿물에 담가 놓아도 흐물거리지도 녹지도 않습니다. 큐티클 재질의 뻐옷을 입은 덕에 곤충은 변화무쌍한 지구 환경에 효과적으로 대처하며 현재까지 살아남았습니다. 하지만 큐티클도 취약점이 있습니다. 큐티클성 외골격은 너무 질기고 신축성이 없는 바람에 곤충(애벌레)이 성장하는 데 걸림돌이 됩니다. 음식을 먹으면 몸집이 쑥쑥 크는 게 당연한데, 신축성이 없는 큐티클에 둘러싸여 갇히게 되면 더 이상 자라지 못하기 때문이지요. 그래서 곤충은 특단의 조치를 취합니다. 몸집을 키우기 위해 주기적으로 몸을 덮고 있는 큐티클을 벗어 버립니다. 즉 헌 껍질을 벗고 새 껍질을 생성해서 입는 것이지요. 이러한 행동을 '허물벗기(ecdysis)' 또는 '탈피'라고 부르는데, 완전한 상태가 되기 전까지 여러 번 이루어집니다.

허물벗기는 애벌레 시기에 주로 정기적으로 여러 차례에 걸쳐 일어나며, 어른벌레 시기에도 드물게 일어납니다. 허물벗기 과정 가운데 번데기가 껍질을 벗고 어른벌레로 변신하는 것을 '날개돋이(우화, eclosion, emergence)'라고 합니다. 하지만 애벌레 시절의 허물벗기든 날개돋이 때의 허물벗기든 허물벗기 과정은 같습니다. 또한 허물벗기에 관련된 호르몬은 완전변태든 불완전변태든 동일하게 작용합니다. 다시 말하면 호르몬이 곤충의 허물벗기를 조절하고 통제하는데, 주요 내분비 기관 세 곳에서 애벌레 시기부터 어른벌레 시기까지의 변신을 진두지휘합니다. 내분비 기관에서 나오는 호르몬에는 뇌에서 관여하는 뇌호르몬, 전흉샘(앞가슴샘)에서 나오는 탈피호르몬, 알라타체에서 분비되는 유약호르몬이 있습니다. 이 가운데 허물을 벗는 데 관여하는 물질은 허물벗기호르몬, 허물벗기전행동유기호르몬, 허물벗기행동유기호르몬, 갑각류심장활성인자 들입니다.

지금부터 5억 년 전 있었던 절지동물의 화석에서 허물벗기가 발견되었습니다. 따라서 허물벗기는 진화 초기의 절지동물에서부터 일어난 것으로 추정하고 있습니다.

(2) 허물벗기

곤충(애벌레)들은 허물을 벗을 수 있는 능력 덕에 단단한 갑옷을 입은 외골격 동물이면서도 쑥쑥 자랄 수 있습니다. 곤충들은 주기적으로 오래된 헌 큐티클을 벗고 보다 크고 새로운 큐티클을 만드는데, 이 과정은 특히 애벌레 시기에 여러 차례에 걸쳐 주기적으로 일어납니다. 어른벌레 시기에는 굉장히 적게 일어나지요. 허물은 겉으로 보기엔 주기적으로 벗는 것 같지만 실제로 곤충의 허물벗기와 그 준비 과정은 피부 속에서 일생 동안 지속됩니다.

이제부터 허물벗기 과정을 깊숙이 들여다볼까요? 이 부분은 전문적인 내용이라서 곤충 입문자들에겐 좀 어려울 수 있으니 건너뛰어도 곤충을 이해하는 데 큰 지장은 없습니다. 허물벗기 과정은 크게 전탈피 단계, 탈피 단계, 후탈피

허물벗기 산맴돌이거저리 종령 애벌레가 허물을 벗고 번데기로 변신하고 있다.

단계로 나눌 수 있습니다.

허물벗기 과정의 시작은 중추신경계가 자극을 인지하면서 일어납니다. 탈피 조절은 내분비 기관의 조절을 받는데, 이때 허물벗기에 관련된 호르몬이 각 단계에 적절하게 분비되어 허물 벗는 것을 도와줍니다. 대표적인 예로 탈피호르몬, 유약호르몬, 허물벗기호르몬과 경화호르몬을 들 수 있는데, 이들은 단독 또는 상호작용을 합니다. 특히 탈피호르몬은 허물벗기 과정에서 가장 큰 역할을 하는데, 표피층 분리부터 새로운 표피층의 생성, 허물벗기와 경화에 이르기까지 두루 관여합니다.

① 전탈피 단계(허물벗기 전단계, pharate stage)

전탈피 단계는 탈피를 준비하는 단계로 이 시기에는 오래된 헌 큐티클에서 미네랄(무기염)이 빠져나가 조직에 축적되면서 큐티클이 점점 얇아집니다. 이어 큐티클 아래에 있는 표피층 세포들은 왕성하게 세포 분열을 시작합니다. 이때 이 세포들은 처음에는 새로운 외큐티클 층을 만들고, 뒤이어 헌 내큐티클 층을 분해하는 효소를 분비합니다. 그러면서 퇴화하는 헌 큐티클의 안쪽에서 새로운 큐티클이 만들어집니다. 어떤 곤충은 새로운 표피층을 형성하고서도 오랫동안 허물벗기를 지연할 때도 있습니다.

허물벗기전행동유기호르몬은 복부신경절의 운동신경세포들을 자극하여 첫 번째의 허물벗기 전행동(pre-ecdysis behavior)을 합니다. 이때 몸에서 헌 표피층이 떨어지도록 율동적으로 몸을 수축하고, 특히 등과 배 부분에서 약 20분 동안 이완운동을 합니다. 이렇게 허물벗기행동유기호르몬의 농도가 높아지면 두 번째 허물벗기전행동이 일어납니다. 이때는 배와 배에 붙어 있는 부속지가 약 12~36분 동안 수축운동을 합니다. 이어 허물벗기 행동이 일어나는데, 실제로 허물을 벗는 몸의 연동운동을 활성화시키는 운동신경들이 작동합니다.

② 탈피 단계

탈피 단계에는 실제로 허물이 벗겨집니다. 허물벗기는 등쪽 중앙에 세로로 나 있는 탈피선이 갈라지고 등이 허물 밖으로 빠져나오면서 시작됩니다. 원래 머리와 가슴 등쪽에 있는 탈피선은 외원표피층이 없는 부분으로 굉장히 부드럽고 약합니다. 허물벗기가 가까워지면 곤충은 근육운동이나 공기압력을 이용해서 혈림프를 몸 앞쪽으로 몰아넣습니다. 그러면 탈피선이 쉽게 파열됩니다. 이때 새로운 큐티클 옷을 입은 애벌레가 등 → 머리 → 배 → 배꽁무니 순서로 허물 밖으로 빠져나옵니다. 새 몸이 다 빠져나와 허물벗기가 다 끝나면 주변의 공기나 습기가 새 큐티클에 흡수되면서 새 표피층(큐티클)이 최대한 크게 늘어납니다. 그 뒤로도 시간이 흐를수록 걸어 다니거나 날아다닐 수 있도록 표피층이 단단하게 바뀌어 갑니다.

그러면 애벌레들은 얼마나 자주 허물을 벗을까요? 그건 종류마다 다릅니다. 비록 탈피 횟수가 정해진 종이라 하더라도 환경의 변화에 따라 다를 수도 있습니다. 소똥구리과나 잎벌레과 곤충은 탈피 횟수가 대개 일정하게 정해져 있지만, 수시렁이과나 거저리과 곤충처럼 탈피 횟수가 정해져 있지 않는 경우도 있습니다. 이를테면 거저리류 애벌레는 보통 세 번 정도 허물을 벗지만, 환경의 변화에 따라 그보다 더 여러 차례 허물을 벗기도 합니다.

③ 후탈피 단계

후탈피 단계는 허물벗기 이후 시기로 이때는 큐티클이 두꺼워집니다. 특히 맨 바깥층은 더욱 단단해지고, 안층은 무기물을 비롯한 여러 물질들이 쌓입니다.

후탈피 단계를 더 자세히 살펴보겠습니다. 허물벗기가 끝나면 피부샘에서 시멘트층이 나와 왁스층을 뒤덮습니다. 이때 주름이 잡혀 있던 새로운 표피층이 허물을 벗은 뒤 펼쳐지면서 곤충 몸의 표면적은 넓어집니다. 그 뒤 표피층은 단단하게 되어 두께가 허물 벗을 때보다 훨씬 더 두꺼워집니다. 물기가 점점 줄어들고, 대개 색깔이 짙어지며 왁스층이 계속 생성됩니다. 이런 현상을 '경화 반응'이라고 합니다. 경화 반응이 일어나면 곤충들의 몸 색깔이 어둡고 짙게 변합니다. 멜라닌 색소가 생성되기 때문입니다. 여기서 한 가지 오해하지 말아야 할 것은 몸(표피층) 색깔이 어두워지는 것과 경화 반응은 엄연히 다르다는 점입니다. 어떤 곤충들은 경화 반응이 일어나지만 몸 색깔이 어둡게 변하지 않고 밝은 색으로 오롯이 남아 있기도 합니다. 이렇게 허물벗기 과정이 모두 끝나면 곤충들은 몸을 최대한 크고 단단하게 만듭니다. 그래야 걸어 다니거나 날아다닐 수 있습니다.

곤충들은 보통 후탈피 기간 동안 어두침침하고 후미진 곳 같은 안전한 장소에서 숨어 지냅니다. 곤충 몸이 아직 단단하지 않아 포식자를 막아 낼 방어능력이 거의 없기 때문입니다.

허물벗기 과정을 간단히 정리하면 다음과 같습니다.

• **전탈피 단계**

오래된 원표피가 표피에서 분리되고, 표피는 새로운 상표피를 분비한다. 탈피액이 오래된 내표피를 용해시키는 동안 새로운 외표피가 분비된다. 용해된 물질은 다시 흡수된다.

북방갈고리큰나방 4령 애벌레 허물을 벗은 뒤 5령 애벌레가 되면 검은색으로 변한다.

긴꼬리쌕쌔기 허물을 벗었다.

갈색여치 허물을 벗고 난 뒤, 벗어 놓은 허물을 먹고 있다.

큰광대노린재 허물을 벗었다.

• **탈피 단계**

오래된 상표피와 외표피가 없어진다.

• **후탈피 단계**

새로운 큐티클이 커지고 주름도 펴진다. 내표피가 분비된다.

(3) 허물벗기를 진두지휘하는 호르몬

곤충의 허물벗기는 호르몬의 진두지휘 아래 일어납니다. 우선 몸에 신호가 오면 뇌에 있는 신경분비세포가 뇌 호르몬을 분비한 뒤 앞가슴으로 들어가 전흉선(앞가슴샘)을 자극합니다. 그러면 전흉선은 엑디손(ecdysone)이라고 부르는 탈피호르몬을 분비합니다. 엑디손은 탈피가 일어나게 만듭니다. 즉, 엑디손의 명령을 받은 상피세포는 오래된 헌 큐티클에서 떨어져 나와 새로운 큐티클을 만듭니다.

한편, 뇌와 인접한 곳에 뇌와 신경으로 이어지는 알라타체가 있습니다. 알라타체에서는 유약호르몬이 분비됩니다. 유약호르몬은 애벌레가 번데기로 변신하는 것을 막는 역할을 합니다. 따라서 유약호르몬이 진두지휘하는 시기는 애벌레 시기로, 이 기간에는 번데기로 변하지 않고 애벌레 상태로 허물을 쑥쑥 벗으며 성장합니다. 애벌레가 번데기로 변신할 때는 유약호르몬의 역할이 적어지고, 엑디손만 매우 활발하게 활동합니다.

또한 번데기가 어른벌레로 변신할 때도 엑디손만 활동하기 때문에 날개돋이를 원활하게 할 수 있습니다. 다시 말하면 유약호르몬은 번데기로 변신하는 것(용화)을 막을 뿐만 아니라 날개돋이(우화)하는 것도 막습니다. 참고로 번데기의 몸은 어른벌레와 기본적으로 같은 구조이지만 아직 근육이 완성되지 않았기 때문에 어른벌레처럼 행동할 수 없습니다.

2. 곤충의 변태

곤충은 사람처럼 한꺼번에 자라지 않고, 여러 단계를 거쳐 자랍니다. 알 단계, 애벌레 단계, 번데기 단계와 어른벌레 단계가 있습니다. 단계가 바뀌는 것을 '변태'라고 합니다. 변태는 우리말로 풀어 쓰면 탈바꿈한다는 말입니다.

(1) 곤충의 분업

왜 곤충은 여러 단계의 성장 과정을 거칠까요? 그건 분업이 잘되어 있기 때문입니다. 즉 알, 애벌레, 번데기와 어른벌레의 역할이 저마다 나눠져 있는 거지요. 그래서 형태와 기능이 발달단계마다 서로 다르게 진화되고 있습니다. 예를 들면 애벌레는 열심히 먹고 성장하는 일에, 어른벌레는 자손을 낳고 더 좋은 환경으로 분산하는 일에 주력합니다.

이때 알에서 깨어난 애벌레가 어른벌레가 되기 위해서는, 종에 따라서 불완전변태(안갖춘탈바꿈)와 완전변태(갖춘탈바꿈)의 과정을 거쳐야 합니다. 우선 불완전변태는 알 – 애벌레 – 어른벌레 세 단계를 거치며 한살이를 완성하는 방법입니다. 불완전변태는 주로 하등한 곤충 무리에서 일어나는데, 대표적인 곤충으로는 메뚜기목, 사마귀목, 대벌레목, 잠자리목, 집게벌레목, 바퀴목, 노린재목 들을 들 수 있습니다.

이에 반해 완전변태는 알 – 애벌레 – 번데기 – 어른벌레 네 단계를 거치며 한살이를 완성하는 방법입니다. 완전변태는 주로 고등 진화한 곤충 무리에서 일어나는데, 대표적인 곤충으로는 나비목, 밑들이목, 날도래목, 풀잠자리목, 딱정벌레목, 벌목, 파리목 들을 들 수 있습니다. 완전변태와 불완전변태는 번데기 시기가 있느냐 없느냐에 따라 차이가 있습니다. 즉 번데기 시기를 거치면 완전변태, 번데기 시기를 거치지 않으면 불완전변태입니다.

그럼 변태는 곤충이 번성하는 데 어떤 영향을 줄까요? 한 모습으로 사는 것보다 여러 모습으로 사는 게 환경 변화가 극심할 때 살아남을 가능성이 높습니다. 특히 알과 번데기는 곤충의 생활사 가운데 물질대사를 최대한 정지시키는 시기로서 극심한 기후변화를 비롯한 여러 불리한 환경을 극복하는 데 굉장히 유리합니다.

또한 각 성장 단계마다 분업이 잘되어 있어 변화가 심한 환경에 잘 적응합니다. 애벌레는 성장을 위해 오로지 먹는 일에만 집중하며, 번데기는 성장을 중심으로 한 애벌레의 몸 구조에서 생식을 중심으로 한 어른벌레의 몸 구조로 바꾸는 일에만 힘씁니다. 어른벌레는 오로지 짝짓기를 통해 종족 번식과 분산을 하는 일에만 몰두하지요. 다시 말해 곤충은 단계별로 성장과 생식을 분업화하며 한살이를 마무리합니다.

분업화된 생활사의 좋은 예로 하루살이나 날도래 어른벌레를 들 수 있습니다. 이 녀석들은 수명이 짧고 입틀마저 퇴화되었지만 이미 애벌레 시기에 어른벌레가 활동할 때 필요한 영양분을 축적하였기 때문에 자손을 이어 가는 임무를 완벽하게 수행할 수 있습니다. 이와 같이 단계의 분업화와 세분화는 환경 변화가 심한 곳에서 자신의 생존 기회를 높일 수 있는 훌륭한 전략입니다.

탈피와 변태 모두 호르몬의 변화로 단단한 큐티클 옷을 벗고 나오지만, 탈피와 변태는 약간 차이점이 있습니다. 탈피의 경우, 탈피 후 개체는 탈피 전 개체보다 몸 크기는 커지지만 몸의 생김새나 내부 구조에는 큰 차이가 없습니다.

반면 변태의 경우, 마지막 단계 애벌레가 탈피한 뒤 어른벌레가 되면 생김새뿐만 아니라 생리 현상에 큰 변화가 일어납니다. 그래서 이 시기에 일어나는 탈피는 단순히 탈피라 하지 않고 '변태'라고 합니다. 탈피와 변태 모두 탈피호르몬의 영향을 받지만, 변태 과정에서만 유약호르몬이 간섭합니다.

(2) 여러 가지 변태 형태

변태에는 주로 불완전변태와 완전변태의 두 가지 방법이 있지만, 드물게 변태를 하지 않거나 과변태를 해서 살아가는 종도 있습니다.

① 무변태(ametabolous development)

무변태는 날개가 달리지 않은 원시적인 무시류에서 볼 수 있습니다. 무변태는 말 그대로 변태라는 과정을 거치지 않고 애벌레가 점진적으로 성장하고 발육하여 어른벌레가 되는 방법입니다. 심지어 성적으로 성숙하여 정소와 난소가 다 갖춰진 뒤에도 계속 탈피하기 때문에 탈피 횟수가 매우 많고 변이도 많습니다. 그래서 어른벌레와 애벌레를 구분하는 게 쉽지는 않으나, 애벌레는 어른벌레에 비해 몸 크기가 작고 외부 생식기관이 잘 발달되어 있지 않습니다.

② 불완전변태(안갖춘탈바꿈, incomplete development)

불완전변태는 '알 – 애벌레 – 어른벌레'의 모습으로 변신하며 한살이를 이루는 방법입니다. 애벌레의 조직과 기관은 점점 자라서 어른벌레가 되면 완전히

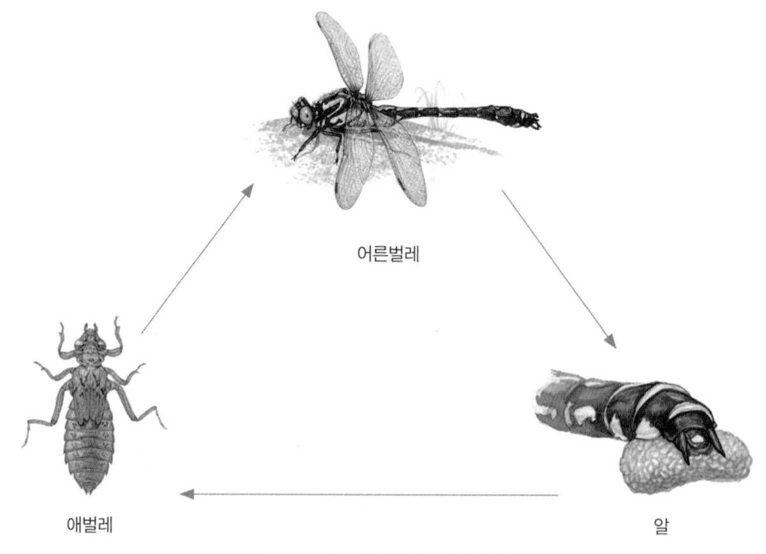

불완전변태를 하는 어리측범잠자리

노랑배허리노린재 알

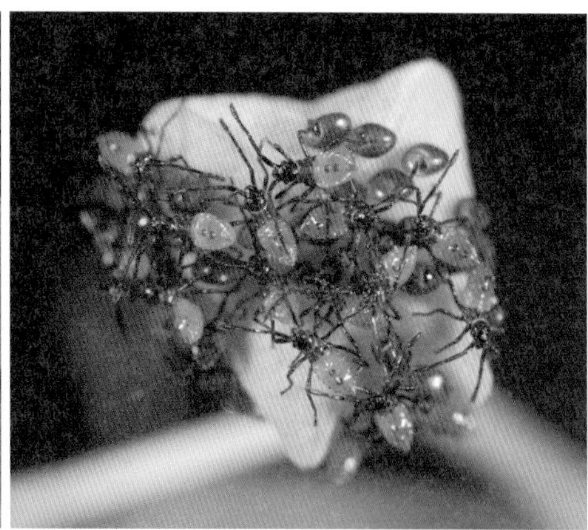

노랑배허리노린재 1령 애벌레

노랑배허리노린재 3령 애벌레

노랑배허리노린재 5령 애벌레

불완전변태를 하는 노랑배허리노린재 어른벌레

성숙됩니다. 즉, 이미 날개와 생식기 같은 중요한 기관이 애벌레 시기부터 형성되었기 때문에, 굳이 번데기 시기를 거치지 않아도 됩니다. 불완전변태를 하는 곤충들의 경우, 대개 애벌레와 어른벌레 생김새가 똑 닮았습니다. 다만 애벌레 시기에는 날개가 완전하게 달리지 않고 생식능력이 발달하지 않았으며 크기도 작습니다. 특이하게 불완전변태 곤충 애벌레들은 완전변태하는 곤충들과 다르게 머리에 겹눈이 있습니다. 애벌레와 어른벌레가 대개 같은 종류의 먹이를 먹다 보니, 사는 곳의 환경도 거의 비슷합니다. 따라서 같은 환경의 영향을 받습니다. 다만 하루살이류나 잠자리류처럼 애벌레가 물속에서 사는 수서곤충이면 어른벌레와 먹이와 사는 환경이 다릅니다.

애벌레는 여러 번 허물을 벗으며 몸집을 키우는데, 이때 날개와 외부생식기가 조금씩 자라납니다. 애벌레가 허물을 벗고 자라면서 외부생식기는 배 끝마디들이 변형되고 조금씩 발육되어 갑니다. 애벌레 시기에 자라나는 날개를 날개싹(시엽, wing pad)이라 부르는데, 종령 애벌레 시기엔 날개가 완전히 발달합니다. 이처럼 애벌레 시기의 날개싹이 외부로 드러나 불완전변태 하는 곤충들을 외시류라고도 부릅니다. 애벌레는 대개 네다섯 차례 허물을 벗으면 성장하지만 종종 그보다 훨씬 많이 허물을 벗는 애벌레도 있는 것처럼, 탈피 횟수는 일정하지 않고 종마다 다릅니다. 이를테면 노린재류 애벌레는 대체로 네 차례의 허물을 벗는데 비해 잠자리 애벌레는 2~3년 동안 물속 생활을 하면서 10~15차례 허물을 벗습니다. 심지어 어떤 하루살이류 애벌레는 40~50차례 허물을 벗을 때도 있습니다. 때때로 수컷보다 몸집이 더 큰 암컷이 한 차례 더 허물을 벗을 때도 있습니다. 물론 어른벌레로 변신한 뒤에는 더 이상 허물을 벗지 않습니다. 하지만 하루살이목 곤충들은 애벌레와 어른벌레 시기 사이에 아성충 시기가 있습니다. 아성충 시기를 거치는 곤충은 하루살이목이 유일합니다.

물속에서 생활하는 일부 수서곤충의 경우, 애벌레가 지닌 특이한 형질이 어른벌레로 변하는 변태 시기에 사라집니다. 잠자리목, 강도래목과 하루살이류 애벌레는 물속에 녹아 있는 산소를 이용하기 위해 특수한 호흡아가미를 지니고 있습니다. 하지만 어른벌레로 변신하면서 이 호흡아가미는 흔적도 없이 사라집니다. 육상생활을 하는 어른벌레가 아가미 대신 몸 옆구리 쪽에 있는 숨구멍(기문)으로 산소를 이용하기 때문입니다.

어른벌레는 완전변태를 하는 곤충들보다 오래 사는 편이지만 애벌레 기간만큼 길지는 않습니다. 메뚜기목이나 사마귀목은 애벌레 기간이 대개 4월부터 8월까지 약 4개월인 반면, 어른벌레의 기간은 8월부터 9월까지 약 두 달도 안 됩니다.

불완전변태 하는 곤충으로는 하루살이목, 잠자리목, 강도래목, 바퀴목, 사마귀목, 집게벌레목, 메뚜기목, 대벌레목, 이목을 들 수 있습니다.

③ 완전변태(갖춘탈바꿈, complete metamorphosis)

완전변태는 '알 – 애벌레 – 번데기 – 어른벌레'의 모습으로 변신하며 한살이를 이루는 방법입니다. 완전변태 하는 무리의 애벌레와 어른벌레는 형태적으로나 생리적으로 많이 다릅니다. 그래서 서로 다른 몸 구조가 원활하게 변하기 위해서 애벌레와 어른벌레 시기 사이에 번데기 시기가 꼭 필요합니다. 또한 완전변

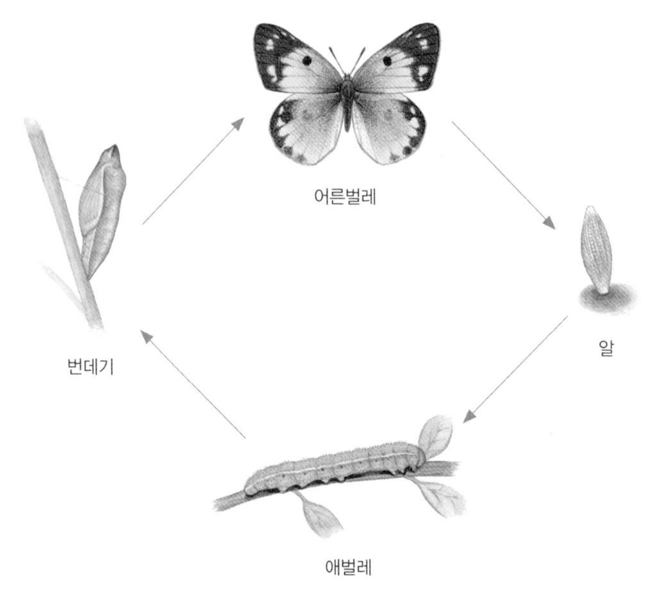

완전변태를 하는 노랑나비

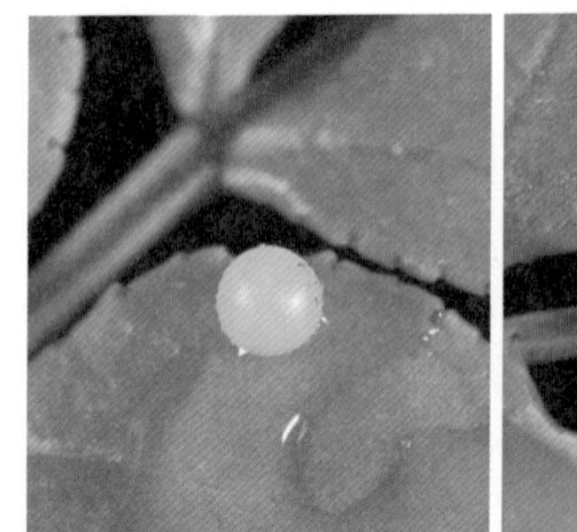

호랑나비 알

호랑나비 1령 애벌레

호랑나비 3령 애벌레

호랑나비 5령 애벌레(종령 애벌레)

호랑나비 번데기

완전변태를 하는 호랑나비 어른벌레

태를 하는 어른벌레와 애벌레는 먹이가 서로 다르고, 사는 곳도 종에 따라서 다른 경우가 있습니다. 불완전변태 곤충의 날개는 애벌레 시기부터 몸 밖에서 점진적으로 자라나지만, 완전변태 곤충의 날개는 애벌레 시절에 몸 안에서 자라 보이지 않다가 번데기 시기에 처음으로 몸 밖으로 돌출됩니다. 그래서 날개가 애벌레 시기에는 보이지 않다가 번데기 시기에 처음으로 몸 밖으로 돌출되어 완성됩니다. 이렇게 날개가 애벌레의 몸속(체벽 안쪽)에서 생기기 때문에 완전변태 곤충을 내시류라고도 부릅니다.

완전변태 하는 곤충 애벌레는 불완전변태 곤충과 달리 겹눈을 가지지 않고, 대개 큰턱이 발달해 있어 먹이를 씹어 먹습니다. 뿐만 아니라 애벌레의 몸에는 가슴다리와 배다리가 달려 있습니다. 뭐니 뭐니 해도 완전변태 곤충의 가장 큰 특징은 애벌레와 어른벌레 시기 사이에 번데기 시기가 있다는 점입니다. 번데기는 알몸으로 노출된 경우도 있지만, 나방들처럼 번데기 방(고치)에 둘러싸인 경우도 있습니다. 번데기 시기는 휴지기로 자극에 움직일 뿐 거의 움직이지 않습니다. 예외로 모기의 번데기인 장구벌레는 먹이를 먹지는 않지만 물속에서 활발하게 움직입니다.

대표적인 완전변태 곤충으로는 풀잠자리목, 딱정벌레목, 파리목, 밑들이목, 날도래목, 나비목, 벼룩목, 벌목 들을 들 수 있습니다.

④ 과변태(지나친탈바꿈, hypermetamorphosis)

애벌레가 자라나면서 령기(나이)에 따라 지나치게 생김새가 바뀌는 경우가 있는데, 이를 전문용어로 과변태 또는 지나친탈바꿈(hypermetamorphosis)이라고 합니다. 또는 몸 생김새가 변형된다고 해서 이형탈바꿈(heteromophosis)이라고도 합니다. 이런 경우는 곤충계에서는 굉장히 희귀한 일이나, 가장 좋은 예는 딱정벌레목 가뢰과 애벌레입니다. 가뢰과 애벌레는 생김새도 이상한 데다, 나이(령)에 따라서 생김새가 굉장히 다릅니다. 허물을 벗고 령기가 바뀔 때마다 모습도 바뀌는 것이지요. 한마디로 변신의 귀재입니다.

남가뢰 애벌레가 허물을 벗을 때마다 어떻게 변신하는지 살펴볼까요? 늦봄이면 땅속의 알에서 남가뢰 애벌레가 깨어납니다. 갓 깨어난 애벌레(1령 애벌레)의 몸은 굉장히 작고 좀처럼 생겼는데(좀꼴형), 특이하게도 다리에 발톱이 세 개 달렸습니다. 발톱이 세 개라서 과거에는 1령 애벌레를 세발톱벌레라는 뜻인 '트륑굴린(triungulin)'이라고 불렀습니다. 하지만 트륑굴린이란 말은 가뢰 애벌레가 아니라 전혀 다른 곤충이기 때문에 이제는 가뢰 애벌레에게 쓰지 않습니다. 1령 애벌레가 자라 2령 애벌레를 거쳐 3령 애벌레가 되면 생김새가 완전히 달라집니다. 좀꼴 모양이었던 녀석이 굼벵이 모양으로 바뀌는 것이지요. 다시 쑥쑥 자라 5령 애벌레가 되면 껍질에 싸인 가짜 번데기 모양(의용)이 되어 긴 시간 동안 움직이지 않고 삽니다. 그 뒤에도 계속 허물을 벗다가 마지막 애벌레 단계인 7령 애벌레(종령 애벌레)가 되면 다시 굼벵이 모습으로 돌아갑니다. 그리고 또 시간이 지나면 애벌레 시기를 마치고 진짜 번데기가 됩니다. 이 과정은 순서대로 말하기도 숨 가쁠 만큼 어렵고 복잡합니다.

(3) 완전변태와 불완전변태 곤충 가운데 누가 더 지구에 많을까

그렇다면 완전변태 하는 무리와 불완전변태 하는 무리 가운데 환경에 적응하는 데 있어 어떤 무리가 진화에 유리할까요? 답부터 말하자면 완전변태 무리가 유리합니다. 완전변태하는 무리와 불완전변태 곤충 무리의 비율은 87: 13으로 완전변태 곤충 무리가 훨씬 더 많습니다. 이것은 조상 대대로 환경에 적응하면서 완전변태가 진화 면에서 유리하다는 것을 의미합니다. 그 까닭은 다음과 같습니다.

우선 역할이 분화된 애벌레 시기가 일등공신입니다. 완전변태 무리 애벌레는 식성이 좋아 다양한 먹이 물질을 잘 이용합니다. 또한 애벌레들은 어른벌레와 다른 서식지에서 생활하기 때문에 서로 경쟁할 필요가 없습니다. 오로지 애벌레는 먹기만 하면 되고, 어른벌레는 자손만 낳으면 됩니다. 즉, 어른벌레는 자신의 몸을 키우기 위해 먹이 활동에 시간과 에너지를 소비할 필요 없이 오로지 생식 활동에만 전념할 수 있습니다. 실제로 하루 동안에 몸속 영양분으로

알을 낳기 직전의 남가뢰 암컷

과변태하는 남가뢰 애벌레 땅속의 알에서 깨어난 남과뢰 1령 애벌레가 풀이나 꽃 위로 올라와 호박벌이나 뒤영벌을 기다리고 있다.

전환되는 먹이 양은 밤나방류(완전변태)가 메뚜기류(불완전변태)보다 훨씬 더 많습니다. 바꾸어 말해, 메뚜기류가 밤나방류와 같은 체중을 얻기 위해 두 배 정도 긴 시간이 필요합니다. 따라서 자연계에서 밤나방류가 메뚜기류보다 경쟁력이 더 높을 수밖에 없습니다.

불완전변태 무리는 애벌레와 어른벌레가 같은 먹이를 먹고, 비슷한 서식지에서 생활하기 때문에 서로 경쟁할 수 있습니다. 또한 연구에 따르면 애벌레가 어른벌레가 되기까지 먹이 소비율이 불완전변태 무리가 더 높은 것으로 알려졌습니다.

3. 곤충의 한살이

모든 동물은 알이나 어미 배 속에서 태어나 일정 기간 살다가 수명이 다하면 죽습니다. 이 주기를 한살이라고 부릅니다. 곤충의 한살이는 앞서 설명한 것처럼 어미가 낳은 알 – 애벌레 – 번데기 – 어른벌레(완전변태), 또는 알 – 애벌레 – 어른벌레(불완전변태) 단계를 거치며 성장하다가 생을 마치는 주기입니다.

곤충의 진화 과정을 보면 사람과 달리 곤충은 한꺼번에 자라지 못하고 시기마다 역할을 나누어 성장하며 죽음에 이릅니다. 즉, 곤충은 기능적인 분화를 이루며 한살이 합니다. 알은 한 치의 오차도 없이 배발생을 잘 수행하여 부화하고, 애벌레는 열심히 먹어 튼실하게 성장하면서 영양분을 축적합니다. 번데기는 애벌레에서 생김새가 전혀 다른 어른벌레로 넘어가기 위한 가교 역할을 하며, 어른벌레는 널리널리 분산하고 자신의 대를 잇는 일에 모든 활동을 집중하는 것이지요. 이제부터 곤충이 시기마다 어떤 활동을 하는지 자세히 살펴보겠습니다.

(1) 알

수많은 동물 가운데 하등동물인 곤충의 알은 난황 물질을 많이 가지고 있습니다. 알의 크기는 곤충의 몸 크기에 견주어 상대적으로 큰 축에 속합니다. 재미있게도 같은 몸 크기를 놓고 비교할 때, 불완전변태 곤충의 알이 완전변태 곤충의 알보다 좀 더 큽니다. 알은 종류에 따라 다양한 형태와 구조를 지니고 있습니다.

① 난황 물질

알에서 가장 크게 차지하는 난황 물질은 알의 맨 가운데 집중 분포하며, 세포질과 핵은 알의 일부분만 차지하는데, 이런 종류의 알을 중황란이라 합니다. 난황 물질은 탄수화물, 단백질과 지질과립들로 이루어졌는데, 특히 단백질이 가장 풍부합니다.

② 알의 구조와 난각의 역할

난자의 구조는 어떨까요? 성숙한 난자의 표면은 난황막과 난각 두 겹으로 둘러싸여 있습니다. 맨 바깥쪽에 있는 막은 난각이고, 안쪽에 있는 막은 난황막입니다. 이들은 모두 여포세포로부터 분비되어 만들어지나, 일부 태생 곤충류의 알에는 난각이 없을 때도 있습니다. 난각은 종에 따라 두께가 다양한 층상 구조입니다. 난각이 처음 형성될 때에는 비키틴(non-chitin)질로 이루어져 있는데, 대개 부드러운 상태를 유지하다가 천적으로부터 자기를 지키거나 변화무쌍한 환경을 이겨 내기 위해 서서히 경화됩니다.

곤충의 알은 보통 어미의 몸 밖으로 나오기 때문에 건조하고 척박한 환경과 기생자와 포식자 같은 천적들에 무방비 상태로 노출될 수밖에 없습니다. 이때 난각은 몸의 표피를 덮고 있는 단단한 재질의 큐티클과 똑같은 역할을 해야 합니다. 다시 말하면 난각은 건조하거나 습도가 높은 환경에서 알이 안전하게 살아남게 하고, 천적들의 공격을 막아 내는 방어벽 역할을 합니다. 뿐만 아니라 난각은 난황막과 난각 사이에 있는 왁스층과 함께 알 속에 들어 있는 수분을 지켜 수분 손실을 최소화합니다. 심지어 난각은 알 속 통풍에도 중요한 역할을 하는데, 비교적 난각의 두께가 얇은 경우엔 알의 전체 표면에서 통풍이 일어납니다. 또한 일부 곤충류는 난각에 형성된 작은 구멍과 연결된 기공으로 통풍합니다.

어떤 곤충류의 난각에는 특수한 구조가 있습니다. 난각이 물리적 아가미나 플래스트론(plastron, 일부 수서곤충의 겉피부를 형성하고 있는 얇은 공기층) 역할을 해 물속에 녹아 있는 산소를 얻어 냅니다. 또한 곤충의 정자가 알 속으로 들어갈 때도 난각 표면에 특수하게 뚫린 난공 가운데 하나가 쓰입니다. 이때 난공은 난각에 형성된 천공으로 종에 따라서 위치가 다양합니다.

이렇게 곤충의 알은 건조나 아주 척박하고 혹독한 환경을 이겨 낼 수 있도록 고도로 진화된 구조로 되어 있습니다. 또한 무시무시한 포식자나 기생자들이 공격하기 쉬운 구조이기 때문에 난자의 형성 과정이나 배발생 과정이 아주 신속하게 일어나는 쪽으로 진화해 왔습니다.

③ 알의 모양

알의 모양은 다양합니다. 소시지 모양(메뚜기목, 벌목), 원추형(나비목 흰나비과 *Pieris*속), 공 모양(나방류, 호랑나비과, 광대노린재류, 반딧불이류), 원기둥 모양(노린재목 일부), 타원형(딱정벌레목 대부분), 바나나 모양(물방개류), 납작한 공 모양(부전나비류) 들이 비교적 많습니다. 특이하게 생긴 알도 있는데, 뿔이 한 개 또는 모양의 호흡용 돌기 구조(파리목, 장구애비과)를 가진 알이나 기둥 모양(기생벌류)을 들 수 있습니다.

④ 배발생

곤충의 배발생은 접합자(정자와 난자) 형성으로부터 발생된 애벌레가 부화되기까지의 과정을 말합니다. 먼저 난자와 정자가 만나 수정란이 형성되면 핵분열이 일어나 다핵성 배반엽과 세포성 배반엽이 형성됩니다. 이때 낭배와 배대가 동시에 형성되고 체절(몸마디)이 나타납니다. 이어 배내의 낭배 형성으로 만들어진 외배엽, 중배엽과 내배엽에서 여러 가지 조직과 기관들이 분화되어 궁극적으로 애벌레가 발생합니다.

배발생에서 가장 중요한 환경 조건은 온도입니다. 종에 따라서 일정 온도 범위를 벗어나면 발생이 안 되기도 하는데, 보통 35도~40도를 넘거나 일정한 저온 아래로 떨어지면 발생될 수 없습니다. 때때로 발생에 적당한 온도를 벗어난 배자는 일시적으로 발생이 정지되거나 아예 휴면 상태로 들어가는 경우도 있습니다. 이때는 조직분화가 중지되고 대사 활동이 매우 낮아지며 수분 함량도 적어집니다. 휴면이 발생되는 시기는 종에 따라 일정하며 그 강도도 곤충에 따

뱀허물쌍살벌 알과 애벌레

수노랑나비 알

극동왕침노린재 알

깜보라노린재 알

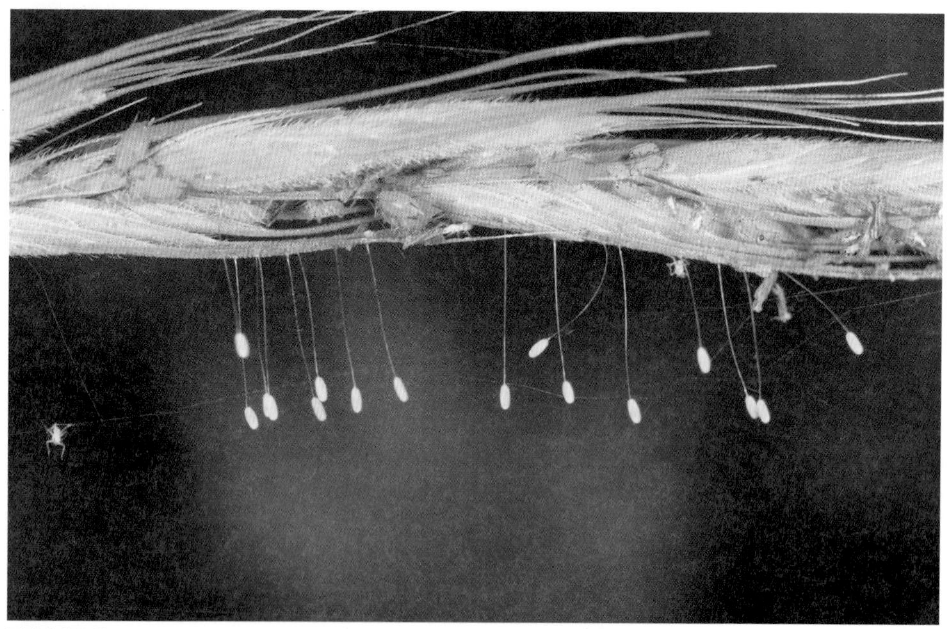

풀잠자리류 알

라 다릅니다.

배발생에 중요한 두 번째 환경 조건은 수분입니다. 주변 습도에 관계없이 배발생을 무사히 끝내는 곤충들도 있지만, 어떤 종들은 공기 중 상대습도가 높거나, 물과 직접 접촉해야만 배발생이 됩니다. 예로 딱정벌레목 *Sitona*속 곤충의 배발생 기간은 온도 20도, 상대습도 100퍼센트 조건에서 10.5일이었고, 상대습도 62퍼센트 조건에서 21일이었습니다. 실잠자리류나 일부 모기류는 물과 직접 접촉해야만 배발생이 완성됩니다.

⑤ 알 낳기

곤충 거의가 알을 낳습니다. 알 낳기(산란)는 대를 이어 가문을 번성시키는 데 굉장히 중요한 활동입니다. 만일 적당한 시기와 장소를 골라 알을 낳지 않으면 배발생과 애벌레의 성장이 매우 힘들어져 종족 번식에 실패할 수도 있습니다. 유성생식(암컷과 수컷이 짝짓기를 해 유전자를 교환)을 하는 곤충들은 대개 짝짓기 후에 알을 낳습니다. 이때 산란된 알은 건조한 환경을 극복해야 하고, 천적의 공격을 피해야 합니다. 알에서 깨어난 애벌레는 날개가 없어 어른벌레처럼 민첩하게 이동하지 못하기 때문에 알을 애벌레의 먹이 위나 그 가까이에 낳아야 합니다. 특히 기생성 곤충처럼 먹이(숙주) 종류가 정해져 있고, 먹이 양이 한정된 경우에는 알이 무사히 살아남기 더욱 힘들 수 있습니다.

어른벌레 암컷의 몸에서는 난자가 자랍니다. 난자가 성숙되면 난소소관(종에 따라 1~2천 개까지 있으며 몸이 클수록 난소소관의 수가 많음)에서 수란관으로 빠져 나오는데, 이것을 배란이라고 합니다.

배란은 난소소관의 벽을 이루는 보호막이 신축하거나 근육의 수축 활동이 일어나면서 이루어집니다. 난소소관은 종마다 수가 다른데, 배란은 모든 난소소관에서 동시에 일어나기도 하고, 메뚜기류처럼 하나씩 번갈아 가며 배란이 일어나기도 합니다. 한꺼번에 많은 수의 알을 낳는 곤충들은 성숙된 알을 일시적으로 보관하기도 합니다. 이를테면 나비목 곤충들은 알을 난소소관의 자루에 보관하고, 풀무치 알은 난소소관을 통과한 뒤 측수란관에 보관됩니다. 이렇

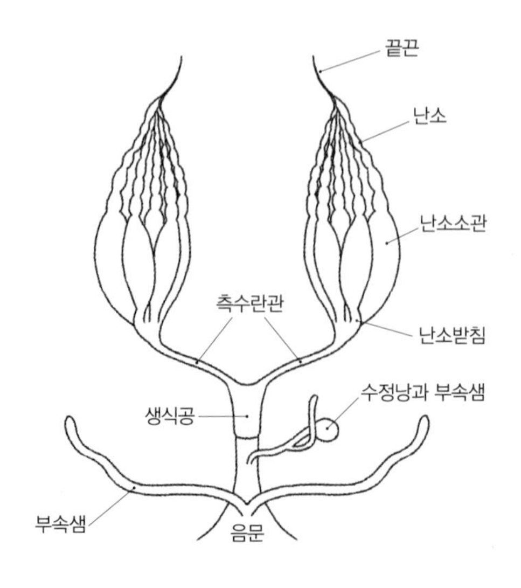

암컷의 생식기관

게 여러 방식으로 배란된 알은 곧장 생식공을 통해 암컷의 몸 밖으로 빠져 나가게 됩니다. 이 과정을 산란이라 합니다.

곤충의 세계에 항상 예외는 있어 이파리과나 파리목 일부 곤충(*Nycte-ribiide*, Streblidae, Braulidae, *Glossina*)은 알을 낳지 않고 직접 새끼를 낳습니다. 난황과 난각을 갖춘 알의 중앙수란관 끝이 팽창한 부분을 이른바 '자궁'이라 합니다. 이 녀석들은 알이 자궁에 배란되고 배란된 자궁에서 부화한 뒤, 자궁에서 애벌레 시기 발육이 다 끝나면 곧바로 노숙 애벌레를 낳습니다. 이때 새끼를 낳는 곤충들의 부속샘은 일종의 우유샘으로 변화되어 자궁에서 자라나는 새끼의 먹이를 분비합니다.

반면에 벌목 곤충 가운데 산란관이 독침으로 변하는 곤충들이 많습니다. 따라서 이들이 부속샘도 독샘으로 변하여 독성 물질을 만들어 내며(대모벌과, 개미과, 꿀벌과, 말벌과), 길잡이페로몬(개미과)을 분비하기도 하고 또는 산란관을 적셔 주는 물질을 분비하기도 합니다.

⑥ 산란 장소의 선정

알과 애벌레는 대개 주변 환경이 안 좋거나 천적을 만났을 때 안전한 곳으로 제대로 이동할 수 없습니다. 애벌레는 다리라도 있지만 알은 다리가 없기 때문에 한 발짝도 뗄 수 없습니다. 그래서 암컷 이른빌레는 종족 번식을 위해서 안전하게 알 낳을 장소를 선정하는 데 전력투구합니다. 어미 곤충들은 애벌레가 어떤 먹잇감을 좋아하는지 본능적으로 압니다. 어미는 공들여 애벌레의 먹잇감을 고른 뒤 그 먹잇감이나 먹잇감 가까이에 알을 낳습니다. 이때 산란관이 없는 곤충은 부속샘의 분비물을 이용해 먹이 표면에 한 개씩 또는 여러 개의 알을 뭉치듯 모아 붙입니다. 또한 배꽁무니(8~9번째 배마디)에 산란관을 지니고 있는 곤충은 먹이 틈바구니나 식물 조직, 또는 동물 조직 속에 산란관을 꽂고 알을 낳습니다.

알을 낳을 장소는 곤충 종에 따라서 다르지만, 대개 어미들은 두 단계의 과정을 거쳐 산란 장소를 정하는 것으로 여겨집니다. 처음엔 일반적인 환경에 반응하고, 나중엔 세밀하고 특이한 환경에 반응합니다.

첫 번째 단계는 주변의 일반적인 환경을 넓게 인식하는 것입니다. 이때 어미 곤충은 시각이나 냄새, 또는 둘 다를 이용합니다. 배추흰나비가 성적으로 성숙하기 전에는 청색이나 노란색에 잘 이끌리지만, 성적으로 성숙해 알 낳을 준비가 된 뒤에는 초록색을 찾아옵니다. 또한 모기는 일차적으로 물의 표면에서 반사되는 편광에 이끌리지만, 알을 낳을지 안 낳을지는 물의 질에 따라 결정합니다. 실제로 모기는 다리의 발가락마디에 있는 감각기(화학 수용기)를 이용하여 물의 염도, 산성도(pH)나 또는 유기물 함량 들을 측정한 뒤 모든 환경 조건이 적당하다고 여기면 알을 낳습니다.

두 번째 단계는 산란 장소의 특이한 조건, 즉 화학적인 조건을 알아차리는 것입니다. 화학적 조건의 가장 좋은 예는 식물에서 나는 식물 고유의 독특한 냄새입니다. 어미는 시각이나 냄새를 이용하여 산란 장소에 가까이 다가간 뒤, 그 장소에 대한 세밀하고 특이한 화학적 특성을 탐지한 뒤에야 산란 여부를 판가름합니다. 애벌레 시기에 식물을 먹는 곤충들은 주로 먹이식물(숙주 식물)에서 풍겨 나오는 카이로몬이라는 독특한 2차 화합물에 민감하게 이끌립니다. 식물은 자신의 영양분을 빼앗기지 않으려고 방어 물질을 만들어 냅니다. 방어 물질은 2차 화합물(2차 대사산물)이라고도 하는데, 초식 곤충이 자신을 못 먹게 막는 독성 물질이지요.

이를테면, 오리나무 잎이 주식인 오리나무잎벌레 애벌레와 어른벌레 오리나무에서 풍겨 나오는 독특한 물질인 시클로헥사놀(3-cyclohexenol)과 헥사노데카노인산(hexadecnoic acid) 냄새를 찾아옵니다. 또한 십자화과 식물을 먹는 곤충류(*Pieris Plurella Delia*)는 십자화과 식물의 특징적인 화합물인 시니그린(sinigrin)과 같은 글루코시놀레이트(glucosinolates) 냄새에 한껏 자극을 받아 알을 낳습니다.

화학적 조건 말고도 식물의 잎사귀 표면의 물리적인 특성도 알 낳는 행사에 영향을 미칩니다. 어떤 나방류(이화명나방류, *Chilo*속)는 표면에 잔털이 많은 벼 잎에 알을 낳지 않지만, 반대로 나비목 *plathypeana*속은 표면에 잔털이 많거나 꺼끌꺼끌한 잎에 알을 더 많이 낳습니다.

땅속에 낳는 메뚜기류는 어떨까요? 메뚜기류는 토양의 부드러운 질감 정도, 수분 함량, 염분 농도 들을 따져 알을 낳는데, 이런 조건이 맞지 않으면 땅에 배꽁무니를 넣었다가도 이내 알 낳기를 포기하고 다른 땅으로 옮겨 간 뒤 다시 알 낳기를 시도합니다.

다른 곤충의 몸에 기생하는 기생벌들도 보통 숙주 곤충이 먹고 사는 식물의 냄새를 기막히게 알아차립니다. 녀석들은 그 식물에 날아온 뒤 기생 대상자인 숙주 곤충의 몸, 배설물, 비늘에서 풍기는 냄새나 독특한 페로몬 냄새를 맡아 숙주 곤충의 위치를 찾아낸 다음 알을 낳습니다.

그러면 어미는 알 낳을 장소는 무엇으로 파악할까요? 어미가 알 낳을 장소를 최종적으로 판단하는 것은 접촉화학수용기와 기계감각기입니다. 이들 감각기관은 주로 다리의 발목마디(사람으로 치면 발가락), 알이 지나가는 산란관 또는 산란관이 위치한 배꽁무니에 밀집해 있습니다. 여러 종류의 나비 암컷들은 수컷에 견주어 앞다리의 발목마디에 감각기관이 훨씬 많이 몰려 있습니다. 그래서 알을 낳기 위해 먹이식물에 날아와서 잎사귀의 표면에 요리조리 앉았다 날았다 하면서 맛과 냄새를 알아차립니다.

십자화과 식물을 찾는 배추흰나비

십자화과 식물은 천적에게 뜯어 먹히지 않으려고 여러 성분을 조합한 방어 물질을 내뿜습니다. 방어 물질의 대표적인 성분은 글루코시놀레이트(glucosinolate)입니다. 글루코시놀레이트는 겨자유배당체라고 더 많이 알려져 있는데, 겨자기름의 원료(전구체)로서 자극적인 맛을 냅니다. 무나 냉이 같은 십자화과 식물을 먹으면 약간 매우면서 톡 쏘는 맛이 나는 게 바로 겨자유배당체 때문입니다. 아미노산에서부터 생합성 되는 글루코시놀레이트는 황과 질소를 가진 유기 화합물로 황과 질소의 결합 방식에 따라 종류만 100가지가 넘습니다. 배추흰나비는 이 유기 화합물 가운데 시니그린(sinigrin) 냄새에 유인되어 찾아옵니다.

겨자유배당체는 십자화과 식물과 그들을 먹고 사는 곤충들 사이의 상호작용에 큰 영향을 미칩니다. 초식성 곤충에게 겨자유배당체는 독성이 있어 매우 위험하지만, 배추흰나비 애벌레처럼 십자화과 식물을 즐겨 먹는 곤충에겐 아무런 해가 없습니다. 오히려 겨자유배당체는 애벌레의 식욕을 돋우는 식욕자극제가 되어 줍니다.

연구자들의 실험 결과에도 잘 나타나 있습니다. 실제로 배추흰나비는 십자화과 식물이 풍기는 시니그린과 글루코브라시신(glucobrassicin) 같은 물질에 강하게 유인되고, 카르딕 글리코시드(cardiac glycoside)나 올레안드린(oleandrin) 같은 물질에는 기피 행동을 보였습니다. 이런 현상은 배추흰나비가 십자화과 식물의 지독한 독성 방어 물질을 극복하며 적응해 온 결과입니다. 다시 말해 곤충과 십자화과 식물이 오랜 공진화 과정을 거친 결과인 것입니다.

이렇게 겨자유배당체 냄새에 유인되어 날아온 배추흰나비는 십자화과 식물 잎사귀의 이쪽저쪽 앉았다 날았다 부산합니다. 이 식물에 알을 낳아도 될지 말지 감별하는 것입니다. 녀석의 더듬이와 앞다리 발목마디에는 아주 많은 접촉수용감각기가 있어 식물의 맛을 알아차릴 수 있습니다. 신기하게도 배추흰나비는 십자화과 식물 잎에 같은 종족 애벌레나 알이 있으면, 그 잎사귀를 피해 다른 잎에 알을 낳습니다.

갈색날개노린재가 잎 위에 알을 낳고 있다.

에사키뿔노린재가 잎 위에 낳은 알을 지키고 있다.

수검은줄점불나방은 잎에다 낳은 알을 몸 털로 덮어 준다.

팥중이는 땅속에 알을 낳는다.

긴알락꽃하늘소는 나무 속에 산란관을 꽂고 알을 낳는다.

⑦ **산란 방법**

곤충은 대개 알을 낳아 자신의 대를 이어 갑니다. 알이 지나는 관을 산란관이라고 부르는데, 산란관이 잘 발달되어 길게 늘어난 종도 있지만 잘 발달되지 않은 종도 있습니다. 특별한 산란관 구조가 없는 곤충들은 알을 표면에 뚝뚝 떨어뜨리거나 혹은 붙여 낳지만, 배꽁무니가 길거나 길게 늘일 수 있는 곤충들은 표면 틈바구니에 살짝 끼워 낳습니다. 대벌레들은 산란관이 발달하지 않아 죽은 식물들이 있는 곳에 알을 낙하산 투하하듯 그냥 뚝뚝 떨어뜨립니다. 물론 이 경우에도 알은 난각 덕분에 더위나 건조를 잘 견딜 수 있지만, 알을 거의 방치한 거나 마찬가지이기 때문에 부화에 성공할 확률이 적습니다. 그래서 대벌레들은 알을 3천여 개나 낳습니다.

반면에 산란관이 발달해 길게 늘어난 곤충들은 식물조직이나 동물조직 속에 알을 낳을 수 있습니다. 메뚜기류가 대표적인 예입니다. 메뚜기류는 보통 땅속에 알을 낳는데, 땅속에 박은 배꽁무니를 3.5~10센티미터까지 길게 늘일 수 있습니다. 이때 수란관 벽의 근육이 율동적으로 수축하면서 알이 재빨리 생식공에서 빠져나오는데, 기다란 산란관의 근육도 같이 움직이면서 알이 몸 밖으로 빠져나옵니다.

알을 낳을 때 곤충들은 신경호르몬과 페로몬의 지배를 받습니다. 배꽁무니 부분의 신경절은 알 낳는 행동을 좌지우지하는데, 실제로 메뚜기류(*Locusta migratonia manilensis*)의 배꽁무니의 신경절을 제거하는 실험을 해 보니 알을 낳지 못했습니다. 반면에 신기하게도 곤충들은 대개 머리를 제거하면 되레 산란이 촉진됩니다.

또한 짝짓기를 하지 않은 암컷과 짝짓기를 마친 암컷은 행동과 생리가 많이 다릅니다. 짝짓기에 성공한 암컷은 수컷을 불러들이기 위한 페로몬을 더 이상 만들지 않기 때문입니다. 페로몬 분비가 중지되면 암컷은 다른 수컷이 가까이 와도 무관심하게 되고, 산란이 촉진됩니다. 따라서 수명이 짧아지게 됩니다. 이런 곤충의 생리 내지 행동의 변화는 짝짓기 할 때 수컷이 정자와 함께 암컷에게 넘겨주는 정액 성분 때문인 것으로 알려졌는데, 이 성분은 거의가 수컷의 생식기관인 정포에서 만들어지는 펩티드입니다.

많은 곤충들은 산란관 가까이에 부속샘(아교질샘)을 지니고 있는데, 알을 낳을 때 이 부속샘에서 분비물이 나옵니다. 이 분비물(단백질로 이루어진 아교 물질)은 끈적거려서 알을 식물 잎, 줄기 같은 기저층에 딱 붙여서 떨어지지 않게 하는 데 쓰입니다. 특히 분비물은 알 속에 함유된 수분이 증발하지 않게 하며, 알들끼리 서로 떨어지지 않게 붙여 주는 접착제 역할도 합니다. 또한 습도가 높은 환경에서 산란할 때, 분비물이 주변에 있는 수분을 흡수하기도 합니다.

곤충들은 알을 낱개로 낳을까요? 아니면 덩어리로 뭉쳐서 낳을까요? 그건 종마다 다릅니다.

- **알을 낱개로 낳는 곤충**

곤충들은 대개 알을 낱개로 낳습니다. 대부분의 나비류와 나방류, 딱정벌레목, 여치류 들은 알을 한 개씩 한 개씩 낳습니다. 배추흰나비나 호랑나비는 부산하게 날았다 앉았다 하면서 먹이식물에 알을 한 개씩 한 개씩 낳습니다.

- **알을 무더기로 낳는 곤충**

지지대가 되는 물체에 알을 한 개씩 한 개씩 정성껏 붙이는 곤충으로, 무당벌레나 잎벌레류, 일부 나비류와 나방류, 노린재류 들이 있습니다. 이를테면 수노랑나비, 애호랑나비나 썩덩나무노린재는 알을 한 개씩 한 개씩 낳는데, 한 장소에 수십 개의 알이 겹치지 않게 배열하여 낳습니다. 이때 생식샘에 붙어 있는 부속샘에서 접착 물질이 함께 분비되어 식물의 잎이나 줄기에서 알이 떨어지지 않게, 또는 알끼리 떨어지지 않게 잘 붙입니다. 딱정벌레목 가뢰과는 흙 속에다 수천 개의 알을 낳는데, 한곳에 모인 알들은 마치 둥근 공처럼 생긴 알 덩어리가 됩니다.

- **알주머니에 낳는 곤충**

바퀴목, 메뚜기목과 사마귀목 곤충들은 특이하게 알을 낱개로 낳지 않고 선물 포장하듯 알주머니(oothecae)에 감싸서 산란합니다. 이때 부속샘의 분비물이 알주머

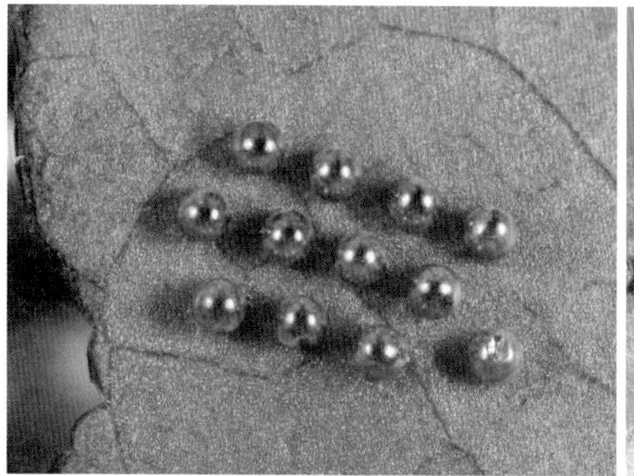
애호랑나비의 알 알을 낱개로 낳는다.

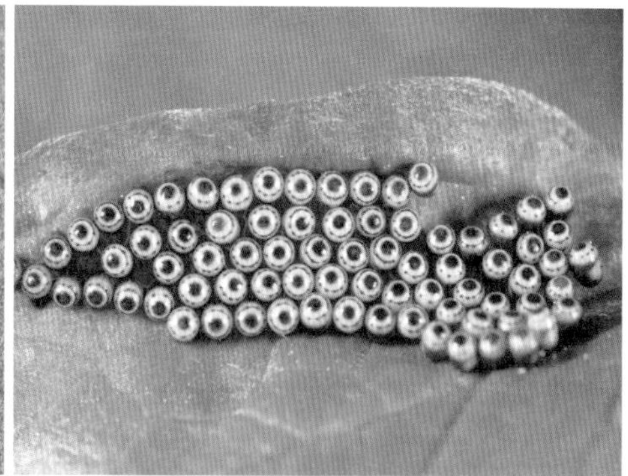
썩덩나무노린재의 알 알을 무더기로 낳는다.

남가뢰의 알 흙 속에 수천 개의 알을 무더기로 낳는다.

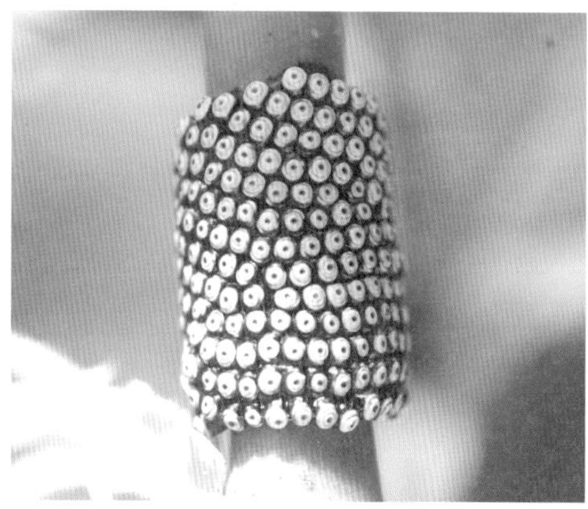
천막벌레나방의 알 알을 빽빽이 낳는다.

바퀴의 알 알주머니에 낳는다.

니를 만듭니다. 그래서 부속샘을 아교질샘(collateral gland)라고도 부릅니다. 메뚜기목과 사마귀목 곤충들도 바퀴목처럼 알을 알주머니에 포장해서 낳습니다. 이들은 알주머니 속에 수십 개에서 수백 개의 알을 보관합니다. 알주머니는 알의 수분증산을 막아 주고 기생자들이나 포식자들의 공격을 어느 정도 피하게 해 줍니다. 따라서 이렇게 알주머니 형태로 낳은 알들의 난각은 비교적 얇은 편입니다.

알주머니의 모양은 종에 따라 다릅니다. 메뚜기류가 낳은 알주머니 속의 알들은 불규칙적으로 배열되어 있는데, 알주머니 하나에 알이 2백 개 넘게 들어 있습니다. 이와는 다르게 딱정벌레목 가운데 열매에 낳는 팥바구미는 팥 알 표면에 아주 작은 알을 낳은 뒤 순간접착제 같은 분비 물질을 내어 알을 코팅하듯 아주 단단하게 감쌉니다.

한편 물속에 사는 곤충들은 어떻게 알을 낳을까요? 수서곤충들의 알 표면은 외부와 완전하게 차단되어 있지 않아 물에 잠기면 위험해지거나 약해질 수 있습니다. 그래서 물속에 적응된 종들은 물속이 아닌 물가에 알을 낳거나, 물속에 낳더라도 수생식물의 줄기를 뚫어 공기로 채워진 공간에 낳습니다. 이를테면 애반딧불이는 물을 피해 물가에 자라는 이끼에다 알을 낳고, 물방개나 실잠자리류는 물풀 줄기를 뚫고 그 속에 알을 낳습니다.

파리목 깔다구과와 날도래목 곤충들은 젤라틴으로 된 주머니를 만들어 그 속에 알을 낳습니다. 딱정벌레목 물땡땡이과 *Hydrophilus* 속은 부속샘에서 실을 분비해 10여 개의 알을 감싸서 바퀴류와 전혀 다른 구조의 알주머니를 만듭니다. 이렇게 만든 알주머니는 물풀의 줄기 표면에 붙이는데, 이때 알주머니는 산소를 공급하고 알을 보호하는 역할을 합니다.

곤충의 알은 건조하거나 척박하고 혹독한 환경을 이겨 낼 수 있도록 고도로 진화된 구조로 되어 있습니다. 또한 무시무시한 포식자나 기생자들이 공격하기 쉬운 구조이기 때문에 난자 형성 과정이나 배발생 과정이 아주 신속하게 일어나는 쪽으로 진화해 왔습니다.

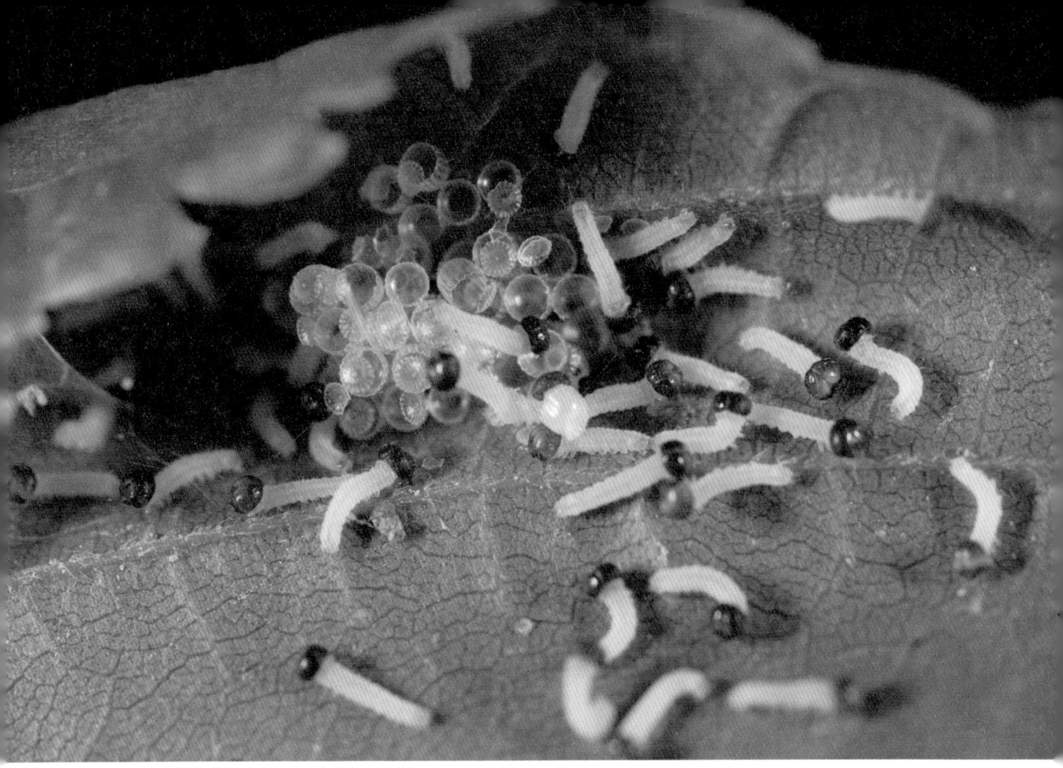

수노랑나비 알에서 애벌레가 깨어나고 있다.

(2) 애벌레

애벌레의 역할은 오로지 먹으며 성장하는 일입니다. 틈만 나면 충분히 식사하며 어른벌레가 되었을 때 사용할 영양분을 축적합니다. 따라서 애벌레 시기가 대개 어른벌레 시기보다 깁니다. 좋은 예로 하루살이를 들 수 있습니다. 하루살이류 애벌레는 물속에서 2~3년을 생활하지만 어른벌레는 육상에서 짧게는 수 시간, 길게는 일주일 정도 살다가 죽습니다.

애벌레 시기는 알에서 깨어나면서부터 시작됩니다. 배발생이 끝나면 맨 바깥 부분인 난각과 안쪽의 난황막 및 장막의 표피층을 뚫고 애벌레가 바깥세상으로 나오는데, 이를 부화라고 합니다. 일부 완전변태 곤충과 많은 종류의 불완전변태 곤충은 배자의 허물(표피층)도 벗어 버립니다. 대개 특별한 외부 자극이 없어도 부화에 성공하지만, 일부 곤충은 특이한 자극이 있어야 부화에 성공할 수 있습니다. 이를테면 잠자리목 *Lestes*속은 알을 물에 적셔야만 부화할 수 있고, 딱정벌레목 물방개과와 *Agabus*속은 물에 반드시 산소가 있어야만 부화할 수 있습니다. 반대로 모기과인 *Aedes*속은 산소가 없는 물에 잠기면 비로소 부화합니다. 메뚜기류는 가장 먼저 부화하는 배자가 움직이면 다른 배자들도 잇달아 자극을 받아 부화를 서두릅니다.

그럼 부화는 어떤 과정을 통해 일어날까요? 일반적으로 양막강 안에 있는 양수를 흡수하거나 공기를 들이마신 배를 수축하면 혈림프가 머리와 가슴 부분으로 이동합니다. 혈림프가 이동하면 자연스럽게 압력도 높아져 알의 막들을 깨면서 부화됩니다. 이때 난각에는 부화하기 수월하게 이미 만들어진 부화선이 있는데, 이 부화선은 매우 약해 약간의 자극만 있어도 쉽게 깨집니다.

재미있게도 일부 곤충들에게는 이 난각을 깨뜨리기 위한 특별한 장치로 강모(센털) 큐티클판이나 확 뒤집히는 주머니가 있는데, 이들 특수 장치는 특정 부위에 위치해 있습니다. 좋은 예로 잠자리목, 메뚜기목, 노린재목, 풀잠자리목, 날도래목 곤충들은 머리에 있는 배자표피층에, 긴뿔파리아목, 딱정벌레과와 벼룩목 곤충들은 1령 애벌레의 머리에, 딱정벌레목의 다시아목 곤충은 1령 애벌레의 가슴이나 배에 특수 장치를 지니고 있습니다. 이와 같은 구조와 더불어 부화를 도와주는 근육들이 발달해 있다가 부화하고 나서 퇴화되는 곤충도 있습니다. 또한 메뚜기목과 노린재목 곤충들은 다리에서 효소를 분비하여 두꺼운 장막의 내원표피층을 소화시키면서 부화를 돕기도 하고, 나비목 애벌레들은 난각을 씹어 먹으면서 알 밖으로 탈출합니다.

배자표피층을 갖는 곤충들은 부화할 때 이 표피층을 지니는데, 이때의 애벌레를 '숨겨진 1령 애벌레'라 부릅니다. 배자표피층은 부화하고 있을 때, 또는 일부 메뚜기류나 잠자리류처럼 부화해서 알 밖으로 나온 뒤에 벗어 버립니다. 이것을 중간탈피라 합니다. 그러나 일부 메뚜기류는 배발생 중에 탈피하기도 합니다.

애벌레는 한 번에 자라지 못하고 여러 단계로 나누어 성장합니다. 성장하는 동안 여러 차례의 허물벗기(탈피)가 일어나는데, 허물 벗는 사이마다 시기를 '령(instar)'이라고 합니다. 다른 동물에서도 변태가 일어나지만 곤충의 변태는 굉장히 파격적입니다. 송충이같이 생긴 애벌레에서 아름다운 날개를 가진 나비로 변신하는 일은 실로 놀라운 외모 변화이기 때문입니다.

노랑뿔잠자리 1령 애벌레

방패광대노린재 1령 애벌레

불완전변태 곤충의 경우, 노린재목, 메뚜기목과 사마귀목처럼 애벌레가 육상에서 사는 종류와 하루살이목, 잠자리목처럼 애벌레가 물에서 사는 종류가 있습니다. 이 애벌레는 '약충'이라고 부르지만 유충이라고 해도 괜찮습니다. 불완전변태 곤충의 날개는 애벌레의 초기에 약간 튀어나와 있는 돌기 모양이지만 허물을 벗으면서 날개돌기도 커집니다. 애벌레의 날개돌기를 '날개싹'이라고도 부릅니다. 물속 곤충의 애벌레는 물속의 산소를 이용하는 기관아가미를 가지고 있습니다.

완전변태 곤충의 경우, 애벌레와 어른벌레는 대개 다른 장소에서 다른 먹이를 먹고 살기 때문에 각각 성장 단계에서 치열한 경쟁 없이 살아갈 수 있습니다. 애벌레들의 주둥이는 대부분 씹는형으로 종에 따라 특별한 별명을 가지고 있습니다. 이를테면 나비류 애벌레는 송충이(caterpillars), 파리류 애벌레는 구더기(maggots), 풍뎅이류 애벌레는 굼벵이(bagworms, fuzzy worms, grube)라고 부릅니다. 애벌레는 애벌레 시기가 끝나면 몸 둘레에 번데기 방(고치나 케이스)을 만들고 그 속에서 번데기로 변신합니다.

앞서 소개한 것처럼 곤충의 일생은 분업이 잘되어 있어 알, 애벌레, 번데기, 어른벌레들 저마다 역할이 있습니다. 알에서 깨어난 애벌레는 열심히 먹고 허물을 벗으며 몸을 키웁니다. 다 자란 종령 애벌레가 허물을 벗으면 번데기가 되는데, 번데기 속에서는 어른벌레로 변신하기 위해 각종 호르몬이 관여한 물질대사가 일어납니다. 날개돋이를 한 어른벌레는 짝짓기를 하고 알을 낳아 종족을 퍼뜨립니다.

곤충 애벌레의 생김새는 종마다 다릅니다. 불완전변태를 하는 곤충의 애벌레는 날개가 겉으로 보이지 않는 것 말고는 대개 어른벌레와 비슷하게 생겼습니다. 완전변태를 하는 곤충의 애벌레는 생김새가 어른벌레와 딴판입니다. 애벌레는 겹눈 대신에 낱눈이 붙어 있고, 가슴에 달린 세 쌍의 다리 말고도 헛다리가 배에 여러 개 달린 경우도 있습니다. 또한 애벌레들은 입에서 실이나 끈끈한 침을 내어 번데기를 만들 때 이용할 수 있습니다.

애벌레를 생김새와 다리로 구분하면 다음과 같습니다.

① 생김새로 구분하기

• **좀형 애벌레**(campodeiform larva)

돌좀이라는 날개 없는 곤충을 닮아서 붙은 이름입니다. 몸의 생김새는 납작하고 길며, 머리는 앞을 향해 있습니다. 가슴에는 길고 잘 발달된 다리가 여섯 개 달려 있습니다. 또 가슴과 배 표면이 딱딱하고 배 끝에는 꼬리돌기가 잘 발달되어 있습니다. 좀꼴형 애벌레로는 풀잠자리목 애벌레, 딱정벌레목 물방개과 애벌레와 반날개과 애벌레 들이 있습니다.

• **딱정벌레형 애벌레**(carabiform larva)

몸 표면에는 아주 가느다랗고 부드러운 털이 많이 나 있습니다. 다리는 몸에 비해 짧은 편이고, 배 끝에 꼬리돌기가 거의 없는데 있다고 하더라도 굉장히 짧습니다. 딱정벌레형 애벌레로는 딱정벌레목 딱정벌레과 애벌레, 송장벌레과 애벌레와 반딧불이과 애벌레 들이 있습니다.

좀형 애벌레인 풀잠자리류 애벌레

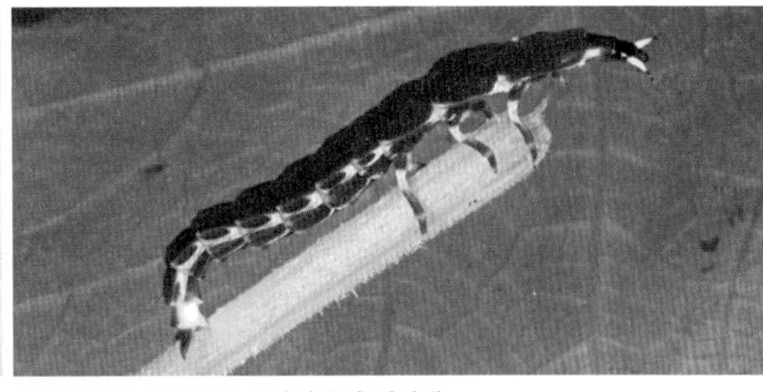

딱정벌레형 애벌레인 늦반딧불이 애벌레

굼벵이형 애벌레인 꽃무지류 애벌레

구더기형 애벌레인 각다귀류 애벌레

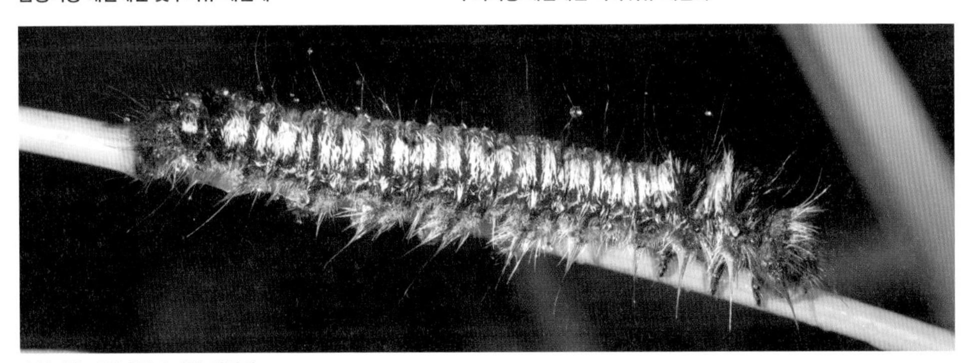

송충이형 애벌레인 솔나방 애벌레

철사벌레형 애벌레인 산맴돌이거저리 애벌레

• **굼벵이형 애벌레**(scarabaeiform larva)

몸 생김새가 C자 모양으로 구부러져 있어 C자형 애벌레라고도 합니다. 몸은 탕수육처럼 뚱뚱하고 몸 색깔은 우윳빛을 띱니다. 땅을 잘 팔 수 있게 머리의 입틀과 가슴다리 세 개가 발달되었습니다. 몸에 견주어 가슴에 붙은 다리 세 개가 짧은 편이어서 잘 기지 못합니다. 주로 썩은 나무속이나 퇴비 같은 기름진 흙, 영양가 많은 똥 속에서 살며 움직임이 굉장히 둔합니다. 굼벵이형 애벌레로는 딱정벌레목 풍뎅이상과 애벌레와 개나무좀과 애벌레 들이 있습니다.

• **송충이형 애벌레**(eruciform larva)

몸의 생김새는 원통 모양이고 몸의 표면은 말랑말랑한 편이며 머리는 아래로 향해 있습니다. 몸에는 털이 많이 나 있고, 다리는 좀꼴형 애벌레보다 좀 짧게 생겼습니다. 배에는 대체로 헛다리가 여러 개 나 있습니다. 송충이형 애벌레로는 나비목 애벌레, 딱정벌레목 잎벌레과 애벌레 일부가 있습니다.

• **구더기형 애벌레**(vermiform larva)

몸은 원뿔 모양 혹은 원통 모양이고, 더듬이와 다리가 퇴화되었습니다. 움직일 때는 몸통 전체를 꿈틀거리며 움직입니다. 구더기형 애벌레로는 파리목 애벌레, 딱정벌레목 바구미상과 애벌레 들이 있습니다.

• **철사벌레형 애벌레**(elateriform larva)

몸의 생김새는 철사처럼 굉장히 길고 몸 표면은 기름 바른 것처럼 매끈하고 잘 경화되어 단단하며 광택이 납니다. 다리는 짧은 편입니다. 주로 흙 속이나 저장 곡물 속에 살면서 식물 뿌리나 곡물 속을 파고듭니다. 철사벌레형 애벌레로는 방아벌레과 애벌레, 쌀도적과 애벌레와 거저리과 애벌레 들이 있습니다.

가슴다리 애벌레인 남생이무당벌레 애벌레 가슴다리가 세 쌍이다.

② 다리로 구분하기

• **가슴다리 애벌레**(**소지류**, oligopod larva)

가슴에 다리(가슴다리) 세 쌍만 있는 애벌레 무리입니다. 가슴다리 애벌레로는 풀잠자리목 애벌레, 대부분의 딱정벌레목 애벌레 들이 있습니다.

• **다리 많은 애벌레**(**다지류**, polypod larva)

가슴다리뿐 아니라 배다리가 있는 애벌레 무리입니다. 다리 많은 애벌레로는 나비목 애벌레, 잎벌류 애벌레 들이 있습니다.

• **다리 없는 애벌레**(**무지류**, apodous larva)

가슴다리와 배다리 등 다리를 일체 볼 수 없는 애벌레 무리입니다. 다리 없는 애벌레로는 파리목 애벌레, 딱정벌레목 바구미과 애벌레와 하늘소과 애벌레, 벌목 말벌과 애벌레와 기생벌과 애벌레와 꿀벌과 애벌레 들이 있습니다.

다리 많은 애벌레인 산호랑나비 애벌레 다리가 여덟 쌍 있다.

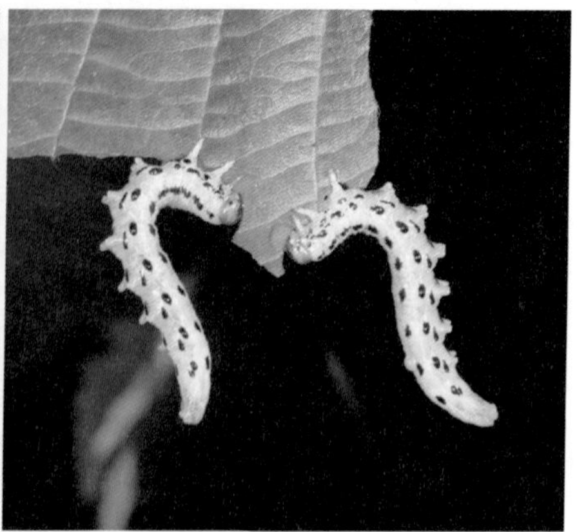

다리 많은 애벌레인 잎벌류 애벌레 다리가 아홉 쌍 넘게 있다.

다리 많은 애벌레인 가지나방류 애벌레 다리가 다섯 쌍이다.

다리 없는 애벌레인 장수하늘소 애벌레

다리 없는 애벌레인 하늘소류 애벌레

유리산누에나방 고치 애벌레는 고치를 만들고 그 속에서 번데기가 되었다.

(3) 번데기

곤충의 성장 과정에서 번데기 시기는 완전변태 곤충에서만 볼 수 있습니다. 다 자란 종령 애벌레가 허물을 벗으면 번데기가 되는데 이를 용화라고 합니다. 이때 번데기 속에서는 어른벌레로 변신하기 위해 각종 호르몬이 관여한 물질대사가 일어납니다. 종령 애벌레가 섭식활동을 다 끝내고 나서 번데기로 변신(용화)하기 전 2~3일 동안 녀석은 활동을 거의 하지 않습니다. 이 시기를 전용, 또는 앞번데기 시기라고 합니다. 극단적인 경우, 총채벌레나 깍지벌레 수컷은 종령 애벌레 시절 내내 식음을 전폐하며 아무것도 먹지 않습니다. 앞번데기 시기에는 번데기로 변신하기 위해 중요한 생리적 변화가 일어납니다. 이를테면 잎벌류 애벌레들은 앞번데기 시기에 침샘의 기능이 변해 고치를 만들 실을 분비합니다.

호랑나비 애벌레 앞번데기

① 번데기 역할

번데기는 생김새가 완전히 다른 애벌레와 어른벌레를 연결하는 가교 역할을 합니다. 번데기 생김새는 애벌레보다 어른벌레와 더 비슷합니다. 번데기는 잘 움직이지 않고, 이동을 거의 못하기 때문에 겉으로 보면 마치 발육이 멈춘 것처럼 보입니다. 하지만 몸 안에서는 애벌레 조직을 파괴하고 어른벌레 조직으로 재편하는 생리적 활동을 왕성하게 합니다. 즉 번데기 시기는 물질대사의 대혁명이 일어나는 때입니다.

완전변태 곤충이 왜 번데기 시기를 꼭 거쳐야 하는지 더 자세히 알아볼까요? 번데기 시기가 꼭 필요한 까닭은 애벌레와 매우 다른 어른벌레의 여러 조직과 기관을 어른벌레가 되기 전인 성충원기에서 형성해야 하기 때문입니다. 특히 애벌레의 몸 안에서 날개원기(어른벌레의 날개가 될 싹)가 자라는 시기가 바로 번데기 시기입니다. 그건 애벌레의 몸 안은 공간이 부족하여 날개원기가 제대로 성장하지 못하기 때문입니다. 번데기가 되어서야 비로소 애벌레 몸속에 있던 날개싹(날개원기)이 몸 밖으로 삐져나와 자랄 수 있게 됩니다. 또한 어른벌레의 가슴에 있는 비행근육은 애벌레 시기에는 전혀 없던 조직입니다. 이 비행근육은 번데기의 표피층에는 붙어 있지는 않지만 어른벌레의 가슴과 비슷한 틀을 마련하여 미래의 어른벌레 가슴 근육이 잘 발달되도록 도와줍니다.

특이하게도 번데기 시기에는 아무것도 먹지 않고, 오로지 어른벌레가 될 날만을 기다립니다. 나비목이나 파리목 번데기는 피용 형태라 번데기의 입이 막혀 있기 때문에 기문(숨구멍)을 통해 공기를 흡입합니다. 또한 번데기는 대개 잘 움직이지 못하기 때문에 포식자나 기생자 같은 천적들의 공격을 받으면 꼼짝없이 당합니다. 특히 번데기 모습으로 겨울잠 같은 휴면 상태에 들어가면 환경의 변화에 매우 취약해 살아남을 확률이 적습니다. 그래서 많은 애벌레들은 자기 몸을 보호하기 위해 번데기가 되기 전에 번데기 만들 장소를 고르고 또 고르며, 번데기 방(고치)을 만들기도 합니다. 일부 나방류 애벌레들은 명주실로 번데기 방을 만든 다음 그 속에 들어가 번데기로 변신합니다. 이때 녀석들은 아랫입술샘을 침샘이 아닌 명주실샘(실샘)으로 이용합니다. 명주실이 아랫입술샘에서 만

참나무산누에나방 애벌레가 고치 짓는 과정

들어지는 것이지요. 네발나비과와 흰나비과 곤충 번데기는 주변의 색깔과 비슷한 보호색을 띠어 천적의 공격을 어느 정도 따돌립니다. 또한 자기를 보호하기 위해 나무껍질 아래나 땅속에서 지내기도 합니다.

② 번데기 유형

번데기의 모습은 종에 따라 다르지만 대체로 부속지가 몸에 붙어 있느냐 떨어졌느냐에 따라 나뉩니다. 즉, 부속지가 몸이 딱 붙어 있으면 '피용', 부속지가 몸에 붙어 있지 않고 자유롭게 떨어져 있으면 '나용'이라고 합니다. 또한 번데기의 모습은 번데기의 큰턱이 있느냐 없느냐에 따라 저작형 번데기와 비저작형 번데기로 다시 나뉩니다.

• **나용**(exarate pupa)

나용이란 '벌거벗은 번데기'란 뜻을 지닌 한자어입니다. 나용의 모습은 부속지가 몸에 붙어 있지 않고 자유롭게 떨어져 있습니다. 다시 말해 어른벌레만 지니는 더듬이나 다리 같은 부속지가 번데기 몸에서 떨어져 있습니다. 실제로 맨눈으로도 나용 번데기 몸에 있는 더듬이, 입틀과 다리 들이 잘 보입니다. 그래서 위험해지면 배 근육을 수축하고 이완시켜 약간씩 몸을 움직이고 뒤집을 수 있습니다. 대개 나용 번데기 기간은 전용 기간(prepupa, 번데기가 되기 전 단계인 앞번데기 시기) 6일, 번데기 기간 8일로 총 14일 정도입니다.

이렇게 부속지가 몸에서 떨어져 있다 보니 어떤 나용은 운동이 가능합니다. 풀잠자리목 곤충 가운데 어떤 번데기는 기어 다닐 수 있으며, 물속에 사는 일부 날도래목 번데기는 우화하기 위해 헤엄쳐서 물 표면으로 나옵니다. 또한 모기과 번데기는 물속에서 자유롭게 헤엄치는데, 모기과 번데기를 장구벌레라고 부릅니다.

나용의 대표적인 예로 대부분 딱정벌레목, 일부 나비목, 대부분 벌목, 날도래목, 풀잠자리목, 뱀잠자리목, 벼룩목, 일부 파리목, 작은날개나방과 곤충 들을 들 수 있는데, 이들은 날개와 다리 같은 부속지가 몸 밖으로 드러나 있습니다. 이런 번데기들은 대체로 번데기 방에 둘러싸여 있습니다. 나용 번데기의 몸 색깔은 대개 우윳빛을 띠고 피부는 연하기 때문에 보호받을 수 있는 방이 필요하기 때문이지요.

보통 고치를 만드는 대표적인 곤충으로 누에나방을 꼽습니다. 누에나방 애벌레는 아랫입술샘에서 명주실을 뽑아내 고치를 만듭니다. 하지만 딱정벌레목 곤충들은 아랫입술샘이 없으므로 다른 기관에서 실을 만듭니다. 머리대장가는납작벌레 애벌레는 앞가슴샘에서 실을 뽑아내고, 표본벌레과, 바구미과, 잎벌레과의 뿌리잎벌레는 가운데 창자 세포에서 실을 분비하는 것으로 여겨집니다. 또한 실로 만든 고치와 비슷하게 생긴 번데기 방을 짓는 종들 거의가 배꽁무니에서 점착성 물질을 내어 자기 주변의 물질을 끌어다 붙입니다. 어떤 하늘소는 말피기관에서 칼슘과 요

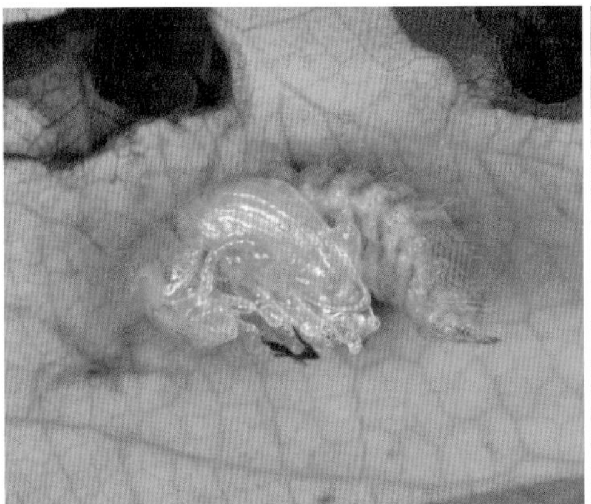
나용. 십이점박이잎벌레 번데기

피용. 무당벌레 번데기

피용. 황다리독나방 번데기

피용. 가중나무껍질밤나방 번데기

피용. 버들잎벌레 번데기
이렇게 거꾸로 매달린 번데기를 수용이라고 한다.

산이 들어 있는 점착성 물질을 내어 번데기 방을 만듭니다.

• **피용**(obtect pupa)

피용의 모습은 부속지가 몸에 딱 붙어 있습니다. 즉, 날개와 다리 같은 부속지가 융합 또는 응축된 상태로 몸 밖에 드러나 있습니다. 그러다 보니 나용에 비해 표피층이 단단하게 경화되어 있습니다. 피용은 마치 팔다리를 몸통에 묶어 둔 것같이 보이는데, 이는 번데기로 변신할 때 분비물이 몸과 부속 마디들을 단단히 붙여 놓기 때문입니다. 색깔은 진하고 표피도 굉장히 단단한 편입니다. 표피가 어느 정도 자기를 보호하는 셈입니다. 또한 피용은 비바람에도 끄떡하지 않게 배꽁무니를 지지대에 붙입니다. 위험에 맞닥뜨리면 배의 근육을 움직여 윗몸일으키기 하듯이 몸을 까딱까딱하는 동작을 합니다. 대표적인 예로 대부분의 나비목 번데기를 들 수 있으며, 일부 딱정벌레목(무당벌레과, 반날개과, 일부 잎벌레과)과 파리목도 이에 속합니다.

위의 두 가지 형태와는 다른 경우도 있습니다. 홍테무당벌레나 방귀무당벌레붙이는 종령 애벌레의 허물로 번데기의 아래쪽 반을 둘러쌉니다. 그 모습이 마치 은박지로 감싼 작은 케이크 조각처럼 보입니다. 따라서 둘러싸이지 않은 부분에서만 번데기 모습을 관찰할 수 있습니다.

• **위용**(껍질 번데기)

나용과 비슷하나, 애벌레 다음 단계에 만들어진 큐티클 주머니가 번데기의 바깥 부분을 감싸고 있습니다. 대표적인 예로 파리목의 집파리과를 들 수 있는데, 번데기는 가슴과 배의 구분이 뚜렷하고 부속지들이 몸 밖으로 노출되어 있습니다.

• **저작형과 비저작형**

번데기의 모습은 번데기의 큰턱 기능 여부에 따라 저작형 용과 비저작형 용으로 다시 나뉩니다.

저작형 용은 비교적 원시적인 내시류(완전변태하는 종류)인 풀잠자리목, 뱀잠자리목, 날도래목과 작은날개나방과 들에서 볼 수 있으며 항상 나용의 모습입니다. 큰턱을 지니고 있어 어른벌레로 우화할 때 큰턱으로 번데기 방을 자르고 나올 수 있습니다.

비저작형 용의 경우 번데기의 큰턱이 움직일 수 없어 큰턱 기능을 제대로 발휘하지 못합니다. 설령 있다고 해도 크기가 매우 작아 유명무실합니다. 비저작형은 나용과 피용 두 가지형 모두 존재합니다. 피용형에는 긴뿔파리아목, 대부분의 나비목, 일부 반날개과, 무당벌레과, 잎벌레과 들이 있습니다. 나용형에는 벼룩목, 파리목, 가락지감침파리아목과 짧은뿔파리아목, 부채벌레목, 대부분의 딱정벌레목, 대부분의 벌목이 있습니다.

(4) 어른벌레

어른벌레는 몸의 설계가 완성된 상태이므로 이 시기에는 더 이상 허물도 벗지 않고 자라지도 않습니다. 불완전변태 곤충의 경우 다 자란 종령 애벌레의 표피층이나 완전변태 곤충의 번데기 표피층을 뚫고 어른벌레가 빠져나오는 것을 '우화'라고 합니다. 이때 공중을 날 수 있는 날개가 생겨 나오기 때문에 '날개돋이'라고도 합니다. 어른벌레가 번데기나 다 자란 애벌레의 허물을 벗고 밖으로 나오는 현상은 애벌레의 허물벗기와 비슷합니다.

① 우화 과정

우선 공기를 흡입해 몸의 부피를 크게 만들고 배 근육을 수축해 몸 앞쪽 혈압을 높입니다. 그러면 머리나 가슴 쪽에 미리 갈라지도록 되어 있는 탈피선을 따라 겉피부가 갈라지고 어른벌레의 새로운 머리와 가슴 부분이 빠져나옵니다. 탈피선은 다른 부분보다 연약해서 어른벌레의 몸이 탈출하기 수월합니다. 이어서 몸 전체가 다 나오고 혈림프가 날개맥 안으로 펌프질되어 들어갑니다. 마침내 날개가 팽창하면서 곧게 다림질하듯이 편평하게 펼쳐지고, 부드러운 몸도 시간이 가면서 점점 단단하고 딱딱해집니다.

많은 곤충들은 식물 잎이나 줄기에 거꾸로 매달린 채 날개를 펼칩니다. 중력의 도움을 받기 위해서입니다. 혹시 나비류나 메뚜기류가 우화하는 모습을 본 적이 있나요? 네발나비과, 딱정벌레목 잎벌레과 일부나 메뚜기류 들은 우화할 때 물구나무서기를 하듯이 거꾸로 매달린 채 등판을 찢고 나옵니다. 이때 중력이 작용해 몸을 번데기에서 수월하게 빼낼 수 있습니다. 하지만 모든 곤충이 다 그런 건 아닙니다. 딱정벌레목 곤충 대부분과 나방류는 번데기 방 같은 밀폐된 공간에서 평범하게 날개돋이 합니다.

갓 날개돋이를 한 어른벌레의 몸 색깔은 연하고, 피부 또한 말랑말랑합니다. 또한 날개가 처음에는 휴지를 뭉쳐 놓은 것처럼 작고 꼬깃꼬깃하지만 곧 활짝 펼쳐져 날 수 있는 모습을 갖춥니다. 연약한 몸은 시간이 갈수록 단단하게 굳고 연한 색 또한 원래의 색깔을 띠는데, 종에 따라 이 과정은 몇 시간에서 며칠 걸리기도 하고 드물게는 몇 달 넘게 걸릴 때도 있습니다.

이를테면 흑진주거저리가 갓 날개돋이를 해 어른벌레로 변신했을 때는 흐린 노란색입니다. 그렇지만 시간이 지나면서 점차 갈색으로 변하고 이틀쯤 지나면 본래의 색인 까만색으로 바뀌고, 몸도 단단해집니다. 우리가 잘 아는 무당벌레는 초여름에 어른벌레로 날개돋이 하는데, 이때 딱지날개는 갈색 바탕에 불그스름한 점을 지니지만, 시간이 지나면서 점차 변화되어 검은색 바탕에 붉은 반점을 지니게 됩니다. 무엇보다도 어른벌레는 더 이상 자라지도 않고, 허물도 벗지 않으며 살아갑니다.

날개돋이 시기는 종의 생존이나 번성에 매우 중요합니다. 같은 종은 대개 외부 환경 조건에 같은 반응을 보이기 때문에 일정한 철에 다 같이 날개돋이를 합니다. 그래야 짝을 찾기에 유리하지요. 이처럼 온도는 애벌레나 번데기의 성장 속도와 활동에 큰 영향을 줍니다. 또한 겨울잠이나 여름잠 같은 휴면 현상도 날개돋이 시기를 조절하는 데 큰 역할을 합니다. 계절뿐만 아니라 하루에 어떤 특정한 시간대인 이른 아침이나 초저녁에 날개돋이 하는 곤충들도 많습니다.

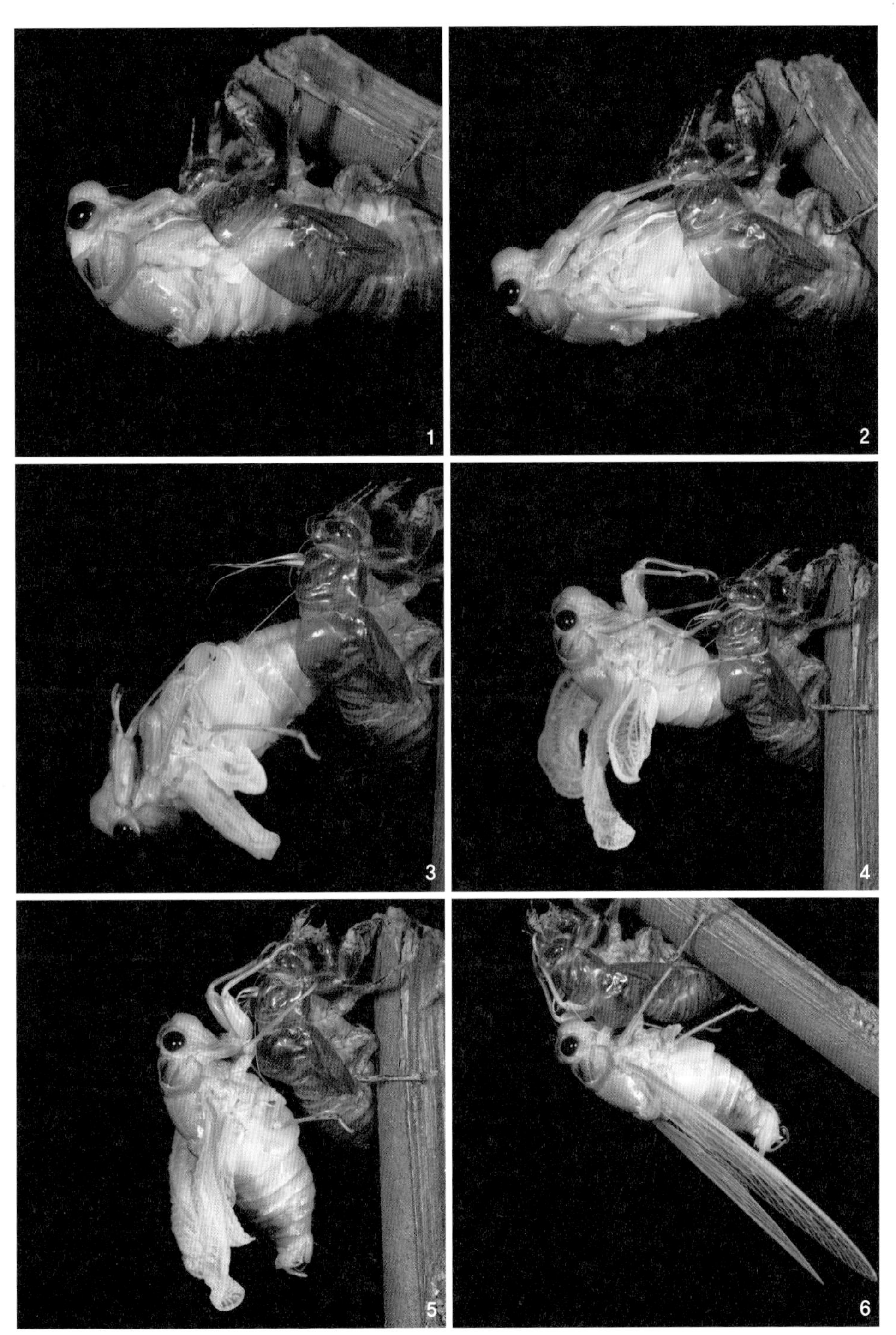

참매미가 날개돋이 하는 과정

주홍박각시 날개돋이 직후 번데기 시절 동안 일어났던 물질대사의 산물인 노폐물을 분비하고 있다.

긴은점표범나비의 우화 실패
날개를 펼치는 것에 실패하여 기형이 되었다.

② 어른벌레의 수명

어른벌레는 얼마나 오래 살까요? 어른벌레의 수명은 애벌레에 견주어 매우 짧은 편입니다. 대부분의 반딧불이류, 풍뎅이류, 매미류, 나비류와 나방류처럼 많은 종의 어른벌레들은 한 달도 채 못 삽니다. 단적인 예로 하루살이 어른벌레의 수명은 고작 일주일 정도입니다. 하지만 지구에 사는 곤충이 워낙 많다 보니 예외도 많습니다. 딱정벌레목 가운데에는 유독 장수하는 녀석들이 많습니다. 어른벌레의 수명은 몇 달이거나 심지어 1년이 넘으면 장수하는 셈이니까요. 장수하늘소나 사슴벌레류가 대표적인 예입니다. 야외에서 초여름에 날개돋이 한 녀석들은 가을까지도 이따금 보입니다. 특히 실내에서 키울 때 녀석들은 식사만 잘 챙겨 주면 세 달 넘게 너끈히 살아남을 때가 많습니다. 어른 왕사슴벌레의 수명은 3년이고, 심지어 어른 쌀도둑거저리류는 날개돋이 한 지 3년째가 되어도 왕성하게 알을 낳습니다.

지금까지 알려진 최장수 어른벌레는 물속에서 사는 여울벌레과 일부 종으로 9년까지 살았다고 합니다. 물론 노린재류나 무당벌레같이 어른벌레로 겨울잠을 자는 곤충들은 휴면 기간이 길어 월동형의 수명은 몇 달이 넘습니다.

4. 곤충의 몸에 대해 궁금한 것들

(1) 숨은 어떻게 쉴까

사람은 코와 입을 통해 호흡을 하는데, 곤충들은 숨을 어떻게 쉴까요? 사람과 달리 곤충 거의가 기관계(氣管系, tracheal system)를 가지고 있습니다. 곤충은 대개 기관계를 통해 공기 중의 산소를 몸속에 있는 여러 조직으로 운반하고, 또 조직에서 생긴 이산화탄소를 운반합니다. 그래서 곤충의 호흡법을 기관호흡이라고 합니다.

① 육상에 사는 곤충의 호흡 방식

곤충의 기관은 산소가 지나가는 관입니다. 기관은 큐티클로 덮인 한 층의 세포로 되어 있으며 기관의 큐티클도 표피의 큐티클처럼 탈피할 때 벗겨집니다.

기관의 시작점은 피부에 있는 아주 작은 구멍인 숨구멍(기문, spiracle)입니다. 무시류처럼 단순하게 피부에 뚫린 구멍 모양 숨구멍도 있지만, 곤충 숨구멍은 대개 수분증발을 막기 위해 열고 닫을 수 있는 밸브 장치를 가지고 있습니다. 숨구멍은 쌍으로 나 있는데 가슴 옆구리 부분에 두 쌍, 배 옆구리 부분에 7~8쌍이 있습니다. 숨구멍에서 들어온 산소는 기관을 타고 필요한 요소마다 있는 조직으로 이동하는데, 이때 기관은 더 작은 가지로 갈라져 나갑니다. 기관의 끝부분은 매우 미세하고 용액으로 차 있는 기관지(氣管枝)를 형성해 몸속 조직에 잘 침투할 수 있습니다.

즉, 기관계는 얇은 벽의 관들로 이뤄진 그물망 구조로 몸의 모든 부분에 가지를 쳐 필요한 조직까지 뻗어 있습니다. 따라서 대부분 세포는 기관지에서 수 마이크로미터 이내에 존재합니다. 곤충들은 기관계 덕분에 산소를 운반하는 색소가 혈림프액 속에 없어도 산소를 효율적으로 잘 운반합니다.

② 물에 사는 곤충의 호흡 방식

생활사의 전부 또는 일부를 물속에서 사는 곤충을 모두 물살이곤충(수서곤충)이라고 합니다. 물을 떠나서는 생존이 불가능한 곤충이 바로 물살이곤충입니다. 곤충 가운데 물살이곤충이 차지하는 수는 제법 많습니다. 33개 목으로 나눈 곤충들 가운데 12개 목이 물살이곤충이니까요. 물살이곤충에는 주요한 곤충 목이 포함되어 있습니다. 이를테면 하루살이목, 강도래목, 날도래목, 뱀잠자리목, 잠자리목은 거의 모든 종이 물살이곤충이지요.

곤충이 물속에서 살기 시작했을 때, 처음에는 쉽지 않았을 것입니다. 그중에서 가장 큰 문제는 호흡이었을 텐데요. 땅에 사는 곤충은 숨구멍으로 공기 중의 산소를 들이마시며 호흡을 합니다. 그러다 보니 숨구멍은 물속에서 무용지물이 되었습니다. 특히 육상에서는 산소 분자가 사방에 떠 있어 구하기 쉬운데, 물속에서는 산소가 물에 녹아 있어 이를 이용하려면 새로운 방법을 찾아야 합니다.

물살이곤충이 산소를 얻는 방법은 크게 두 가지입니다. 하나는 땅 위 곤충처럼 공기 중 산소를 직접 이용하는 것이고, 다른 하나는 물에 녹아 있는 산소를 이용하는 것입니다.

• 공기 중 산소를 이용하는 방법

물 밖의 공기를 이용하려면 공기층과 접촉해야 합니다. 그래서 공기를 들이마시는 곤충들은 빨대 같은 긴 호흡관을 가지고 있고, 호흡관을 물 밖으로 내밀어 공기를 얻습니다.

– 긴 호흡관을 이용하는 방법

호흡관을 이용해 산소호흡을 하는 방법입니다. 호흡관을 가진 곤충은 숨구멍이 길고 가느다란 호흡관 끝에 열려 있습니다. 몸은 물속에 있고, 빨대 같은 호흡관만 물 밖으로 내밀어 공기 중 산소를 그대로 들이마십니다. 이를테면 파리목의 꽃등에과(Eristalis) 애벌레(쥐꼬리구더기)는 몸길이가 1센티미터 정도인데, 호흡관은 6센티미터나 될 정도로 긴 데다가 신축성까지 있어 물의 높이가 변하면 호흡관 길이를 스스로 조절합니다. 또 장구애비과에 속하는 상구애비와 게아재비도 물속에서 물구나무선 자세로 호흡관을 물 밖으로 꺼내 공기를 들이마십니다. 신기하게도 호흡관 끝에 뚫려 있는 숨구멍 둘레에 대부분 물을 밀어내는 기름기 있는 털(소수성 털)이 꽃술처럼 나 있습니다. 기름기 많은 털은 숨구멍 속으로 물이 들어오는 것을 막아 줍니다. 또 물속에서는 숨구멍을 꽃술처럼 덮고 있는 털들이 물 밖으로 호흡관을 내밀면 우산처럼 활짝 펼쳐지면서 숨구멍 입구에 있던 물을 밀어내고, 대신에 공기가 들어올 수 있도록 해 줍니다.

호흡관을 이용하는 대표적인 곤충으로는 일부 노린재류와 일부 파리류가 있습니다. 또 뿌리잎벌레류와 늪모기류도 공기를 직접 흡수합니다. 녀석들은 배 끝에 달린 톱 같은 부속지로 물속 식물의 줄기에 상처를 내어 식물 줄기 속에 들어 있는 공기를 들이마십니다. 공기를 훔치는 것이지요. 예외로 메추리장구애비는 호흡관 길이가 짧습니다.

– 물 표면에서 공기를 직접 얻는 방법

육상 곤충처럼 대기 중 공기를 숨구멍을 통해 직접 들이마시는 호흡 방법입니다. 물 위를 걷거나, 물속에서도 지내지만 수면에서 대부분의 시간을 보내는 물살이곤충이 있습니다. 대표적인 곤충으로는 소금쟁이류, 물맴이류, 톡토기류가 있습니다.

• **가스아가미 호흡**

가스아가미(gas gill) 또는 물리적 아가미(physical gill) 호흡은 공기 방울로 산소 호흡을 하는 방법입니다. 공기 방울은 어떻게 얻어 낼까요? 이를테면 물방개는 물 표면에 비스듬히 물구나무선 자세로 배 끝으로 물막을 깨서 대기 중 공기가 날개 아래쪽으로 들어가게 합니다. 그런 다음 물속에서 공기 방울 속에 있는 산소로 호흡을 하는데, 산소가 소모되면 확산 작용이 일어나 산소가 공기 방울 속에 계속 채워집니다. 곤충들은 공기 방울에 채운 대기 중 산소로는 물속에서 20분 동안 버틸 수 있지만, 물속에서 계속 공급되는 산소로는 최대 36시간을 물속에서 버틸 수 있습니다.

공기 방울을 매달고 다니는 종류는 굉장히 많습니다. 특히 딱정벌레목에 속한 물살이곤충들은 대개 공기 방울을 달고 있습니다. 딱정벌레목의 물땡땡이과, 물방개과, 여울벌레상과, 노린재목의 소금쟁이류(*Gerris*), 깨알소금쟁이류(*Microvelia*), 물벌레과, 송장헤엄치게과 그리고 나비목의 불나방과 애벌레, 명나방과 애벌레 들이 있습니다.

곤충마다 공기 방울이 매달리는 위치가 다릅니다. 노린재목의 애송장헤엄치게류(*Anisops*)는 배 등면과 날개 사이에, 송장헤엄치게류(*Notonecta*)는 배 쪽 부분(가슴과 배), 날개 아래와 날개 위쪽에, 딱정벌레목의 물방개과(*Dytiscus*속)도 딱지날개와 배의 등면 사이에 공기 방울을 갖고 있습니다.

• 피부 호흡

물에 녹아 있는 산소를 피부(표피)로 흡수해 숨 쉬는 방법입니다. 피부를 통해 들어온 산소는 기관계에 모이고, 기관계에서 몸속으로 확산되면서 몸의 각 조직에 산소가 빠르게 공급됩니다. 깔다구류(Chironomus)애벌레나 먹파리과(Simulium)애벌레 같은 곤충들이 피부 호흡을 합니다.

하지만 피부로 흡수한 산소로는 호흡이 충분하지 않습니다. 그래서 기관아가미, 모반기층, 기문아가미 들을 함께 이용합니다.

• 기관아가미 호흡

피부가 얇게 늘어난 기관아가미(tracheal gill)를 통해 물에 녹아 있는 산소를 흡수해 호흡하는 방법입니다. 기관아가미는 엷은 큐티클로 덮여 있고, 기관과 가느다란 기관지가 그물처럼 얽혀 있습니다. 확산 작용으로 흡수된 산소는 기관아가미의 기관과 기관지, 몸속의 기관과 기관지에 채워지고, 채워진 산소는 확산 작용에 몸의 각 조직으로 퍼져 나갑니다.

딱정벌레목 애벌레, 날도래목 애벌레, 하루살이목 애벌레, 파리목 애벌레, 나비목 애벌레, 강도래목 애벌레, 실잠자리아목 애벌레, 잠자리아목 애벌레가 기관아가미 호흡을 합니다. 이들 애벌레는 피부에도 숨구멍이 있습니다. 하지만 이 숨구멍은 뚫려 있지 않아 산소를 이용하지 못합니다.

• **모반기층 호흡**

모반기층(plastron)에 형성된 공기로 호흡하는 방법입니다. 모반기층은 몸 표면에 빽빽하게 나 있는 미세한 털에 매달려 있는 굉장히 얇은 공기층을 말합니다. 털다발에 붙어 있는 공기층이지요. 모반기층은 숨구멍과 연결되어 있어 산소가 몸속의 기관계를 채웁니다. 그리고 채워진 산소는 확산 작용으로 몸의 각 조직에 퍼져 나갑니다. 모반기층은 확산 작용으로 산소를 얻는데, 호흡을 해도 작아지지 않고 웬만한 수압에도 떨어져 나가지 않습니다. 모반기층이 있는 곤충은 산소 농도가 높은 물일수록 오랫동안 물속에서 지낼 수 있습니다. 그래서 이들 곤충은 알 상태일 때, 또는 수면으로 떠오를 수 없는 추운 겨울 동안 전적으로 모반기층 호흡에 의존합니다.

노린재목 물벌레과, 물둥구리과, 동굴물벌레과, 물빈대과, 소금쟁이류, 딱정벌레목 물방개과, 물맴이과, 물진드기과, 자색물방개과, 여울벌레상과, 물땡땡이과, 그리고 나비목의 쌍띠불나방류 애벌레, 날도래목 들에서 모반기층을 볼 수 있습니다.

• **기문아가미 호흡**

기문아가미(spiracular gill)로 산소를 흡수해 호흡하는 방법입니다. 기문아가미는 곤충의 피부가 늘어져 생긴 아가미에 모반기층이 발달한 아가미를 말합니다. 기문아가미의 모반기층에는 물에 녹은 산소가 아니라 공기 중 산소가 직접 들어갑니다. 물 가장자리에 사는 물살이곤충과 물이 들어왔다 빠졌다 하는 습지에 사는 물살이곤충은 물속 호흡과 공기 호흡을 번갈아 해야 합니다. 조간대에 사는 먹파리과, 각다귀과, 물삿갓벌레과 번데기, 개울가에 사는 몇몇 딱정벌레류, 해변파리류가 기문아가미 호흡을 하는 대표적인 물살이곤충입니다.

(2) 곤충은 어떻게 생식할까

곤충은 암컷과 수컷으로 성이 분리되어 있습니다. 대부분 체내수정을 하며 다양한 방식으로 짝을 부르고 찾습니다. 나방류 암컷은 사랑의 묘약인 성페로몬을 풍겨 멀리 떨어져 있는 수컷을 불러들입니다. 반딧불이는 배꽁무니 부분에 있는 발광기관에서 깜빡깜빡 불빛을 내어 짝을 유혹하고, 귀뚜라미나 매미류 수컷은 힘닿는 데까지 멋진 노래를 불러 암컷을 초대합니다.

암컷과 수컷이 감동적으로 만나 짝짓기에 성공하면, 수컷의 정자는 암컷의 생식기관으로 들어갑니다. 정자는 대개 암컷의 몸에 직접 전달되나, 여치류 같은 일부 곤충의 정자는 정포에 포장되어 암컷의 몸속이나 배꽁무니에 붙습니다.

곤충 암컷의 몸에는 수컷으로부터 얻은 정자를 보관하는 주머니, 즉 저정낭이 있습니다. 정자는 알이 수정될 수 있는 양보다 훨씬 많이 배출되는데, 수많은 정자들은 암컷의 저정낭에 일시적으로 보관됩니다. 물론 보관된 정자는 나중에 암컷이 알(수정란)을 낳을 때 수정에 쓰입니다.

곤충은 알을 낳은 뒤 알이나 자식을 돌보지 않고 방치하기 때문에 알을 굉장히 많이 낳습니다. 꿀벌의 여왕벌이나 여왕개미는 일생 동안 백만 개가 넘는 알을 낳습니다. 반면 난태생을 하는 어떤 파리류는 한 번에 한 마리의 애벌레만 낳습니다.

곤충의 생식 방법은 환경 조건이나 한살이 유형에 따라 다릅니다. 곤충들은 대개 난태생이라 알을 낳지만 때로는 다음과 같이 새끼를 낳는 태생도 있습니다.

① 난태생(ovoviviparity)

난태생은 알 속의 배자가 발생이 완료될 때까지 어미의 생식기관 속에 머물다가, 어미가 산란할 때 부화하는 것을 말합니다. 이때 배발생에 필요한 영양분은 모두 알 속 난황 물질에서 공급받습니다. 예로 총채벌레목, 바퀴목, 집파리과, 일부 딱정벌레목을 들 수 있습니다.

② 태생(viviparity)

태생은 수정된 알이 바로 산란되지 않고, 어미 생식기관 속에서 부화하여 애벌레 시기의 일부, 또는 모든 기간을 보내고 태어나는 것을 말합니다. 이때, 난

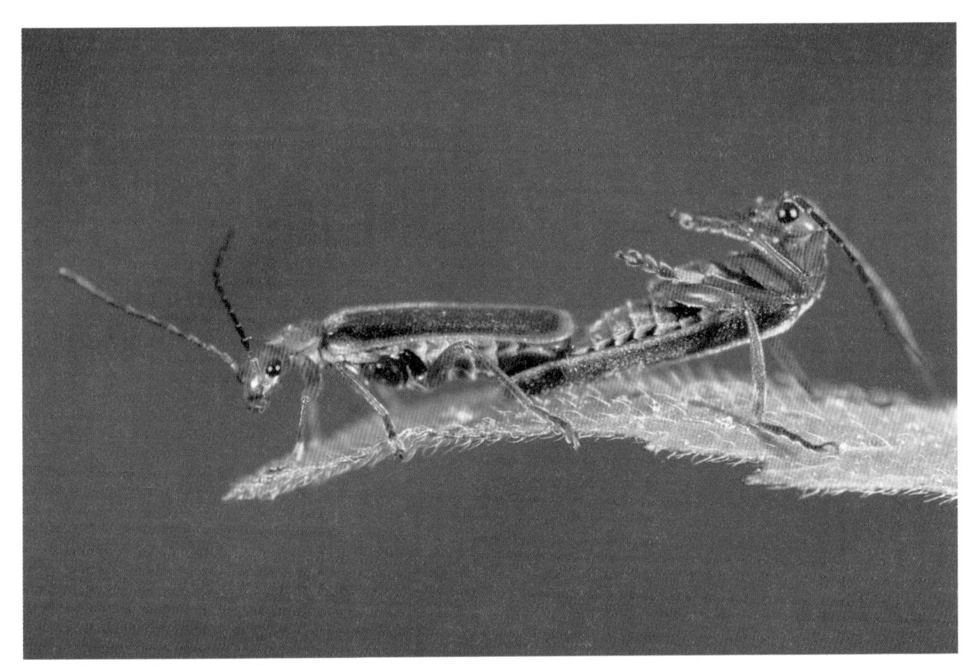
서울병대벌레가 짝짓기를 하고 있다.

몸이 큰 공주개미와 수개미가 힘겹게 짝짓기를 하며 혼인비행 하고 있다.

난태생인 노랑줄왕버섯벌레의 짝짓기

난태생인 기생나비의 짝짓기

난태생인 등검은메뚜기의 짝짓기

태생종인 딱총나무진딧물

태생과 달리 배자가 전적으로 어미가 공급하는 양분으로 발육합니다. 참고로 포유류에게는 배자 발육에 필요한 영양분을 공급해 주는 대반 조직이 있지만, 곤충에게는 태반 조직이 없습니다. 따라서 곤충들은 어미로부터 다음과 같이 영양분을 공급받습니다.

- **헛태반 태생**(pseudoplacental viviparity)

헛태반 태생에 속하는 무리는 난각과 난황이 거의 없는 알을 낳습니다. 헛태반 태생은 난소소관에서 배자발생이 시작되는데, 알에 난황 물질이 적습니다. 그래서 배자는 난모세포를 감싸는 난포세포를 통해 영양분을 흡수합니다.

- **영양분비샘 태생**(adenotrophic viviparity)

영양분비샘 태생을 하는 무리는 어미 생식기관 속에서 부화하고 애벌레의 발육을 마친 뒤, 태어나자마자 번데기가 됩니다. 이때 수정된 알의 배발생에는 난황 물질이 이용되지만, 부화하고 나서 애벌레는 어미의 자궁분비샘(milk gland)에서 나오는 분비물로 자랍니다.

- **혈강 태생**(hemocoelous viviparity)

혈강 태생은 배자가 어미의 혈강 속에서 발생되는 경우로, 부채벌레목과 혹파리과의 일부에서 볼 수 있습니다. 이때 배자는 어미의 몸으로부터 직접 영양분을 공급받아 자랍니다.

(3) 곤충의 반사출혈

무당벌레를 건드리면 다리의 관절에서 노란색의 액이 방울방울 흘러나옵니다. 무당벌레는 위험에 맞닥뜨리면 종합적으로 여러 방어행동을 합니다. 몸 색깔은 경계색을 띠고 있고, 건드리면 죽은 듯이 다리 여섯 개와 더듬이를 배 쪽으로 오그려 붙이고 뒤집어집니다. 거의 동시에 무당벌레에서 지독한 냄새를 풍깁니다. 자세히 보니 입이랑 다리마디 관절에도 노란 액즙이 이슬처럼 방울방울 맺힙니다. 노란 액즙을 코에 대 보니 이상하고 지독한 냄새가 코끝을 찌릅니다. 시큼한 냄새도 아니고 그렇다고 쓴 냄새도 아닙니다.

노란 액즙의 정체는 혈림프입니다. 곤충은 헤모글로빈 대신에 헤모시아닌을 가지고 있어 초록색이나 노란색 액즙을 흘리는 거지요. 곤충들은 희한하게 '노란색 피'를 흘립니다. 천적과 맞닥뜨리면 곧바로 다리마디 관절의 바깥쪽에 있는 얇은 큐티클이 군데군데 찢어집니다. 찢어진 큐티클 틈으로 독이 섞인 피가 방울방울 스며 나옵니다. 큐티클이 찢어졌으니 상처가 날 법도 한데 찢어진 큐티클은 피를 내보낸 다음 곧바로 아뭅니다.

위험해지면 눈 깜짝할 사이에 피를 흘리기 때문에 이런 걸 '반사출혈'이라고 하지요. 자칫하면 적한테 잡아먹힐 판에 머뭇거릴 시간이 없습니다. 뇌에다 적이 공격했다는 신호를 보낼 틈도 없기에 뇌의 명령을 직접 받지 않고도 반사적으로 피를 흘립니다.

피를 흘렸으니 호흡이 가빠져 목숨에 지장이 있을까요? 아닙니다. 녀석은 표

큰이십팔점박이무당벌레를 건드리면 관절에서 노란 피를 흘린다.

피에 숨구멍(기문)이 있어 그곳으로 숨을 쉽니다. 그러니 당연히 산소가 숨구멍을 통해 직접 들락거립니다. 녀석이 피를 흘릴 때 잃어버린 것은 단지 영양분과 독 성분뿐입니다. 하지만 그 양이 아주 적기 때문에 반사출혈을 아무리 해도 아무런 해가 되지 않습니다.

무당벌레류가 흘리는 노란색 액즙 속에 든 독 성분은 무엇일까요? 코치넬린(coccinellin)입니다. 이 물질은 독성 때문에 삼키면 구역질이 나고 토할 수도 있습니다. 만약 어린 새나 개구리 같은 포식자들이 멋모르고 무당벌레를 삼켰다가는 큰코다칩니다.

반딧불이도 반사출혈을 합니다. 위험해지면 얇은 바깥쪽 큐티클이 찢어지는데, 찢어진 큐티클 사이로 독 물질이 방울방울 배어 흘러나옵니다. 반딧불이도 가뢰과, 무당벌레과, 병대벌레과처럼 자신을 보호할 화학 방어 물질을 가지고 있습니다. 반딧불이가 만들어 내는 독성 물질은 스테로이드로, '빛을 내는 자'라는 뜻이 있는 루시부파긴(lucibufagin)입니다. 루시부파긴은 기존의 맥박 수를 유지하면서도 심장을 활발히 뛰도록 하는 강심제인데, 효능이 좋습니다. 위험

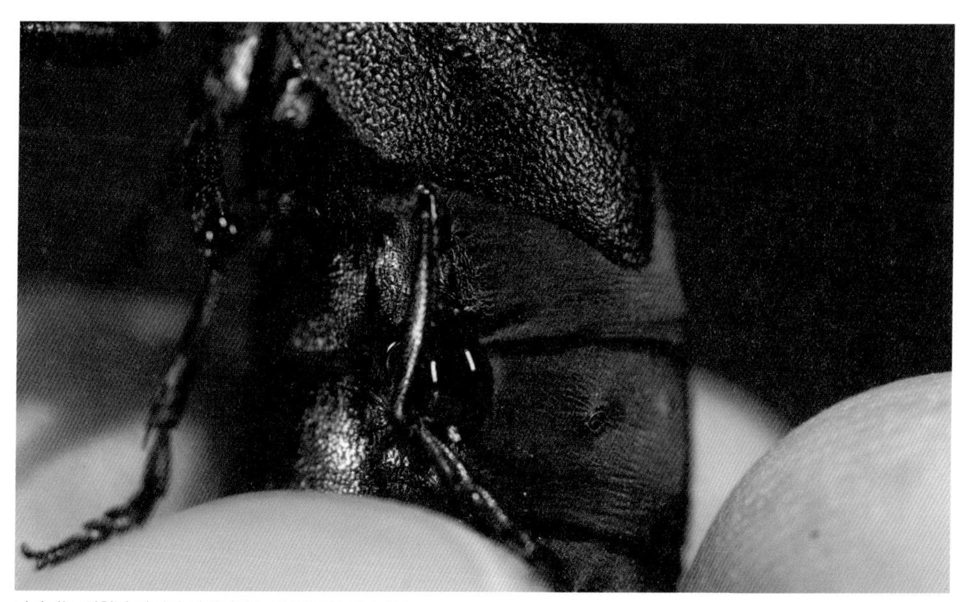

남가뢰는 위험이 닥치면 관절에서 노란 액즙을 내보낸다.

하면 이 독 물질을 몸 밖으로 내보내는 것이지요. 놀랍게도 반사출혈이 일어날 때 찢어진 큐티클은 쉽게 아뭅니다.

가뢰과도 반사출혈을 일으킵니다. 위험이 닥치면 다리 무릎 관절의 홈을 통해 노란 액즙을 밖으로 방울방울 내보냅니다. 무당벌레처럼 반사출혈을 하는 것이지요. 너무 급한 상황이니 뇌의 명령을 받지 않고 반사적으로 피를 내보내는 것입니다. 재빨리 독 물질을 내보내야 천적을 물리칠 가능성이 커지니까요. 넓적한 핀셋으로 몸 전체를 잡으면 반사출혈이 일어나 여섯 개의 다리와 목 부분에서 노란 액즙이 나옵니다. 가뢰과가 내보내는 노란 액즙에는 칸타리딘(cantharidine)이 있습니다. 신기하게도 가뢰는 수컷만 생식부속샘에서 칸타리딘을 만들고, 암컷은 직접 만들지 않습니다. 수컷은 짝짓기 할 때마다 칸타리딘이 들어 있는 정자를 암컷에게 넘겨주기 때문에 암컷이 낳은 알에도 칸타리딘이 들어 있습니다. 그래서 천적들이 가뢰의 알과 애벌레를 맘 놓고 먹지 못하는 것이지요.

그러면 암컷의 몸에는 칸타리딘이 전혀 없을까요? 그렇지 않습니다. 칸타리딘이 정자에 들어 있으니 당연히 알에도, 알에서 깨어난 애벌레에도 칸타리딘이 들어 있습니다. 그러니 어른벌레의 몸에도 칸타리딘이 들어 있지요. 가뢰 한 마리가 품고 있는 칸타리딘의 양은 얼마나 될까요? 종마다 다르지만 몸무게의 0.2~2.3퍼센트 정도가 들어 있습니다. 독의 양이 적은 것 같지만 독성이 굉장히 강해 아무리 덩치 큰 동물이라도 잘못 먹었다가는 죽을 수 있습니다.

(4) 사회성 곤충은 집안을 어떻게 다스릴까

곤충 가운데 벌목의 말벌과와 꿀벌과, 바퀴목의 흰개미과처럼 사회계급을 형성하며 사는 무리가 꽤 있습니다. 협동이 필수인 사회성 곤충들은 주로 화학적 통신수단을 이용하나 접촉성 의사소통을 하며 집단을 평화롭게 유지합니다. 곤충들이 사회를 이루고 산다고 해서 사람들처럼 그리 복잡한 것은 아닙니다. 임시로 모이는 곤충들도 있지만 서로 돕는 공동작업은 하지 않습니다. 이

사회적 곤충인 개미과는 여왕개미와 여러 개미들이 한 사회를 이루고 살아간다.

를테면 어리호박벌류나 무당벌레는 단지 겨울잠을 자기 위해 모이고, 진딧물들은 단지 무리 지어 식사만 할 뿐입니다. 이에 견주었을 때 텐트나방은 공조 작업을 합니다. 텐트나방 애벌레들은 먹이식물에 모여 사는데, 이때 자신들을 지켜 주는 둥지그물과 먹이 활동을 위한 섭식그물을 함께 칩니다. 이런 현상을 넓게 사회성 행동이라 말할 수 있습니다.

그럼 좁은 의미에서 진정한 사회성 곤충은 누굴까요? 말벌과와 꿀벌과, 바퀴목의 흰개미과입니다. 이들은 아주 복잡한 사회생활을 하며 살아갑니다. 녀석들의 사회는 폐쇄되어 있어 그 안에서 모든 단계의 생활사가 이루어집니다. 녀석들이 꾸리는 사회는 대개 영구적이라 변동이 없고, 구성원의 모든 행동은 집단으로 하며 서로 의사소통을 활발히 합니다. 이 사회는 어미 또는 부모가 자식들과 함께 사는 가족 집단으로, 분업이 매우 효율적으로 이루어집니다. 가족 구성원들은 계급에 맞게 저마다 맡은 업무를 분담합니다.

꿀벌은 가장 복잡한 사회조직을 이룹니다. 이들의 조직은 1년만 유지되는

게 아니라 거의 반영구적으로 유지되며 보통 한 둥지에 6~7만 개체가 함께 살아갑니다. 꿀벌의 사회에는 알을 낳는 여왕벌, 수벌과 일벌, 이렇게 세 계급이 있습니다. 여왕벌은 평생 알을 낳고 여왕물질을 내어 집단을 통제합니다. 일벌들은 동생인 애벌레들을 돌보며, 왁스를 분비하여 집을 짓고, 꽃가루와 꽃꿀을 수집하는 등 여러 일들을 도맡아 합니다. 수벌은 여왕벌 후보와 짝짓기를 함으로써 여왕벌이 평생 동안 사용할 정자를 제공합니다.

재미있게도 꿀벌의 계급은 수정 방식과 애벌레 시절의 밥에 따라 결정이 됩니다. 수컷의 정자와 수정되지 않은 미수정란에서는 수벌이 탄생합니다. 또한 일벌의 침샘에서 분비되는 로열 젤리를 먹고 자란 애벌레는 여왕벌 후보가 됩니다. 반면에 로열 젤리와 일반 꿀(부화한 지 3일째부터 먹음)을 먹고 자란 애벌레는 일벌이 됩니다. 보통 계급을 평화롭게 유지하기 위해 여왕벌은 큰턱샘에서 여왕물질을 내서 일벌들이 알을 낳지 못하게 막습니다. 하지만 둥지 안에서 여왕물질의 농도가 줄어들기 시작하면 일벌들은 서둘러 로열 젤리를 만들기 시작합니다. 이런 현상은 여왕벌이 늙거나 여왕벌에게 어떤 불행한 사고가 일어날 때 발생합니다.

(5) 호흡색소가 있는 곤충

산소는 사람 같은 척추동물의 몸에서 적혈구 속에 들어 있는 호흡색소인 헤모글로빈과 결합된 채 조직으로 이동합니다. 절지동물인 갑각류나 협각류(거미강)는 호흡할 때 헤모시아닌(hemocyanin)이라는 호흡색소를 이용합니다. 하지만 곤충에게는 호흡색소가 거의 없습니다. 곤충은 기관계를 통해 공기를 직접 조직에 전달하기 때문에 호흡색소가 필요 없는 것입니다. 하지만 모기파리, 모기붙이과, *Gasterophilidae*와 송장헤엄치게과 같은 수서곤충 10여 종은 혈림프나 특정 세포에 호흡색소가 분포합니다.

어떤 송장헤엄치게과 곤충(*Buenoa*속)은 수시로 수면으로 올라와 누운 채 날개 아래와 배 부분에 있는 털의 공기 방울(산소탱크, air bubble)에 공기를 채운 뒤 물속으로 들어갑니다. 모든 숨구멍은 이 공기 방울과 연결되고 기관지는 연속적으로 가지를 쳐 나가다가 마지막 기관지에 이르는데, 이 기관지 끝은 대형의 기관세포(헤모글로빈) 속으로 밀고 들어갑니다. 지방세포에서 분화된 기관세포는 헤모글로빈으로 채워집니다. 송장헤엄치게의 헤모글로빈은 척추동물처럼 비슷한 낮은 산소친화성을 가졌기 때문에 산소 저장 가능성이 있는 것처럼 보입니다. 실제로 송장헤엄치게는 적은 공기 방울로도 물속에 오래 남아 있을 수 있고, 사냥에 필요한 기동력을 확보할 수 있습니다.

곤충의 혈림프는 혈장과 혈구로 이루어져 있으며 유일한 혈관 역할을 하는 등 쪽 대동맥을 통해 앞으로 분출됩니다. 혈림프는 산소를 운반하지 않고, 탈피 호르몬이나 영양소를 온몸으로 가져다주는 역할을 합니다.

4장

곤충의 생존 전략

1. 휴지와 휴면

곤충을 비롯한 동물들은 외부 환경이 너무 춥거나 너무 덥거나 혹은 너무 건조하거나 너무 습하면 활동하기 어렵습니다. 곤충은 계절의 변화에 잘 적응하다가 온도, 습도, 먹이 같은 조건이 나빠지면, 휴면에 들어가 역경을 이겨 냅니다. 때로는 알의 발생 시기까지 조절합니다. 물론 환경이 휴면에 들어가지 못할 정도로 안 좋으면 먼 거리 이주비행(migration)을 떠나거나 단순한 휴지 상태에 돌입하기도 합니다. 휴면이나 휴지 모두 외부 환경을 잘 이겨 내기 위한 곤충들의 생존 전략입니다.

휴지나 휴면에 들어간 곤충은 대사율이 매우 낮아지고 거의 활동을 하지 않는다는 면에서는 비슷하지만, 적응 방식은 근본적으로 서로 다릅니다. 휴지는 좋지 않았던 환경 조건이 정상적인 환경으로 되돌아가면 활동을 재개합니다. 반면 휴면은 환경 조건이 안 좋으면 발육을 멈추는데, 일정 기간이 지나야만 다시 활동하는 것입니다. 그러면 휴지와 휴면에 대해 자세하게 살펴볼까요?

(1) 휴지(quiescence)

휴지(활동정지)는 환경 조건이 나빠지면 일시적으로 잠을 자는 것인데, 발육이 정지되었다가 외부 환경이 정상화되면 활동을 재개합니다. 물론 때에 따라서 외부 환경이 정상적인 상태가 되는 데 시간이 오래 걸릴 수도 있습니다. 그러면 계속 휴지 상태로 있습니다. 곤충은 한살이 동안 정상적으로 활동이 불가능할 정도로 기후가 악화되면 휴지기에 들어갑니다. 즉 지나치게 온도가 높거

큰광대노린재의 휴면 큰광대노린재는 애벌레로 겨울을 난다.

나, 가뭄이 지속되거나 하면서 환경 조건이 심하게 나빠지면 임의적으로 휴지기에 들어갔다가 다시 환경이 원래 상태로 회복되면 정상적으로 활동합니다.

(2) 휴면(diapause)

곤충을 비롯한 동물들에게는 춥고, 덥고, 건조한 까닭에 활동하기 어려운 시기가 있습니다. 이때에는 모든 성장 활동을 일시적으로 멈춥니다. 이런 현상을 휴면이라 합니다. 일부 곤충들의 몸속에는 활동이나 성장이 중지되는 시기가 짜여 있어 특정한 계절에 일정 기간 동안 활동이 중단됩니다. 휴면은 낮의 길이가 짧아지는 것과 같은 외부 환경의 신호가 오면서 시작됩니다. 결국 휴면은 좋지 않은 환경에 대처하는 곤충의 중요한 적응 현상이라 할 수 있습니다.

휴면은 열대나 아열대에 기원을 둔 곤충들이 생활권을 온대나 한대 지방으로 넓혀 가는 진화 과정에서 획득한 유전형질입니다. 계절의 영향으로 환경 조건이 달라지면 발육이 정지되었다가 반드시 일정 기간이 경과해야만 활동을 재개합니다. 만약 일정 기간이 경과하지 않으면 환경 조건이 생활하기에 아무리 좋더라도 휴면에서 깨어나지 않습니다. 겨울을 보내기 위한 겨울잠(동면, hibernation)과 더운 여름을 이겨 내기 위한 여름잠(하면, aestivation)이 대표적인 예입니다. 보통 겨울잠은 겨울에 시작해서 이듬해 봄에 깨어나는 걸 말하고, 여름잠은 무더운 여름에 시작해서 선선해지는 가을에 깨어나는 걸 말합니다. 동면은 일반적으로 정온 동물이 겨울에 활동하지 않는 상태를 의미하지만, 넓게 보자면 변온 동물의 겨울나기를 뜻하기도 합니다.

휴면이라 해서 단순히 쉬면서 자는 것만은 아닙니다. 꽤 긴 기간 동안 먹이 활동이나 짝짓기를 하지 않습니다. 곤충은 몸속에 짜여진 계획에 따라 일정한 생리적 과정을 겪고 나서야 비로소 휴면에서 깨어날 수 있습니다. 이때 곤충들은 외부 환경의 변화에 맞추어 깨어나 활동합니다.

곤충은 휴면에 들어가기 전에 곰이 하는 것처럼 부지런히 식사해서 몸속에 영양분을 축적합니다. 그런 뒤 휴면이 시작되면 신기하게도 몸속에서는 '절약의 미덕'이 싹틉니다. 실제로 몸속에서 산소가 적게 사용되고 물질대사가 활발히 일어나지 않아서 기본 대사율도 낮아지며, 생식기능이 잠시 중단되거나 억제되어 번식할 수 없습니다. 다시 말하면 이때는 일단 성장은 멈춰 현상 유지를 하고 추위를 이겨야 하니, 지방을 비축하고 몸속의 수분을 줄여 극단적인 상황에 잘 적응할 수 있게 몸 상태를 만듭니다.

이를테면 많은 곤충들은 칼바람 부는 겨울 추위를 이겨 내기 위해 글리세롤을 몸속에 비축합니다. 글리세롤은 자동차로 치자면 부동액인 폴리에틸렌, 글리콜과 비슷한 물질인데, 어는 것을 어느 정도 막아 주는 역할을 합니다. 몸속에 글리세롤이 많으면 자연스레 세포의 어는점이 훨씬 낮아집니다. 심지어 어떤 곤충들은 글리세롤을 비축하는 것으로도 모자라 세포 속에 얼음 결정이 생겨도 얼어 죽지 않게 해 주는 화학 물질을 만듭니다. 그러면 겨울 동안 몸의 90퍼센트까지 단단하게 얼었다가도 이듬해 따뜻한 봄이 되면 무사히 언 몸을 녹일 수 있습니다. 그래서 곤충은 살기 힘들 것만 같은 극한 상황에서 살아남을 수 있는 것이지요. 생각할수록 곤충은 위대합니다.

휴면은 종에 따라 알, 애벌레, 번데기 또는 어른벌레 시기에 일어납니다. 같은 나비목에 속해 있다고 하더라도 부전나비과는 알로, 세줄나비류는 애벌레로, 호랑나비과는 번데기로, 네발나비나 뿔나비는 어른벌레로 겨울을 납니다. 딱정벌레목 곤충들의 휴면은 주로 애벌레 또는 어른벌레 시기에 일어나며 알이나 번데기 시기에는 드물게 일어납니다. 무당벌레과 거의 모든 종들은 어른벌레로 겨울잠을 잡니다. 반면에 풍뎅이류는 대부분 애벌레로 겨울을 나는데, 늦가을과 초봄에 어른벌레로 활동하는 종들은 어른벌레로 겨울잠을 잡니다. 특이하게 번데기에서 어른벌레로 날개돋이 한 직후에 번데기의 허물 속에서 곧바로 휴면에 들어가는 종도 가끔 있습니다. 길앞잡이류가 대표적인 예입니다. 우리나라에서 사는 길앞잡이도 이미 가을에 어른벌레로 변신하지만 밖으로 나와 활동하지는 않고 그대로 번데기 허물 속에서 지내다 이듬해 봄이 되면 번데기에서 벗어나 땅 위로 나옵니다.

또한 알의 발육에는 낮의 길이가 영향을 많이 준다고 알려졌습니다. 일장조건의 영향은 오랜 기간 동안 먹잇감의 존재 여부, 산란 조건과 애벌레의 성장조건과 맞물려 나타납니다. 만일 이런 조건들이 좋지 않으면 곤충은 휴면 상태로 들어가 성장을 멈춥니다. 이때 어른벌레의 경우엔 몸속에 있는 알이 발육되지 않습니다. 여름에서 가을 사이에 낳은 메뚜기류의 알은 겨우내 알의 발육이 일어나지 않습니다.

① 필수휴면과 조건휴면

휴면에는 필수휴면과 조건휴면이 있습니다. 필수휴면은 모든 개체에서 거의 일정하게 일어나는 의무적인 휴면이고, 조건휴면은 부적합한 환경에 맞닥뜨린 특정한 세대에서만 일어납니다.

필수휴면(obligatory diapause)은 한살이가 1년에 한 번만 돌아가는 곤충들에게서 주로 일어납니다. 1년 1세대 곤충들은 환경 조건에 관계없이 특정한 발육단계에 도달하면 모든 개체가 휴면에 들어갑니다. 이를테면 사마귀와 매미나방은 1년에 한살이가 한 번 돌아가는데 가을이 되면 알을 낳습니다. 사마귀와 매미나방의 모든 개체는 알로 겨울잠을 잡니다.

반면에 조건휴면(facultative diapause)은 한살이가 1년에 두 번 또는 그 이상 돌아가는 곤충들에게 일어납니다. 1년 2세대 이상의 곤충들은 세대에 따라 변온동물로서 감당할 수 없는 환경과 마주할 수 있는데, 부적합한 환경에 맞닥뜨린 세대 개체만 휴면에 들어갑니다. 조건휴면이 일어나게 만드는 원인은 온도, 먹잇감의 상태, 수분이나 낮의 길이, 그 밖에도 여러 가지가 있습니다. 그 가운데 뭐니 뭐니 해도 겨울 또는 여름이 온다는 것을 미리 알려 주는 낮의 길이가 가장 정확합니다. 곤충들은 자신이 생활하고 있는 시기(임계 일장)보다 낮의 길이가 짧아지거나 길어질 경우 휴면에 들어갑니다. 겨울잠을 자는 종은 낮의 길이가 짧아지면 휴면 준비를 할 테고, 여름잠을 자는 종은 낮의 길이가 길어지면 휴면 준비를 할 것입니다.

② 휴면발육

환경 조건 때문이 아니더라도 반드시 일정 기간 겨울잠이나 여름잠과 같은 휴면을 해야 성장발육을 할 수 있는 휴면발육도 있습니다. 이때 휴면에 들어가는 종들은 준비 기간에 미리 여러 가지 생리적 변화를 일으켜 휴면을 위한 만반의 준비 태세를 갖춥니다. 부지런히 식사해 탄수화물과 지방 같은 필수 영양소를 몸속에 저장하고, 표피층에 왁스층을 분비하거나 색소를 이동시켜 몸 색깔을 바꾸기도 합니다.

③ 생식휴면

생식휴면은 어른벌레가 일정 기간 휴면을 해야 알을 낳을 수 있는 걸 말합니다. 대표적인 예로 오리나무잎벌레를 들 수 있습니다.

오리나무잎벌레는 여름에 날개돋이를 합니다. 어른벌레는 오리나무 잎을 먹으며 약 보름 정도 영양을 보충한 다음 8월 말쯤 땅속으로 다시 들어가 잠을 잡니다. 곤충의 휴면 기간은 보통 짧은 편입니다. 하지만 오리나무잎벌레의 어

오리나무잎벌레는 일정 기간 동안 휴면을 취해야 난소가 발육하여 알을 낳을 수 있다.

른벌레는 여름에 휴면에 들어가면 거의 아홉 달 동안이나 땅속에 있습니다. 이 기간 동안에는 오리나무잎벌레 암컷의 몸속에 있는 알이 전혀 발육하지 않습니다. 그래서 오리나무잎벌레의 휴면을 '생식휴면'이라고도 합니다.

또한 오리나무잎벌레는 휴면 기간 동안 외부 환경이 어떻게 변화하든 전혀 영향을 받지 않습니다. 말하자면 오리나무잎벌레의 발달 단계에서 꼭 휴면을 하도록 생체리듬이 짜여 있는 것입니다.

2. 곤충의 소통

곤충은 서로 소통합니다. 사람이 사용하는 문자가 없다 뿐이지 냄새, 소리, 시각, 청각 같은 여러 감각기관을 총동원해서 그들만의 대화를 주고받습니다. 곤충들의 대화는 복잡하지 않고 단순한 편입니다. 대화는 주로 짝을 찾을 때 집중적으로 나누고, 때로 경계하거나 위협할 때도 행동으로 의사를 표현합니다. 곤충의 의사 표현 방식 가운데 연구가 많이 이루어진 것은 냄새(후각), 소리(청각) 대화와 빛(시각)의 대화입니다. 이들에게 있어 최고의 배우자 조건은 향이 좋아야 하고 노래를 잘 불러야 하며 불빛 신호를 잘 쓸 줄 아는 것입니다.

모든 곤충들이 소리 대화를 하는 것은 아니지만, 메뚜기류나 매미과처럼 청각기관이 발달한 종들은 배우자를 찾거나, 경고음을 내거나, 또는 자기 영역을 표시하기 위해 소리로 대화합니다. 수컷 귀뚜라미는 앞날개(겉날개)에 붙어 있는 발음기관을 서로 비벼 아름다운 소리를 내고, 수컷 매미는 배 부분의 진동막을 수축시켜 우렁찬 소리를 냅니다. 또한 멸구나 강도래류는 풀줄기나 바위를 톡톡 두드리거나 치며 소리를 냅니다.

곤충들에겐 소리뿐만 아니라 빛도 훌륭한 대화 수단입니다. 파리목과 딱정벌레목 일부 종들은 몸에서 직접 빛을 내며 대화합니다. 사람으로 치면 불빛으로 문자를 쓰는 것이지요. 대표적인 예로 반딧불이의 아름다운 불빛 대화를 들 수 있습니다. 반딧불이 암컷과 수컷들은 불빛을 깜빡깜빡하며 서로 맘에 드는 짝을 찾습니다. 뿐만 아니라 곤충들의 대화방식에 페로몬은 빼놓을 수 없지요.

이제부터 곤충들이 어떻게 대화를 나누는지 자세히 살펴보겠습니다.

운문산반딧불이의 궤적

(1) 불빛으로 소통하는 곤충

수로 따져 보면 지구에는 불빛을 내는 곤충이 그리 많지는 않습니다. 파리목, 반딧불이과, 방아벌레하목 일부나 반딧벌레과(*Phengodidae*) 따위로 손에 꼽을 만큼 적습니다.

뉴질랜드 여행 필수 코스인 와이토모 지방의 '반딧불 동굴'에서는 반딧불이가 아니라 파리목 곤충들이 불빛을 내며 삽니다. 우리나라에서는 반딧불 동굴이라고 부르지만, 반딧불 동굴의 원래 이름은 와이모토 글로우웜 동굴(Waitomo Glowworm Caves)입니다. 글로우웜은 반딧불이를 포함한 넓은 의미로 '불빛을 내는 애벌레'라는 말입니다. 깊은 동굴의 천장에 실을 길게 늘어뜨린 애벌레들이 영명한 푸른빛을 내며 끝없이 박혀 있습니다. 그 모습이 마치 투명하고 새까만 하늘에 수많은 일등성 별들을 수놓은 것처럼 보여 할 말을 잃었다가 이내 감탄사가 절로 터져 나옵니다. 나룻배 같은 자그마한 조각배를 타고 동굴 속 자그마한 호수를 건너며 동굴 벽과 천장에 보석처럼 온통 뒤덮인 불빛을 보자면 천상세계에 들어선 것 같은 느낌이 듭니다. 햇빛이라곤 전혀 들지 않는 이 신비로운 동굴에 사는 불빛 곤충은 파리목 애벌레, 즉 구더기입니다. 구더기는 9개월 정도 살다 번데기를 거쳐 어른벌레가 되는데, 어른벌레는 주둥이가 퇴화되어 먹지 않고 오로지 번식만 마친 뒤 죽습니다. 하지만 애벌레는 햇빛이 들어오지 않는 척박한 동굴 속에서 먹고 살아야 하기 때문에 특수한 방법을 이용해 먹이 사냥을 합니다. 애벌레들이 선명한 불빛을 내며 실을 기다랗게 늘어뜨리면 자신이 낸 불빛을 향해 동굴 속 곤충들이 날아오다 늘어진 끈끈한 실에 걸립니다. 그러면 애벌레들은 실에 걸린 먹이에 주둥이를 꽂은 채 체액을 빨아 먹습니다.

반딧벌레과 가운데에는 우리나라에는 없는 철도벌레가 있습니다. 남아메리카에 사는 철도벌레(*Phryxothirx* sp.)는 애벌레인데, 양쪽 옆구리에서 녹색 불빛 열한 쌍이 나며 머리에도 붉은 불빛 두 쌍이 납니다. 녀석들이 땅 위를 기어갈라치면 그 모습이 마치 불을 환히 켜고 밤길을 달리는 기차같이 보입니다. 그래서 철도벌레란 별명이 생겨났지요. 반면에 멕시코에 사는 반디방아벌레(*Pyrophorus* sp.)는 머리 바로 뒷부분에서 녹색 불빛 두 쌍이 나고 배 부분에서 주황색 불빛이 납니다. 이 불빛은 반딧불이의 불빛과 용도가 같은 걸로 여겨집니다.

반딧불이과들은 대개 암컷과 수컷이 사랑의 교신을 하느라 배 끝에서 불빛을 찬란하게 냅니다. 종마다 불빛 신호를 다르게 내는데, 암컷과 수컷이 서로 불빛으로 교신하는 방법은 네 가지로 나눌 수 있습니다.

- **제1형 피알(PR)형**

늦반딧불이의 신호 방식입니다. 늦반딧불이는 우리나라 반딧불이 가운데 가장 크고 늦여름에 나오는 녀석입니다. 수컷은 불빛을 연속적으로 길게 깜박이며 날다가 땅 위에 있는 암컷이 깜박이는 불빛에 이끌려 가까이 다가갑니다. 하지만 아주 가까이 이르면 그다음부터는 암컷이 풍기는 페로몬 냄새에 이끌려 짝짓기에 성공합니다.

- **제2형 엘씨(LC)형**

일본반딧불이(*Luciola cruciata*)의 신호 방식입니다. 수컷이 날면서 신호를 보내면 암컷이 이를 인식하여 반응 신호를 보냅니다. 그러면 수컷이 이를 알아차리고 암컷에게 다가갑니다.

늦반디불이 애벌레가 배꽁무니의 발광기관에서 불빛을 내고 있다.

늦반딧불이 어른벌레도 배꽁무니의 발광기관에서 불빛을 낸다.

운문산반딧불이 수컷은 배꽁무니에 발광기관이 있다.

운문산반딧불이가 발광기관에서 불빛을 내고 있다.

• **제3형 에이치피(HP)형**

운문산반딧불이의 신호 방식입니다. 운문산반딧불이는 대개 밤 9시 이후에 활동하는데, 특이하게 운문산반딧불이 수컷은 합동 작전을 펼칩니다. 수컷 여러 마리가 함께 날면서 동조해서 불빛을 깜박깜박 내면 땅 위의 암컷은 이에 응답하며 반응 불빛을 깜박깜박 쏘아 올립니다. 여러 수컷들 가운데 암컷의 신호를 받은 수컷만이 암컷에게 다가갑니다.

• **제4형 엘엘(LL)형**

애반딧불이의 신호 방식입니다. 애반딧불이의 수컷이 날면서 깜박깜박 불빛을 내면 이를 인식한 암컷은 확실하게 불빛을 냅니다. 암컷의 불빛을 보고 접근한 수컷과 암컷은 서로 똑같은 불빛신호를 내며 짝짓기 전 발광을 계속합니다.

이 밖에도 인도네시아나 말레이시아 등에서 사는 깜박이반딧불이과 *Pteroptyx* sp. 수컷들은 여러 마리가 모여 날면서 놀라울 정도로 파격적인 불빛 동조 현상을 보입니다. 수컷 한 마리가 날기 시작하면 동료들이 덩달아 불빛을 내며 나는데, 이때 녀석들의 불빛이 마치 크리스마스 트리의 깜박등처럼 동시에 불이 켜졌다 꺼지는 것처럼 보입니다. 반딧불이 수천 마리가 한 그루의 나무 또는 근처의 몇 그루에 모여들어 몇 시간씩 때로는 며칠 밤 동안 불빛을 계속 낸다 하니 생각만 해도 신비롭습니다. 이런 불빛 동조 현상이 왜 일어나는지 정확한 까닭은 알 수 없지만 숨 막힐 만큼 신비한 광경입니다. 다만 전문가들은 수컷들이 협동하며 불빛을 내는 것을 암컷의 눈에 확 띄게 하기 위한 행동으로 생각하고 있습니다.

(2) 소리로 소통하는 곤충

노래를 잘 부르는 곤충이라 하면 누구나 금방 매미나 귀뚜라미를 떠올립니다. 이 녀석들은 맘에 드는 짝을 찾을 때 꼭 소리를 냅니다. 물론 소리는 수컷이 내고, 암컷은 수컷이 내는 소리에 이끌립니다. 곤충들은 보통 성페로몬을 이용해 짝을 찾지만 여치류나 매미류는 소리를 이용해 짝을 찾는 쪽으로 진화했습니다. 우리나라에 사는 매미류 가운데 약 15종이 노래를 부를 줄 알고, 메뚜기류는 자그마치 100여 종이 노래를 부릅니다.

매미는 배 부분에 붙어 있는 근육이 빠르게 수축이완을 반복하면서 배 속의 공기를 진동시켜 관악기를 연주하듯 소리를 내고 귀뚜라미나 여치는 앞날개 두 장을 마주 비벼 현악기를 연주하듯이 소리 냅니다. 강도래목은 바위나 돌멩이 같은 곳에 북 치듯 몸을 치며 구혼장을 날립니다. 딱정벌레목에도 소리를 내는 곤충이 약 50과 있는데, 짝짓기용보다는 경고용이나 경쟁 회피용으로 여겨집니다. 하늘소는 건들면 '찌익' 소리를 냅니다. 앞가슴등판이 가운데가슴등판 쪽으로 움직이면서 가운데가슴등판 앞쪽에 있는 줄판을 가로지를 때 소리가

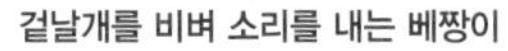
겉날개를 비벼 소리를 내는 베짱이

날개를 비벼 소리를 내는 긴꼬리

납니다. 또한 멸종위기종 수염풍뎅이도 몸통을 잡으면 '끼익끼익' 경고음을 내며 어떤 나방 애벌레도 방어 수단으로 소리를 냅니다. 날개가 퇴화한 비늘귀뚜라미(*Ectatoderus* sp.)는 자기 배를 바닥에 두드려 타악기 같은 소리를 냅니다. 흰개미나 다듬이벌레들도 특별한 기관 없이 머리나 배를 벽이나 바닥에 두드려 소리 냅니다.

대개 수컷이 소리를 내어 짝을 찾지만, 멸구류나 매미충류는 첫째 배마디에 진동막이 발달한 암컷이 소리를 낸다고 합니다. 소리 내는 곤충들의 조상이 누군지, 어떤 과정을 거쳐 소리를 내게 되었는지는 앞으로 밝혀야 할 숙제입니다. 수많은 생물들의 습성은 우리가 상상하지 못할 만큼 다양하고, 단지 우리는 매우 조금만 알고 있을 뿐입니다.

① 노래하는 우리나라 메뚜기류

곤충계의 명가수는 뭐니 뭐니 해도 메뚜기목 곤충입니다. 우리나라에서 사는 메뚜기류는 모두 170여 종 정도인데 이들 가운데 노래하는 종은 100종 정도 됩니다. 가을이면 떠오르는 귀뚜라미류를 비롯해 여치, 베짱이, 실베짱이, 매부리, 쌕쌔기, 긴꼬리, 땅강아지, 방울벌레, 삽사리 말고도 많은 종들이 소리 내어 대화합니다.

• 메뚜기의 여러 가지 소리

메뚜기는 왜 노래할까요? 자기 영역을 침입했을 때 소리를 내 위협할 때도 있지만, 가장 큰 까닭은 맘에 꼭 드는 짝을 유혹하기 위해서입니다. 즉, 암컷의 마음을 사기 위해 세레나데를 부르는 것이지요. 수컷이 노래를 부르면 암컷이 노랫소리를 듣고 수컷을 찾아갑니다. 종마다 특징적인 주파수와 리듬을 갖고 있기 때문에 자신만의 고유한 소리를 내니 잡종이 생길 염려가 없습니다. 재미있게도 짝짓는 과정에서 구애할 때, 짝을 부를 때, 짝짓기 할 때 내는 소리가 조금씩 다릅니다.

소리는 시각 통신이나 냄새 통신에 견주어 깜깜한 곳이나 멀리 뚝 떨어진 곳에서도 짝의 존재를 파악할 수 있습니다. 암컷은 굳이 맞선을 보지 않고 소리만으로도 상대 수컷의 상태를 파악할 수 있습니다. 그래서 우렁차고 정력적으로 노래하는 수컷에게는 암컷들이 몰려 문전성시를 이루고, 노래를 잘 못하는 수컷에게는 거의 찾아가지 않습니다. 그러다 보니 어떤 녀석은 노래는 하지 않고, 노래 잘하는 수컷 가까이 맴돌다가 그 수컷에게 다가가는 암컷을 가로채 짝짓기 합니다.

메뚜기류는 짝을 유혹하는 구애음(courting song) 말고도 다른 용도로 소리를 냅니다. 평소에 자신의 동료끼리 내는 소리는 유인음(calling song)이고, 옆에 다른 수컷이 내는 소리는 경쟁음(aggressive song)입니다. 유인음은 메뚜기류가 내는 가장 일반적인 소리로, 자기 공간을 주장하면서 동시에 멀리 떨어진 암컷의 마음을 사로잡기 위해 냅니다. 구애음과 경쟁음은 단편적이라 가끔 헷갈려 구별하기 힘들 때도 있습니다. 하지만 암컷과 짝짓기를 하고 있을 때 내는 구애음은 뭔가 속삭이는 것처럼 부드럽습니다. 반면에 경쟁음은 수컷끼리 싸우는 소리이므로 다소 신경질적이며 날카롭고 큽니다.

한편 노랫소리는 같은 종이라 하더라도 온도에 따라 조금씩 달라지는데, 낮은 온도에서는 조금 천천히 노래하고 높은 온도에서는 빠르게 노래합니다. 또한 밤과 낮의 습도 차이로 마찰음에 변화가 생기기도 합니다. 또한 한 마리가 노래할 때와 여러 마리가 노래할 때 약간 다른 소리 패턴을 보이기도 합니다. 보통 여러 마리가 노래하면 자기 소리가 더 잘 들리도록 서로서로 일정한 간격을 유지하며 번갈아 노래하는 경향이 있습니다.

• 메뚜기가 소리 내는 방법

메뚜기들은 앞날개끼리 또는 앞날개와 다리를 비벼서 소리를 냅니다. 다시 말해, 몸 어딘가에 마찰 기구가 있습니다. 이 마찰 기구가 어디에 있느냐에 따라 메뚜기목을 크게 메뚜기아목과 여치아목으로 나눕니다.

우선 메뚜기아목은 보통 앞날개와 뒷다리를 서로 비벼서 소리 냅니다. 종에 따라 빨래판 같은 마찰 기구가 넓적다리마다 안쪽 가장자리에 있기도 하고, 앞날개에 있기도 합니다. 6월쯤부터 낮에 노래하는 삽사리는 뒷다리 안쪽에 마찰돌기를 지니고 있고, 풀무치는 앞날개에 거친 마찰판이 있습니다. 마찰 기구가 어디 있든 메뚜기아목은 앞날개와 뒷다리를 비벼 소리를 냅니다. 날면서 날개끼리 서로 맞부딪쳐 소리를 내는 종도 있습니다. 방아깨비 수컷은 날 때 뒷날개와 앞날개를 부딪쳐 '따다다닥' 소리를 냅니다. 낙엽 더미에서 많이 보이는 모메뚜기는 특별한 소리 기관이 없는데도 떠는 소리(vibration)를 냅니다. 녀석은 낙엽을 붙잡고 있는 다리를 흔들어 신호음을 내는데, 이 소리는 사람 귀에는 잘 들리지 않습니다.

여치아목은 앞날개 두 장을 살짝 쳐들고 서로 비벼 소리를 냅니다. 여치나 베짱이는 왼쪽 앞날개 아래에 있는 마찰판에 오른쪽 앞날개 가장자리를 쓱쓱 비벼 소리를 내고, 귀뚜라미는 이와 반대로 오른쪽 앞날개 아래에 있는 마찰판에 왼쪽 앞날개 가장자리를 쓱쓱 비벼 소리를 냅니다. 앞날개의 한쪽에는 투명하고 얇은 거울판(경판, mirror)이 있습니다. 거울판은 날개맥의 구조적인 변화로 생겨났습니다. 날개를 비빌 때면 날개가 약간 부푸는데, 이때 거울판에 소리가 모여 원래 소리보다 더 크게 증폭됩니다. 거울판이 확성기인 셈입니다. 놀랍게도 집 앞 공터에서 울어대는 귀뚜라미는 초당 4,000~5,000회 진동으로 노래를 부릅니다. 물론 암컷이 수컷의 영역 안에 들어와 은밀한 구애의 시기가 시작되면 소리는 더욱 높아집니다.

② 곤충의 귀는 어디에 있을까

소리를 들으려면 귀가 있어야 합니다. 메뚜기목 곤충들은 귀 역할을 하는 고막을 가지고 있습니다. 메뚜기아목은 뒷다리 위쪽인 첫째 배마디에, 여치아목은 앞다리의 종아리마다 안쪽에 고막 두 쌍이 있습니다. 물론 이 고막은 암컷,

팔공산밑들이메뚜기 암컷 메뚜기류의 고막은 첫 번째 배마디 양 옆구리에 있다.

수컷 모두에게 있습니다.

우선 메뚜기아목의 귀는 첫째 배마디 양 옆구리에 있는데, 날개가 긴 종은 날개가 고막을 덮고 있기 때문에 날개를 들어 올려야 볼 수 있습니다. 반면에 밑들이메뚜기류처럼 날개가 퇴화된 종의 고막은 노출되어 맨눈으로도 잘 보입니다. 이들 모두 얇은 고막 안쪽으로 청신경이 연결되어 있습니다.

앞서 말한 것과 같이 여치아목의 귀는 모두 네 개입니다. 앞다리마다 고막이 두 개씩 있기 때문입니다. 설사 암컷이 앞다리 한쪽을 잃어도 노래 부르는 수컷의 위치를 알아차릴 수 있습니다. 다리 한쪽이 없다 해도 소리가 들리는 방향을 확인하는 데는 아무 지장이 없습니다.

메뚜기목 곤충 가운데 비록 소리는 내지 못하지만 고막을 지닌 종도 있습니다. 밤나방류도 소리를 내지 않지만 고막이 있어서 천적인 박쥐의 초음파를 감지할 수 있습니다. 물론 나방의 청각은 크게 예민하지는 않습니다. 밤나방의 귀는 소리에 반응하는 두 개의 감각세포로 이루어져 있어, 하나는 시끄러운 소리에 나머지는 나지막한 소리에 반응합니다. 박쥐가 멀리 떨어져 있을 땐 나지막

한 소리가 들리고, 박쥐가 가까이 있을 땐 시끄러운 소리가 들립니다. 시끄러운 소리는 위급경보이기 때문에 나방들은 불규칙적으로 날며 몸을 숨기거나 식물 속으로 뚝 떨어져 박쥐의 초음파 추적을 피해야 합니다.

모기는 더듬이에 귀가 있습니다. 모기 수컷의 더듬이는 자모상으로 동물의 피 냄새에는 전혀 관심이 없고 암컷이 날갯짓하는 소리에만 반응합니다. 암컷 모기의 웅웅거리는 날갯짓 소리는 수컷의 귀에는 너무도 매혹적인 세레나데인 셈입니다.

③ 곤충은 어디서 울까

매미아목 곤충들은 주로 나무줄기나 가지에 붙어 소리를 냅니다. 중베짱이과 또한 나무줄기 위에서 주로 노래를 합니다. 철써기, 베짱이, 풀종다리와 긴꼬리 같은 여치아목 곤충들은 주로 낮은 덤불 속이나 풀밭에서 노래를 부릅니다. 긴꼬리는 주로 풀잎 두 장이 겹친 곳에 앉거나 칡잎 같은 구멍 뚫린 넓은 잎에 머리를 내밀고 노래합니다. 긴꼬리의 특이한 행동은 소리를 크게 증폭시키기 위해서입니다. 방울벌레는 주로 풀숲 아래에 숨어서 노래합니다. 귀뚜라미과 수컷은 돌 밑에 작은 굴을 파고 들어가 노래하고, 땅강아지는 아예 깊은 땅굴 속에서 노래합니다.

④ 곤충은 언제 울까

초여름이면 매미아목 곤충들이 노래하기 시작하고, 여름에서 초가을로 접어들면 여치아목 곤충들이 노래하기 시작합니다. 하지만 어른벌레 모습으로 겨울잠을 자는 꼬마여치베짱이와 좀매부리는 봄부터 노래합니다. 매미류나 삽사리나 애메뚜기 같은 메뚜기아목은 주행성이라 낮에 노래를 하는데, 보통 해가 뜬 뒤 온도가 올라가는 오전 무렵에 소리를 잘 냅니다. 야행성인 여치아목은 주로 밤에 소리를 내는데, 재밌게도 해가 진 뒤부터 오밤중이 되기 전 밤 8~10시쯤 신나게 노래를 부릅니다.

물론 종이나 개체에 따라 아무 때나 노래를 부르는 경우도 많습니다. 생태계

주로 밤에 우는 여치아목 베짱이 수컷

에서 정답은 없으니까요. 이를테면 갓 어른벌레가 된 녀석들은 조심성이 많아 위험하면 곧바로 노래를 멈추기도 하고, 죽을 때가 다가온 녀석들은 위험한 기척이 있는데도 노래를 부르기도 합니다.

(3) 냄새로 소통하는 곤충

곤충을 비롯한 동물은 여러 가지 화학 물질을 이용하여 정보를 주고받습니다. 몸속에서 만들어지는 이 화학 물질에는 대표적으로 호르몬과 페로몬이 있습니다. 호르몬은 내분비샘에서 만들어져 혈액을 타고 몸속 조직으로 운반되는데, 아주 작은 양으로도 생리작용에 큰 기여를 합니다. 반면에 페로몬(pheromone)은 몸속에서 만들어져서 몸 밖으로 분비되어, 같은 종끼리 통신하는 데 중요한 역할을 합니다. 호르몬과 마찬가지로 페로몬은 아주 적은 양으로도 효과적인 역할을 합니다. 꿀벌, 개미, 말벌이나 흰개미 같은 사회성 곤충들은 페로몬으로 둥지 속에 있는 다른 종과 자기 동료를 구분할 수 있습니다. 더구나 흰개미들이 계급을 정하는 데 페로몬이 큰 역할을 하고, 개미와 벌의 계급 결정에도 페로몬이 어느 정도 역할을 합니다. 어찌 보면 페로몬은 사회성 곤충의 집단을 형성하고 유지하기 위한 첫 번째 원동력이라 해도 틀린 말은 아닙니다. 현재까지 곤충의 페로몬 특성에 대한 연구가 많이 되어 있어 다양한 분야에서 응용하고 있습니다.

보통 페로몬은 페로몬 자극에 대한 곤충의 반응에 따라 행동유기페로몬과 생리변화페로몬으로 나눌 수 있습니다.

① 행동유기페로몬(releaser pheromone)

행동유기페로몬은 페로몬 냄새를 맡은 개체가 즉각적으로 반응하여 행동을 변화시키는데, 성페로몬, 집합페로몬, 경보페로몬과 길잡이페로몬이 이에 속합니다.

• 성페로몬

성페로몬은 짝짓기 할 때 같은 종을 알아차리게 하는 페로몬으로 성분의 혼합비율이 종마다 다릅니다. 가장 종류가 많고 잘 연구된 페로몬으로, 장거리 및 단거리에서 암컷과 수컷이 만날 수 있도록 해 주는 성유인제라 할 수 있습니다. 대개 암컷이 성페로몬을 방출하여 수컷을 유인하지만, 몇몇 종은 수컷이 방출하기도 합니다. 나비목과 딱정벌레목에서 많이 발견됩니다.

암컷이 성페로몬 냄새를 풍기면 수컷이 이 페로몬 냄새를 맡고 페로몬의 근원지 쪽으로 걷거나 날아갑니다. 근원지에 도착하면 드디어 짝짓기 작업에 들어갑니다. 물론 짝짓기를 할 때 페로몬 감각 말고도 가까운 거리에 있을 때는 시각, 촉각 및 청각도 역할을 합니다. 실제로 일부 곤충에서는 암수가 성페로몬이나 시각 따위를 이용하여 일단 만나면 제2의 성페로몬인 교미자극페로몬(aphrodisiac)의 영향으로 짝짓기 작업에 들어갑니다. 보통 성페로몬에 이끌려 온 수컷이 암컷에게 다가와 교미자극페로몬을 분비합니다. 그다음 암컷이 더듬이로 수컷의 몸을 살피고는 짝짓기를 합니다. 교미자극페로몬은 보통 수컷의 가는털뭉치(hair pencil)에서 나옵니다. 이 밖에도 밤나방과, 명나방과, 불나방과와 배추흰나비과 같은 나비목 곤충들도 배꽁무니에 있는 발향털뭉치(scent brush)와 날개에 있는 발향인(androconia), 배 부분에

성페로몬 큰이십팔점박이무당벌레 암컷이 성페로몬을 풍기자 주변에 있는 수컷들이 찾아왔다.

집합페로몬 고오람왕버섯벌레들이 균사체에 모여 식사하고 있다.

있는 가는털뭉치에서 페로몬을 방출합니다. 오묘한 냄새 물질인 성페로몬은 공기를 통해 확산되며 바람을 타고 떠다닙니다.

- **집합페로몬**

집단생활과 밀접한 관계가 있는 페로몬으로, 먹이나 좋은 서식지를 발견할 때 방출합니다. 이 페로몬은 곤충이 집단을 이루며 번식과 방어를 할 때 유용하게 쓰입니다. 바퀴는 집단생활을 함으로써 성장속도나 생존율을 높입니다. 또 나무좀이나 저장 해충류는 먹이를 찾을 때 집단으로 행동합니다. 이러한 경우에 집합페로몬이 분비됩니다.

- **경보페로몬**

집합생활을 하는 곤충들이 적에게 공격을 당하거나 위험해지면 방출하는 페로몬입니다. 이 페로몬이 분비되면 분산, 집합 또는 방어 공격 같은 여러 가지 반응을 보입니다. 꿀벌, 개미, 흰개미 같은 사회성 곤충에서 주로 발달하고, 어느 정도 집단생활을 하는 가루응애류(배 등면의 기름샘에서 분비), 진딧물류(뿔관에서 분비), 뿔매미과, 빈대과와 노린재과 같은 일부 노린재목(애벌레는 배의 등쪽, 어른벌레는 가슴의 등쪽 샘에서 분비)에서 활용합니다. 경보페로몬이 방출되면 보통 분산되지만, 알과 유충을 보호하는 일부 노린재목(뿔노린재과) 어른벌레는 오히려 공격 자세를 취하기도 합니다.

꿀벌이나 개미 같은 사회성 곤충이나 복숭아혹진딧물처럼 집단을 형성하는 곤충들의 경우, 경보페로몬에 접한 곤충들은 동료를 불러 모아서 머리를 들고 큰턱을 벌려 공격 자세를 취합니다. 사회성 곤충의 경보페로몬은 큰턱샘과 독샘에서 분비됩니다. 하지만 모여 살더라도 비사회성 곤충에 속하는 애벌레들이라면 경보페로몬에 노출되었을 때 바로 흩어집니다.

- **길잡이페로몬**

개미나 흰개미 같은 사회성 곤충이 먹이 장소를 자신의 동료들에게 알리기 위

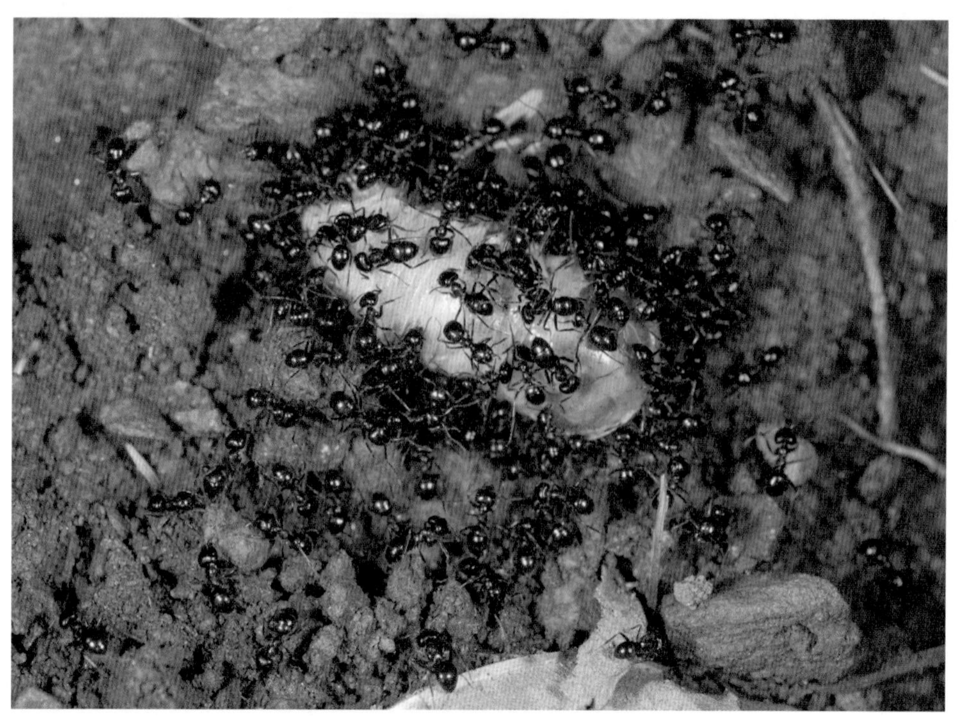

집합페로몬 개미 떼들이 몰려와 검정꽃무지 애벌레를 끌어가려 하고 있다.

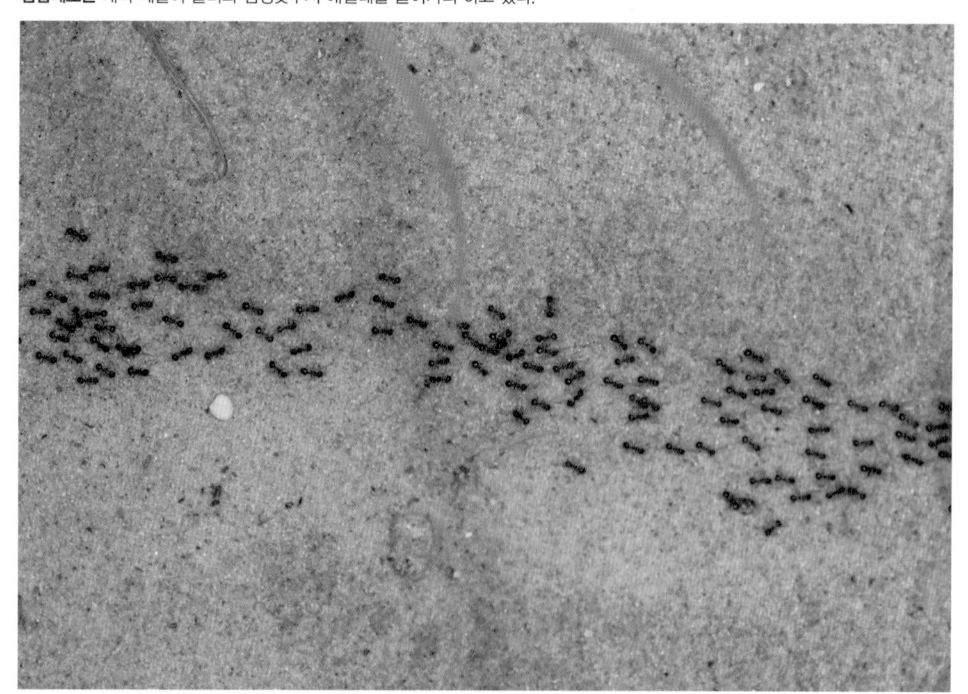

길잡이페로몬 개미 떼가 줄지어 이동하고 있다.

해 방출하는 페로몬입니다. 심지어 개미는 먹이 장소뿐만 아니라 세력권을 놓고 경쟁하거나 사냥할 때도 길잡이페로몬을 방출합니다. 일반적으로 길잡이페로몬 성분들은 휘발성이 비교적 적어 지속성이 유지됩니다. 얼마나 많은 개체가 이 페로몬을 같은 통로에 분비하느냐에 따라 지속성이 달라집니다. 텐트나방류(*Malacosoma americanum*) 애벌레는 먹이식물로 이어지는 길목에 쳐 놓은 실 속에 길잡이페로몬을 분비하여 더 많은 수의 애벌레들을 끌어모읍니다.

② 생리변화페로몬(primer pheromone)

생리변화페로몬은 페로몬을 맡은 개체의 생리적 변화를 일으켜 형태나 행동을 변화하게 합니다. 대표적으로 계급 분화에 관여하는 벌의 여왕물질이 있습니다.

여왕벌은 혼인비행을 끝낸 뒤에는 알 낳는 일만 합니다. 녀석은 벌통 안에서 여왕물질을 계속 내뿜으면서 암컷인 일벌들의 난소 발육을 억제합니다. 여왕물질이 생리변화페로몬 역할을 하는 것입니다. 그러나 여왕이 늙거나 집단의 크기가 너무 커져서 여왕물질의 농도가 너무 낮아지거나 여왕벌이 죽어서 아예 여왕물질이 사라지면 일벌들은 새로운 왕대(여왕벌을 기르는 벌집)를 만듭니다. 그러고는 그곳에 어린 애벌레를 옮겨 온 뒤 로열 젤리를 먹여 여왕벌을 탄생시킵니다.

3. 곤충의 방어 전략

지구에 사는 모든 생물은 자신을 잡아먹는 포식자가 있습니다. 먹이그물의 아래 단계에 있는 곤충 주변에도 늘 포식자가 들끓습니다. 그래서 곤충들은 알을 많이 낳습니다. 하지만 대개 한살이를 다 마치기도 전에 죽습니다. 천신만고 끝에 살아남은 어른벌레는 대를 잇기 위해 고군분투하지만 천적들이 주변에 들끓습니다. 그래서 어른벌레는 알을 낳을 때까지 살아남기 위해 포식자를 피할 여러 방어 전략을 씁니다. 곤충은 여느 동물에 비해 몸집이 작기 때문에 나름 포식자를 따돌리는 작전을 쓸 줄 압니다.

어떻게 하면 포식자의 눈을 따돌릴 수 있을까요? 곤충은 포식자를 포함해 주변 자연환경에 적응하면서 가짜로 죽는 녀석, 토하는 녀석, 몸에 가시돌기를 지닌 녀석, 잎이나 줄기를 닮은 녀석, 동물의 똥이나 나무껍질을 닮은 녀석, 자기 똥과 허물을 뒤집어쓰는 녀석, 경고색을 띠는 녀석, 독 물질을 만드는 녀석, 자기보다 힘센 곤충을 흉내 내는 녀석처럼 다양한 방식으로 스스로를 지키며 살아가고 있습니다. 곤충들이 위험을 이겨 내고 자신을 지키려는 묘책 가운데 일반적인 생존 전략과 특정 종에서만 볼 수 있는 특이한 방어 전략을 정리하면 다음과 같습니다.

(1) 몸으로 방어하기

곤충이 포식자에게 잡아먹히지 않는 가장 쉬운 방법 가운데 하나는 날개와 발을 써서 재빠르게 도망치는 것입니다. 바퀴는 꼬리돌기에 난 감각털로 포식자가 나타난 것을 빠르게 감지하고는 '걸음아 나 살려라' 하고 구석으로 몸을 숨깁니다. 메뚜기들 역시 위험에 맞닥뜨리면 재빠르게 튀어 풀숲으로 들어갑니다.

또 다른 방법은 단순해 보일 수 있지만 자기 몸을 방어 무기처럼 이용하는 것입니다. 혹바구미와 왕바구미 같은 바구미과 곤충들은 몸이 매우 단단해 포식자들이 쉽게 먹어 치우지 못합니다. 가시잎벌레류나 도깨비거저리처럼 몸이 딱딱한 데다 삐죽삐죽한 돌기나 뾰족한 가시까지 달고 있으면 포식자가 잡아먹기 힘듭니다. 독나방류 애벌레나 쐐기나방류 애벌레처럼 털이 뭉텅이로 나 있거나 빽빽하게 나 있으면 포식자가 잡아먹기에 매우 불편합니다. 나무껍질 아래에 사는 아무르납작풍뎅이붙이는 몸이 하도 납작해 포식자가 잡아먹으려면 꽤나 고생해야 합니다. 또 사슴풍뎅이나 장수풍뎅이처럼 뿔이 큰 녀석은 포식자가 나타나면 저항하기 때문에 포식자가 함부로 잡아먹지 못합니다.

(2) 가짜로 죽기

곤충이 천적을 따돌리는 작전 가운데 흔히 볼 수 있는 단순한 방어술은 가짜로 죽기입니다. 죽은 척하는 게 아니라 아주 짧은 시간 동안 활동 정지 상태에 빠져 있습니다. 그래서 이런 현상을 한자어로 가사(假死) 상태라 합니다. 즉 자

큰조롱박먼지벌레의 가짜로 죽기 건드리면 가사 상태에 빠져 잠시 동안 움직이지 못한다.

기를 건들면 기절하는 작전으로, 순간적으로 죽은 것이나 다름없는 상태가 됩니다. 새와 같은 포식자한테 '나 죽었다!'라고 광고하는 셈인데, 가장 단순한 것 같지만 효과가 좋은 방어 전략입니다. 기절 상태, 또는 활동 정지 상태에 빠져 있던 곤충은 시간이 어느 정도 지나면 제정신으로 돌아와 살아납니다. 기절 상태는 보통 몇 분이지만 포식자가 남아 있다는 느낌이 계속되면 무당벌레는 최대 40분, 바구미는 최대 3~5시간까지 지속한다고 합니다. 흉내 내는 곤충, 경고색이나 보호색을 띠는 곤충, 독 물질이 있는 곤충 같은 거의 모든 곤충이 위험에 빠지면 가짜로 죽는 전략을 씁니다.

(3) 소리 내기

어떤 곤충들은 소리를 다른 방어 전략과 섞어 사용할 때도 있습니다. 다른 방어 전략과 더불어 소리를 내며 스스로를 지킵니다. 우리가 잘 알고 있는 매미류나 메뚜기류(주로 여치아목)는 경고음을 내며 상대방에게 가까이 오지 말라고 경고합니다. 상대방을 견제하고 긴장시킵니다. 딱정벌레목 곤충들 가운데 약 50과 곤충들이 소리를 낼 수 있습니다. 아직 이 녀석들이 내는 소리가 어떤 역할을 하는지 확실히 밝혀지지 않았지만, 많은 종들의 소리가 상대방을 위협하거나 경고하는 데 쓰일 것으로 여겨집니다. 하늘소를 건드리면 '찍찍' 소리를 냅니다. 이는 하늘소가 앞가슴등판을 뒤쪽으로 움직여 가운데가슴 앞쪽에 있는 줄판과 마찰시킬 때 나는 소리입니다. 수염풍뎅이 몸통을 꽉 잡으면, 수염풍뎅이는 배마디의 표면과 날개 표면을 마찰시켜 '끼익' 소리를 내며 경고합니다.

특이한 행동을 할 때 소리 내며 자기를 방어하는 곤충도 있습니다. 폭탄먼지벌레는 100도의 뜨거운 폭탄을 쏘면서 '픽' 소리를 내어 포식자를 두 번 놀라게 합니다. 방아벌레과 곤충들도 마찬가지입니다. 방아벌레과는 가짜로 죽는 전략뿐 아니라 순간적으로 '탁' 소리를 내며 높이 튀어 포식자를 놀라게 만듭니다. 방아벌레과는 위험을 느끼면 가사 상태에 빠져 누워 있습니다. 그러다 깨어나면 '탁' 소리를 내며 하늘로 치솟아 공중회전 돌기를 하고는 사뿐히 내려

앉습니다. 그사이 포식자는 깜짝 놀라 먹잇감이 어디로 갔는지 살피지 못해 놓치게 되거나 놀란 포식자가 멈칫하는 사이에 더 멀리 도망가기도 합니다.

(4) 보호색

많은 곤충들은 힘센 포식자를 피하기 위해 자기를 주변 환경과 다르게 치장하기도 하고 주변 환경과 비슷하게 치장하기도 합니다. 주변 색깔과 비슷한 몸 색깔을 띠어 포식자가 찾아내기 힘들게 만드는 것입니다. 이러한 방어 전략을 보호색, 또는 은폐색 작전이라고 하는데, 보호색 작전에는 위장과 변장이 있습니다.

① 위장

위장은 자기 몸을 주변 환경과 잘 어울리게 치장해 포식자를 따돌리는 방법입니다. 이를테면 대벌레목, 메뚜기류, 여치류, 실베짱이류, 베짱이류, 자벌레, 어른 풍뎅이류, 부전나비과 애벌레들은 잎 위에서 먹고 자기 때문에 잎 색깔과 비슷한 초록빛을 띱니다. 반면에 땅에서 사는 귀뚜라미, 먼지벌레, 모래거저리류 들은 땅 색과 비슷한 짙은 갈색이나 검은색을 띱니다. 또, 나무껍질에서 사는 목하늘소나 쌀도적류, 털두꺼비하늘소 들은 나무껍질 색깔과 비슷합니다. 지의류를 먹고 사는 큰남색잎벌레붙이 애벌레의 몸 색깔은 나무껍질에 붙어서 사는 거무칙칙한 지의류 색깔과 비슷합니다. 또 자벌레류는 풀 줄기나 나뭇가지와 똑같이 생겼습니다. 그래서 자벌레가 풀 줄기에 매달려 있으면 풀 줄기로, 나뭇가지에 매달려 있으면 나뭇가지로 보여 포식자를 혼동하게 만듭니다.

② 변장

변장은 자기 몸을 주변 환경과 전혀 다른 모습으로 치장해 오히려 도드라지게 보이도록 하는 방법입니다. 이를테면 새똥하늘소, 배자바구미, 금빛갈고리나방 애벌레, 가시가지나방 애벌레, 호랑나비 애벌레(1~4령)와 제비나비류 애

각시메뚜기 애벌레의 보호색 잎과 비슷한 색으로 위장한다.

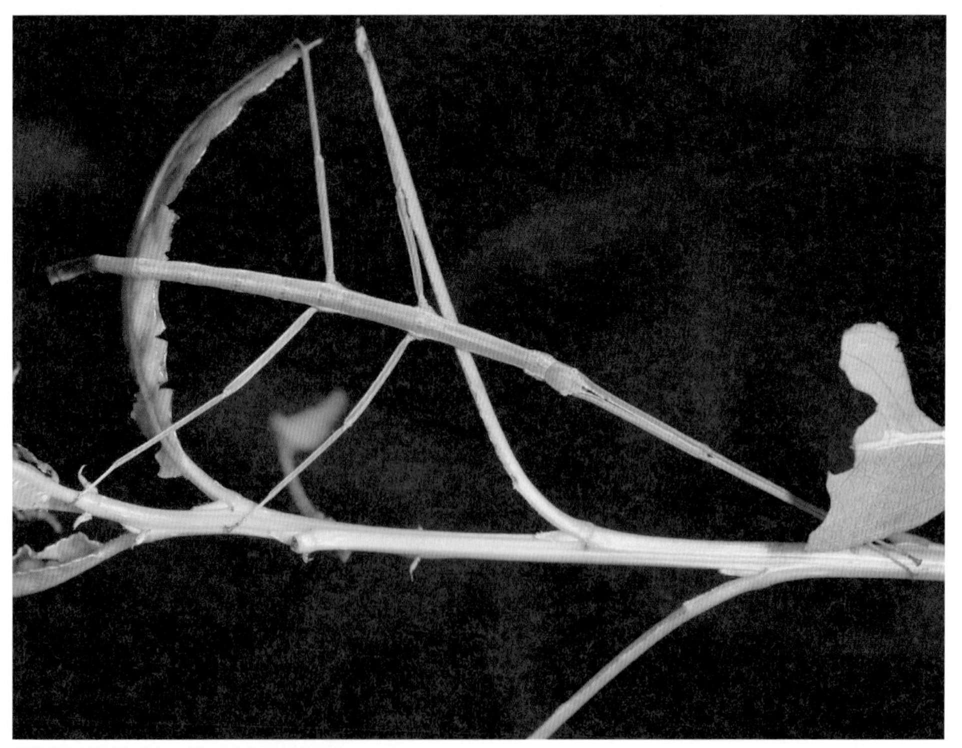

대벌레의 보호색 나뭇가지와 비슷하게 위장한다.

왕벼룩잎벌레 애벌레의 보호색 똥을 뒤집어 쓰고 변장해서 천적의 눈을 피한다.

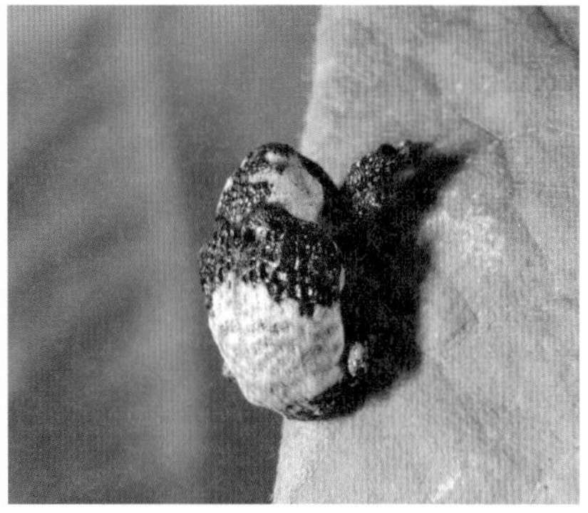

배자바구미의 보호색 새똥 모양으로 변장한다.

갈색날개매미충 애벌레의 보호색 밀랍 물질을 분비해 자신의 몸을 쓰레기처럼 보이게 변장한다.

벌레(1~4령) 들은 몸 색깔을 얼룩덜룩한 새똥 색깔로 치장해 포식자의 눈을 교묘히 속여서 피합니다.

한술 더 떠 자기가 눈 똥을 재활용하는 곤충도 있습니다. 곰보가슴벼룩잎벌레 애벌레, 들메나무외발톱바구미 애벌레, 왕벼룩잎벌레 애벌레, 배노랑긴가슴잎벌레 애벌레, 적갈색긴가슴잎벌레 애벌레, 백합긴가슴잎벌레 애벌레, 아스파라가스잎벌레 애벌레, 주홍배큰벼잎벌레 애벌레, 열점박이잎벌레 애벌레 들은 자기가 눈 똥을 직접 등에 짊어지고 다니면서 천적이 가까이 다가오는 걸 아예 막습니다. 똥을 짊어지고 있으면 포식자들은 더럽고 맛없는 똥인 줄 알고 눈길도 안 주고 가 버릴 수도 있기 때문이지요. 설령 다가왔다 해도 똥에는 먹이식물이 품은 독 물질이 들어 있어 먹지 않고 피할 수도 있습니다.

또 애벌레 시기에 탈피하면서 벗은 허물을 재활용하는 곤충도 있습니다. 남생이잎벌레류 애벌레들은 허물을 버리지 않고 자기가 배설한 똥과 함께 등에 차곡차곡 쌓아 짊어지고 다니다가, 포식자를 만나면 허물 더미를 올렸다 내렸다 하면서 반항합니다. 풀잠자리 애벌레는 자기가 잡아먹고 껍질만 남은 사체를 버리지 않거나, 식물 부스러기 따위를 모아 등에 짊어지고 다녀 마치 쓰레기 더미처럼 보이게 합니다.

변장에는 약점이 있습니다. 주변 환경과 조화가 깨지면 자기 모습이 금방 드러난다는 것입니다. 그래서 변장을 하는 곤충은 될 수 있는 한 움직이지 않습니다. 움직이지 않는 새똥이나 쓰레기로 변장했는데, 이리저리 돌아다니면 포식자 눈에 쉽게 띄기 때문입니다. 다행히도 변장하는 녀석들은 대개 초식성이기 때문에 먹이식물 잎에 앉아 조용히 식사를 하며 살아갑니다. 그렇다고 안 움직이고 있을 수만은 없어서 먹이를 찾거나 짝을 만나러 가다가는, 운 나쁘게 포식자와 맞닥뜨릴 수 있습니다.

(5) 경계색(경고색)

보호색과는 다르게 경계색은 포식자들을 위협하기 위해 화려하게 치장한 빛깔입니다. 먹이가 될 위험에 빠진 곤충이 포식자에게 자신은 맛없거나, 독이 있거나, 또는 위험할 것이라고 경고하기 위해 눈에 확 띄는 화려한 몸 색깔과 무늬 패턴으로 치장하는 것이지요. 이 같은 색과 무늬를 '경고색', 또는 '경계색'이라 합니다. 경계색을 띤 곤충은 대부분 몸에 독 물질이 있습니다. 이 때문에 과학자들은 곤충의 경계색을 두고 힘센 포식자에게 '나 맛없어', '내 몸엔 독 있어' 하고 경고하는 것이라고 봅니다.

곤충이 즐겨 사용하는 경계색은 빨간색, 주황색, 노란색, 흰색처럼 굉장히 선명한 색입니다. 그러고 보니 교통 신호등도 곤충의 경계색과 비슷합니다. 새나 개구리 같은 포식자는 색이 화려한 곤충을 본능적으로 꺼리는데, 진화 과정에서 얻은 선천적인 행동입니다.

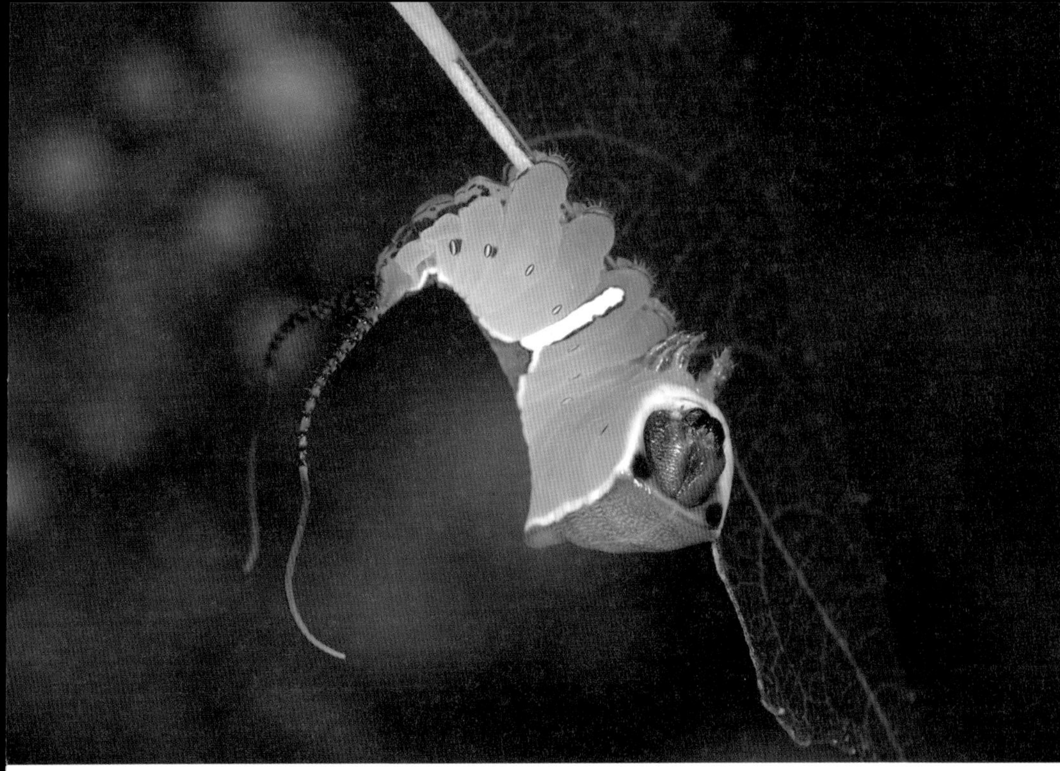

검은띠나무결재주나방 애벌레의 경고색 위험해지면 빨간 꼬리 돌기와 빨간 얼굴을 드러낸다.

① 몸 색깔

몸 색깔로 경계색을 띠는 대표적인 곤충은 무당벌레입니다. 왜 무당벌레는 화려한 옷을 입었을까요? 새나 개구리 같은 천적에게 자신을 잡아먹지 말라고 경고하기 위해서입니다. 말하자면 '내 몸에 독이 있어. 먹지 마!' 하며 으름장을 놓는 것이지요. 빨간색, 노란색, 까만색처럼 눈에 띄는 무늬는 힘센 포식자들이 굉장히 두려워하는 색이라 '경고색'이라고 합니다. 경고색이 시각을 이용해 새나 짐승 같은 포식자를 따돌리는 데 효과가 좋기 때문입니다. 신기하게도 이 경고색은 교통신호 체계에도 사용하는 색깔입니다. 경고색을 띤 곤충은 새빨간 바탕에 까만 점무늬가 찍혀 있어 몸 색깔이 눈에 잘 띌 뿐 아니라, 건들면 독 물질을 내뿜습니다. 몸 색깔이 새빨간 홍반디도 독 물질이 있고, 알록달록 화려한 큰광대노린재도 독 물질이 있습니다.

경고색으로 느껴질 만큼 화려하고 도드라진 색깔과 무늬로 치장했지만, 실제로는 몸속에 별다른 독 물질을 지니지 않은 곤충도 많습니다. 독 물질은 없지만 화려한 색깔로 포식자에게 허세를 부려 위기에서 벗어나는 것으로 여겨집니다.

② 뒷날개 무늬

뒷날개에 있는 화려한 무늬로 경고를 주는 곤충으로는 뒷날개나방류나 꽃매미 들이 있습니다. 이 곤충들은 평소에는 앞날개를 접고 있어 몸 색깔이 거무칙칙한데, 위험을 느끼면 앞날개를 들어 올리며 순간적으로 뒷날개를 펼칩니다. 그러면 빨간색이나 노란색 같은 뒷날개의 화려한 빛깔이 순간적으로 나타나 포식자를 깜짝 놀라게 합니다. 순간 포식자는 갑자기 드러난 화려한 색깔을 보고 순간 주춤하다가 먹이를 놓치고 맙니다.

③ 눈알 무늬

야외에서 몸에 눈알 무늬를 지닌 곤충들을 찾아보면 의외로 많습니다. 눈알 무늬는 대개 나비목 곤충들이 지니고 있지만, 가끔 딱정벌레목을 비롯한 다른 목 곤충들도 지닙니다. 많은 곤충들이 눈알 무늬를 가지고 있다는 사실은 분명 눈알 무늬가 방어 효과가 있다는 걸 뜻합니다. 물론 눈알 무늬를 지닌 종이 모두 화학 물질을 만들지는 않습니다. 이를테면 뱀눈박각시의 어른벌레는 아무런 독을 가지고 있지 않습니다.

반면에 눈알 무늬를 가지고 있으면서 화학무기까지 생산하는 곤충은 우리가 잘 아는 호랑나비나 제비나비류 애벌레입니다. 우선 애벌레의 눈알 무늬는 가슴 양옆에 진짜 눈알처럼 그려져 있습니다. 그래서 곤충 초보자들 가운데 눈알 무늬를 진짜 눈으로 착각하는 분들이 제법 많습니다. 녀석은 화가 나면 가슴을 뱀 머리처럼 크게 부풀립니다. 그러면 가슴에 그려진 가짜 눈도 더 크게 보여 적을 놀라게 합니다. 재미있는 건 가짜 눈의 시선입니다. 앞쪽에서 녀석을 바라보면 가짜 눈과 똑바로 마주치고, 옆쪽 또는 위쪽에서 바라봐도 앞쪽에서 바라본 것처럼 똑바로 가짜 눈과 마주칩니다. 결국 포식자가 어느 방향에서 노리고 있든 가짜 눈은 포식자를 똑바로 노려보는 것이지요. 그러면 포식자는 자기를

왕물결나방 종령 애벌레의 경고색 위험해지면 가슴에 빨간 무늬를 드러낸다.

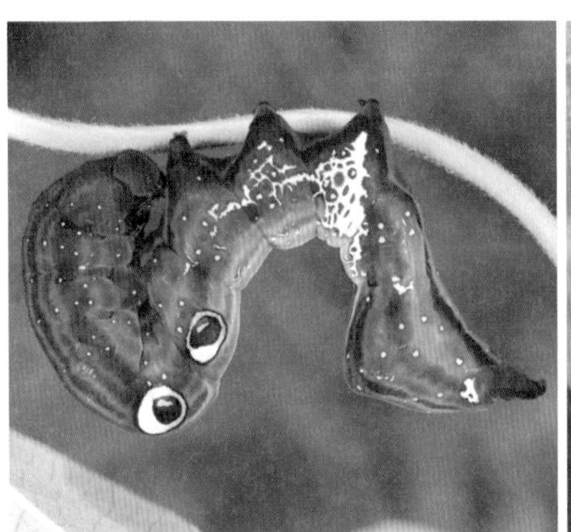

으름밤나방 애벌레의 눈알 무늬 경고색

애으름큰나방 애벌레의 눈알 무늬 경고색

꽃매미의 경고색 겉날개를 펼치면 화려한 뒷날개가 보인다.

참나무산누에나방의 눈알 무늬 경고색

똑바로 뚫어지게 노려보는 가짜 눈에 겁이 질려 호랑나비 애벌레를 바로 공격하지 못하고 머뭇거릴 것입니다.

호랑나비 애벌레는 눈알 무늬 말고도 방어기관으로 머리와 가슴 사이에 냄새뿔(취각, osmeterium)을 가지고 있습니다. 평소에는 와이(Y)자 모양의 돌기를 몸속에 숨겨 놓다가, 위험해지면 눈 깜짝할 사이에 머리와 가슴 사이에 숨겨 놓았던 노란 뿔을 불쑥 내밀며 '나 무섭지?' 하며 겁을 줍니다.

호랑나비뿐 아니라 호랑나비가 속해 있는 호랑나비류(호랑나비속 *Papilio*)의 애벌레들은 거의 눈알 무늬와 냄새뿔을 가지고 있습니다. 우리나라에 사는 호랑나비속 곤충으로 제비나비, 산제비나비, 긴꼬리제비나비, 호랑나비, 산호랑나비, 무늬박이제비나비, 남방제비나비가 있습니다. 핏줄은 못 속인다고 녀석들은 몸 크기도 엇비슷하고, 몸매랑 몸 색깔도 비슷합니다. 또 건드리면 머리와 가슴 사이에서 냄새뿔이 불쑥 나오며, 가슴에 눈알 무늬가 찍혀 있습니다.

호랑나비 애벌레 말고도 줄박각시 애벌레, 주홍박각시 애벌레, 우단박각시 애벌레, 으름밤나방 애벌레 들이 눈알 무늬를 가지고 있습니다.

때때로 애벌레의 눈알 무늬 경고보다 어른벌레의 경고가 더 흥미롭습니다. 태극나방류, 뱀눈박각시, 참나무산누에나방 들은 날개에 드러난 눈알 무늬로 포식자를 움찔하게 만드는데, 실제로 보면 굉장히 매력적입니다. 뱀눈박각시 어른벌레는 쉬고 있을 때 눈알 무늬가 절대로 보이지 않습니다. 하지만 위험해지는 순간 앞날개가 펼쳐지면서 뒷날개의 눈알 무늬가 섬뜩하게 드러납니다. 가짜 눈을 보고 놀란 새들이 정신을 차리고 뒷날개를 쪼기도 하는데 뒷날개는 몸통에 견주어 치명상을 입지는 않습니다. 태극나방류나 참나무산누에나방과 밤나무산누에나방은 윗날개에 눈알 무늬가 있어 포식자를 움찔하게 만듭니다.

(6) 흉내 내기(의태)

경계색을 지닌 곤충 가운데 몸 색깔과 무늬가 화려한 동시에 몸속에 독 물질이 있는 녀석도 있지만, 경고색 빰칠 정도로 몸 색깔과 무늬가 화려하지만 몸

십이점박이잎벌레의 의태
무당벌레를 흉내 냈다.

푸른큰수리팔랑나비 애벌레의 의태
머리의 모양과 색이 무당벌레와 비슷하다.

무당벌레
두 곤충의 모델종이다.

속에 독 물질이 전혀 없는 녀석도 많습니다. 이런 녀석은 대개 경계색을 띤 곤충을 흉내 내어 포식자에게 '내 몸에 독이 있어.' 하고 속이며 상대에게 허세를 부립니다. 이러한 방어 전략을 '흉내 내기'라고 하는데, 흉내 내기는 변장이나 위장과 다릅니다. 변장과 위장은 주변 환경을 이용해서 자기가 드러나지 않도록 자기를 보호하는 방식이고, 흉내 내기는 특정한 동물의 몸 색깔과 무늬, 그리고 특이한 행동을 흉내 내는 전략인 것입니다.

흉내 내기를 하려면 당연히 닮고자 하는 모델이 있어야 합니다. 모델이 되는 종을 '모델종'이라고 하는데, 모델종은 몸 색깔 또는 몸의 무늬가 눈에 확 띄는 경고색을 띱니다. 또 모델종을 흉내 낸 종을 '의태종'이라고 하는데, 어떤 의태종은 모델종의 생김새뿐 아니라 행동까지 닮기도 합니다.

의태종은 대개 몸에 독 물질이 있는 종을 닮는데, 때로는 벌처럼 독침을 가진 종이나 몸에 날카로운 가시나 뿔이 있는 종을 닮기도 합니다. 또한 벌들이 날 때 내는 요란한 소리를 흉내 내는 종도 있습니다.

포식자는 몸 색깔이 화려한 녀석이 독 물질을 갖고 있다는 것을 본능과 학습을 통해 알고 있습니다. 그래서 화려한 모델종이나 의태종을 발견하면 사냥을 포기하고 가 버리기도 합니다. 아니면 주춤거리며 살피다가 놓치기도 합니다.

다른 힘 약한 곤충을 발견했을 때는 곧장 달려들지만 화려한 모델종과 의태종은 사냥감으로 좋아하는 것 같지 않습니다.

흉내 내기 전략은 처음 발견한 사람의 이름을 따서 '베이츠 흉내 내기'와 '뮐러 흉내 내기'로 나눕니다.

① 베이츠 흉내 내기

'베이츠 흉내 내기'는 다윈과 동시대에 살았던 영국의 박물학자 헨리 월터 베이츠(Henry Walter Bates)가 처음 발견한 흉내 내기 방식입니다. 베이츠는 1849년부터 1860년까지 브라질의 원시림을 다니며 독나비류와 흰나비류가 서로 어울려 날아다니는 모습을 많이 보았습니다. 그런데 독나비류와 흰나비류는 족보가 다른데도 날개의 색과 무늬가 똑 닮았고, 심지어 천천히 낮게 나는 행동까지 닮아 자세히 보지 않으면 구별하기 힘들었습니다. 뿐만 아니라 이들을 사냥하려고 주변을 얼씬거리거나 달려드는 새들이 거의 없었습니다. 그래서 베이츠는 이 나비들에겐 분명 새들이 싫어하는 무언가가 있을 거라고 확신했습니다. 연구해 보니 독나비류는 역겨운 냄새가 나는 독 물질을 품고 있어서 새들이 슬슬 피하고 잡아먹지 않았습니다. 반면에 독나비류의 몸 색깔과 행동을 그대로 닮은 흰나비류는 몸에 독 물질이 전혀 없었습니다. 베이츠는 흰나비류가 새들이 꺼리는 독나비류를 흉내 내 새들의 공격을 피하고 있다는 사실을 알아냈는데, 이 현상을 '베이츠 흉내 내기'라고 부릅니다.

베이츠 흉내 내기는 약한 종이 강한 종을 흉내 내어 포식자를 속이는 고단수의 전략으로 이 같은 흉내 내기가 성립하기 위해서는 아래와 같이 세 가지 요소를 갖추어야 합니다.

- 모델종(모형종): 포식자가 잡아먹길 꺼려하거나 싫어하는 종
- 의태종: 모델종을 닮은 종으로 몸에 독 물질이 없다.
- 포식종: 모델종을 거의 잡아먹지 않는 종

의태종은 여러 종을 흉내 내는 것이 아니라 단 한 종만 흉내 냅니다. 그럼 누가 베이츠 흉내 내기의 모델종이 될까요? 의태종 거의가 몸에 독 물질이 있는 종을 닮는데, 때로는 벌처럼 독침을 가진 종이나 몸에 날카로운 가시나 뿔이 있는 종을 닮기도 합니다. 어떤 종은 벌들이 날 때 내는 요란한 소리를 흉내 내기도 합니다.

• **독 물질이 있는 종을 닮는 경우**

무당벌레, 홍반디, 병대벌레, 가뢰 들은 몸속에 강력한 독 물질이 있어 포식자들이 꺼립니다. 그래서 열점박이별잎벌레, 십이점박이잎벌레, 홍날개, 각시하늘소류, 노랑썩덩벌레처럼 힘 약한 곤충들은 독 있는 곤충들을 그대로 빼닮아 포식자를 따돌립니다. 종다양성이 높은 열대 지역에서 주로 베이츠 흉내 내기를 하는 곤충들이 연구되었지만, 우리와 같은 온대 지역이나 한대 지역에서는 발견한 케이스가 드물어서 연구가 거의 이루어지지 않았습니다. 오랫동안 야외 관찰을 하면서 우리나라에서 '베이츠 흉내 내기'를 하는 것으로 추정되는 곤충을 가끔 만났습니다. 이를테면 다음과 같습니다.

노랑썩덩벌레의 의태 황가뢰를 흉내 냈다.

황가뢰 노랑썩덩벌레의 모델종

- 홍반디를 닮은 종: 홍날개, 대유동방아벌레, 소주홍하늘소류 들
- 회황색병대벌레를 닮은 종: 노랑각시하늘소, 산줄각시하늘소, 각시하늘소류
- 황가뢰를 닮은 종: 노랑썩덩벌레
- 반딧불이를 닮은 종: 등노랑긴썩덩벌레
- 무당벌레를 닮은 종: 십이점박이잎벌레, 열점박이별잎벌레, 두점알벼룩잎벌레 들

• 독침을 가진 종을 닮는 경우

의태종의 모델종이라 해도 모두 독 물질이 있는 것은 아닙니다. 다시 말해, 의태종이 꼭 독 물질이 있는 종만 닮은 것은 아닙니다. 어떤 의태종은 독침을 가진 벌을 흉내 내어 포식자를 속입니다. 이를테면 꽃하늘소류는 배 끝이 벌을 닮아 뾰족하고 나는 모습도 벌이 나는 모습과 닮아 벌인 줄 착각하게 됩니다. 벌을 흉내 낸 곤충을 손꼽으면 다음과 같습니다.

- 말벌을 닮은 종: 호랑하늘소. 생김새와 몸에 찍힌 무늬가 말벌과 닮았다.
- 맵시벌을 닮은 종: 하늘소류. 별가슴호랑하늘소, 벌호랑하늘소, 세줄호랑하늘소. 이 의태종들은 맵시벌처럼 딱지날개가 약간 짧고 배의 앞쪽은 약간 잘록하고 뒤쪽은 넓다. 맵시벌은 더듬이를 이리저리 움직이며 기생할 곤충을 찾아 걸어 다니는데, 이 의태종들도 맵시벌처럼 더듬이를 흔들며 걸어 다닌다. 또 녀석들은 포식자에게 붙잡혔을 때 맵시벌처럼 배를 구부려 찌르려는 행동을 한다.
- 뒤영벌을 닮은 종: 호랑꽃무지. 호랑꽃무지는 뒤영벌처럼 몸에 털이 굉장히 많이 나 있고, 뒤영벌이 날 때처럼 '부웅' 소리를 내며 난다. 호랑꽃무지와 뒤영벌 모두 늦봄에 피는 꽃에 날아들고, 꽃 위에서 식사하고 있을 때는 서로 비슷해서 호랑꽃무지인지 뒤영벌인지 구별하기가 쉽지 않다.
- 개미벌을 닮은 종: 개미붙이류. 개미붙이류는 독 물질과 독침을 가진 개미벌과 생김새가 비슷하고, 날랜 행동도 닮았다. 곤충 가운데 개미벌을 흉내 낸 개미붙이류를 흉내 낸 의태종들이 있다. 이를테면 향나무하늘소나 홍가슴호랑하늘소는 생김새와 행동이 개미벌과 비슷하다.

장수말벌 호랑하늘소의 모델종

호랑하늘소의 의태 말벌류를 흉내 냈다.

유리나방류의 의태 말벌류를 흉내 냈다.

벌호랑하늘소의 의태 맵시벌을 흉내 냈다.

• 단단한 몸을 닮는 경우

의태종 가운데 몸이 딱딱하거나 뿔이나 날카로운 가시가 난 종을 닮은 종도 있습니다. 포식자는 몸이 딱딱하거나 가시 달린 곤충을 먹은 뒤 소화관에 상처가 나거나 아픈 경험을 하면 다시는 몸이 딱딱하거나 가시 달린 곤충 종류를 먹지 않습니다.

몸이 딱딱한 것으로 대표적인 곤충은 우리나라에서 살지 않는 필리핀보석바구미입니다. 필리핀보석바구미의 피부는 굉장히 딱딱해 마치 금속으로 만든 브로치 같습니다. 필리핀보석바구미의 딱딱한 몸을 흉내 낸 의태종에는 잎벌레류, 하늘소류, 바구미류, 거저리류가 있습니다. 곤충이 아닌 거미류도 필리핀보석바구미의 딱딱한 몸을 흉내 냈습니다.

사마귀붙이류의 다리 앞다리가 사마귀의 앞다리와 비슷하다.

왕사마귀 사마귀붙이류의 모델종

② 뮐러 흉내 내기

독일의 동물학자 프리츠 뮐러(Fritz Müller)는 19세기 후반에 베이츠처럼 브라질에 사는 나비를 연구했습니다. 흉내 내기에 대한 베이츠의 발표가 있은 지 16년 정도가 지나서 뮐러는 나비들 사이에서 또 다른 현상을 발견하게 됩니다.

그는 비슷한 모습을 지닌 커다란 나비 무리에서 포식자가 싫어하는 맛없는 모델종이 하나가 아니라 둘이 넘을 것이라는 사실을 알아냈습니다. 같은 시간대에 같은 장소에서 친척 관계(근연종)가 아닌 여러 종류의 의태종들과 여러 모델종이 살고 있는 것을 발견했는데, 재미있게도 이들 의태종들은 모두 독이 있었습니다. 또한 이들 가운데 독이 있고 화려한 경계색을 띤 어느 한 종만 흉내 내기보다 의태종을 흉내 낸 종도 있을 것이라고 생각했습니다.

'뮐러 흉내 내기'의 모델종으로 가장 유명한 무리는 딱정벌레목 홍반디과입니다. 홍반디과를 통에다 가두고 냄새를 맡으면 굉장히 특이한 냄새가 향수처럼 납니다. 손끝으로 녀석들을 만진 뒤 손끝을 코에 갖다 대면 코를 찌를 정도로 냄새가 강합니다. 이 냄새는 바로 독 물질. 이 독 물질 덕에 새들은 홍반디과를 먹지 않습니다.

보르네오 섬에는 온몸이 빨갛고 딱지날개 끄트머리만 까만 홍반디를 비롯해 홍반디 여러 종이 많이 삽니다. 이 홍반디과는 족보가 서로 다르지만 몸 색깔은 거의 비슷합니다. 여러 종의 홍반디들은 서로 닮아 '내 몸에 독이 있으니 먹지 마.' 하고 새들에게 강력한 경고를 합니다. 재미있게도 홍반디과 주변에는 독 많은 홍반디과의 무늬 양식을 닮은 꽃하늘소류, 방아벌레과, 개나무좀과, 나방류들이 이웃해 삽니다. 이렇다 할 방어무기가 없는 힘 약한 곤충들이 새들의 공격을 조금이라도 막아 보려고 독 많은 홍반디과를 흉내 낸 것입니다.

'뮐러 흉내 내기'와 '베이츠 흉내 내기'의 차이는 다음과 같습니다. 베이츠 흉내 내기의 경우, 같은 시간, 같은 장소에서 모델종 한 종만 있습니다. 그 모델종은 독이 있고 화려한 경계색을 띠고 있으며, 의태종은 독이 없습니다. 뮐러 흉내 내기의 경우, 같은 시간, 같은 장소에서 친척 관계가 아닌 여러 종의 의태종이 발견되었고, 의태종은 모두 독이 있습니다. 이들의 모델종은 독이 있고, 화

홍반디를 흉내 낸 붉은산꽃하늘소

모델종인 주홍홍반디

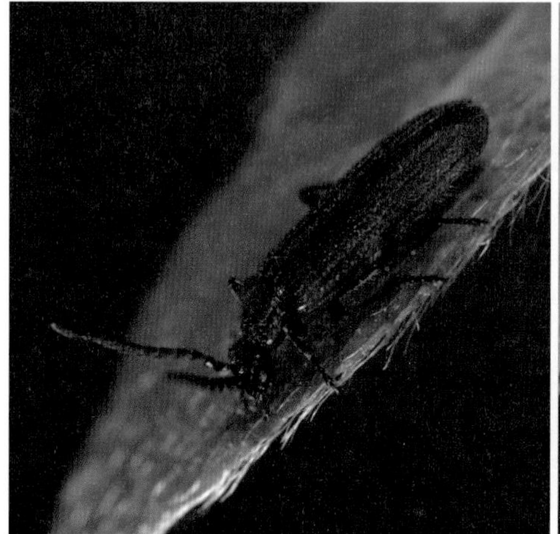

홍반디를 흉내 낸 홍날개

홍반디를 흉내 낸 무늬소주홍하늘소

려한 경계색을 띤 어느 한 종만 흉내 낸 게 아니라 의태종을 다시 흉내 낸 종도 있습니다. 그래서 같은 시간, 같은 장소에서 발견된 여러 의태종들의 모델종은 적어도 둘 이상입니다.

아쉽게도 우리나라 같은 온대 지역에서는 뮐러 흉내 내기를 하는 곤충을 만나는 게 여간 어려운 게 아닙니다. 온대 지역에선 비슷한 생김새나 색깔을 가진 종들이 한 계절에 많이 나오지도 않고, 더구나 개체 수도 굉장히 적습니다. 아직 연구는 안 되었지만 우리나라에서도 야외에서 관찰해 보면 종 수와 개체 수는 적지만 홍반디의 화려한 색깔을 흉내 낸 곤충들을 종종 볼 수 있습니다.

(7) 화학방어(독 물질)

곤충이 포식자를 피하는 작전 가운데 으뜸은 화학방이입니다. 강력한 독 물질을 뿜어 대면 포식자도 기를 못 쓰기 때문이지요. 몸속에 독 물질을 품고 사는 곤충들은 대부분 화려한 경계색을 띠거나 독특한 행동을 해 '나한테 독이 있어, 가까이 오지 마.' 하고 경고합니다.

독 물질이 많은 무당벌레의 몸 색깔은 굉장히 화려하며, 소리를 내며 폭탄을 발사하는 폭탄먼지벌레는 까만색과 노란색이 뚜렷하게 섞여 있습니다. 또한 사막에 사는 거저리류는 우스꽝스럽게 머리를 땅에 박고 물구나무서서 폭탄을 터뜨립니다.

녀석들은 재주가 좋아 독 물질을 몸속에서 직접 만듭니다. 몸속에 있는 여러 분비샘에서 폭탄 원료를 분비하고 효소까지 분비해 독 물질을 만든 뒤 무기 저장고나 혈액 속에 차곡차곡 저장합니다. 그러다 위험에 맞닥뜨리면 잽싸게 독 물질을 몸 밖으로 발사합니다. 무당벌레나 가뢰처럼 혈액 속에 저장해 둔 독 물질은 뇌의 명령을 받지 않고 반사적으로 내보냅니다. 물론 독 물질의 원료는 자신이 먹고 사는 먹이식물에서 빌려 쓰기도 하고 몸속에서 직접 만들기도 합니다.

딱정벌레목은 몸속에서 하이드로퀴논, 과산화수소, 벤조퀴논, 탄화수소, 알데히드, 페놀, 퀴논, 에스테르, 산 같은 독 물질을 분비합니다. 개미도 개미산이라 불리는 포름산을 가지고 있습니다. 포름산은 개미의 방어 물질로 유명합니다. 노린재도 산성이 강한 독 물질을 내뿜어 천적을 괴롭힙니다.

노린재의 독 물질 성분은 카르보닐기 화합물인 알데히드와 케톤 물질이 주를 이룹니다. 그 가운데서도 특히 트랜스-2-헥세날(trans-2-Hexenal)이 가장 널리 알려져 있습니다. 이 화합물질에는 독성이 많이 들어 있고 냄새가 지독해 곤충들이 싫어합니다. 또한 독나방류나 쐐기나방류는 건들면 털에서 독 물질이 나와 포식자를 괴롭힙니다. 나중에 애벌레 털에 있던 독 물질은 번데기 시기를 거쳐 성충의 배 끝부분으로 이동합니다.

독 물질 하면 가뢰를 빼놓을 수 없지요. 가뢰는 위험하면 다리의 관절과 몸과 다리가 연결된 마디의 막에서 노란 피를 흘립니다. 노란 피에는 맹독성 물

폭탄먼지벌레 천적을 만나면 배 속에서 화학 물질을 직접 제조해서 발사한다.

광대노린재 위험하면 독 물질을 발사한다.

남가뢰 암컷 위험하면 칸타리딘을 분비한다.

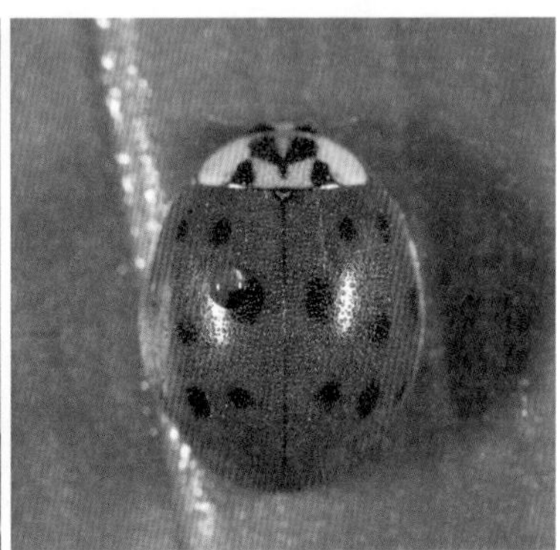

무당벌레 어른벌레 건드리면 코치넬린 물질을 낸다.

갈색독나방 털에 독 물질을 품고 있다.

질인 칸타리딘이 들어 있어 한번 맛을 본 천적은 고통스러워합니다. 사람들은 칸타리딘을 약이나 살충제, 기피제로 사용합니다. 칸타리딘은 사람의 피부에 닿으면 물집이 생기고 심하면 피부가 헐면서 짓무릅니다.

거저리상과에 속하는 홍날개과와 뿔벌레과 수컷들은 칸타리딘을 만드는 가뢰 같은 곤충의 방어 물질을 먹습니다. 먹이에서 칸타리딘을 얻기 위해서지요. 결국 이 칸타리딘은 짝짓기를 위해 암컷에게 구애할 때 쓰이는 것입니다.

육각아문(Subphylum Hexapoda)

Ⅰ. 톡토기강, 낫발이강, 좀붙이강: 입틀이 머리 안쪽에 있음.

Ⅱ. 곤충강: 입틀이 머리 바깥쪽에 있음.

무시아강(날개 없음)
1. 돌좀목
2. 좀목

유시아강(날개 있음)

A. 고시류
3. 하루살이목
4. 잠자리목

B. 신시류

a. 외시류(불완전변태)

메뚜기군
5. 바퀴목
6. 사마귀목
7. 집게벌레목
8. 흰개미붙이목
9. 귀뚜라미붙이목
10. 메뚜기목
11. 대벌레목
12. 강도래목

노린재군
13. 노린재목
14. 다듬이목
15. 총채벌레목

b. 내시류(완전변태)
16. 풀잠자리목
17. 약대벌레목
18. 뱀잠자리목
19. 딱정벌레목
20. 부채벌레목
21. 파리목
22. 밑들이목
23. 벼룩목
24. 날도래목
25. 나비목
26. 벌목

*《국가생물종목록집》(환경부 국립생물자원관, 2021) 참고.

5장

꼭 알아야 할 곤충들

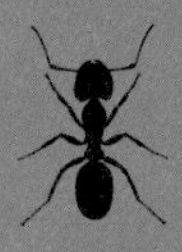

곤충의 분류 체계

종 수나 개체 수로 따져볼 때 지구에서 가장 많이 살고 있는 동물은 두말할 것 없이 곤충입니다. 그 많은 곤충들을 다 알아내는 것은 하늘의 별 따기만큼 힘듭니다. 전문가라 할지라도 곤충들을 만났을 때 주저 없이 이 곤충은 누구이고 저 곤충은 누구인지 알아맞히는 건 쉽지 않습니다. 그래서 꼭 종명을 모르더라도 비슷한 특징을 가진 무리끼리 엮은 분류 체계를 알면 곤충을 그나마 쉽게 이해할 수 있습니다.

곤충의 분류 체계에 대해선 아직도 연구자들 간에 의견이 갈립니다. 가장 최근 국내 경향은 과거에 통용되었던 '곤충강', 또는 '곤충상강' 범주를 아문 수준인 '육각아문(Subphylum Hexapoda)'으로 상향조정 하는 추세입니다. 육각아문의 가장 큰 특징으로 가슴에 다리 여섯 개가 붙어 있다는 것을 꼽을 수 있습니다. 가슴은 앞가슴, 가운뎃가슴, 뒷가슴 이렇게 세 마디로 이루어져 있는데, 가슴마디마다 다리가 한 쌍씩 붙어 있어서 다리의 수가 모두 여섯 개인 것이지요.

육각아문은 다시 톡토기강(Class Collembola), 낫발이강(Class Protura), 좀붙이강(Class Diplura)과 곤충강(Class Insecta)으로 나누는데, 이는 최근의 일반적인 경향입니다. 톡토기강, 좀붙이강과 낫발이강은 과거에 곤충강에 속해 있었지만 독립된 강으로 한 단계 오른 셈입니다. 톡토기강, 좀붙이강, 낫발이강 들 세 강과 곤충강을 나누는 중요한 특징은 '입틀이 머리 안으로 들어가 숨어 있느냐, 머리 바깥으로 노출되었느냐' 입니다. 톡토기강, 좀붙이강, 낫발이강 들 세 강과 곤충강을 나누는 특징을 입틀의 위치로 정리하면 다음과 같습니다.

- **톡토기강, 좀붙이강, 낫발이강**

겉으로 보면 주둥이(입틀)가 안 보인다. 얼굴(머리)의 뺨 부분이 아래쪽으로 늘어나 주둥이를 감싸는 바람에 주둥이가 머리 안쪽으로 들어가 있기 때문이다. 대표적인 예로 낫발이목, 좀붙이목, 톡토기목 같은 무시류를 들 수 있다.

• **곤충강**

겉으로 보면 주둥이가 보인다. 얼굴의 뺨 부분이 아래쪽으로 늘어나지 않아 주둥이가 노출되어 있다. 우리가 잘 알고 있는 곤충 무리로 돌좀목과 좀목 같은 무시류와 나비목, 메뚜기목, 노린재목, 딱정벌레목 들 날개 달린 유시류가 이에 속한다.

곤충강은 다시 여러 개의 목으로 나눕니다. 목 수준으로 나누는 일반적인 기준은 날개의 구조가 어떤지, 주둥이가 어떤 형태인지, 변태를 어떤 방식으로 하는지 들입니다. 하지만 학자에 따라 한 개 목을 여러 개 목으로 쪼개기도 하고, 또 여러 목을 한 개 목으로 통합하기도 합니다. 그래서 전 세계의 곤충은 학자에 따라 20목에서 40목으로 나눕니다. 우리나라에서는 한국곤충학회와 한국응용곤충학회의 감수를 받아 국립생물자원관에서 발간한 국가생물종목록집(III. 곤충, 2021년)에 따라 모두 26목을 채택하여 사용합니다.

여러 종의 곤충을 목록으로 작성할 때는 대개 진화적으로 하등한 종류부터 고등한 종류의 순서로 배치하며, 하위분류군 내에서는 유연관계가 큰 종들끼리 가까이 배열합니다. 몸의 구조나 여러 기능을 보면 파리목이 가장 진화한 것으로 보이며, 이들 가운데 벼룩목이 분화한 것으로 추정합니다. 따라서 파리목과 벼룩목을 목록 맨 뒷부분에 배치해야 하지만, 시간상으로 보면 파리목이 나비목보다 지구에 먼저 출현했습니다. 그래서 파리목을 먼저 배치하고 더 늦게 출현한 나비목을 목록의 맨 마지막에 배치하는 경우가 많습니다.

이제부터 우리가 흔히 만나는 곤충들을 간추려 목별로 알기 쉽게 설명하려 합니다. 전문가 수준을 벗어나 누구나 알기 쉽게 곤충 이야기를 풀어 나가겠지만 전문 분야이기 때문에 내용이 좀 낯설지도 모릅니다. 어려우면 어려운 대로 쉬우면 쉬운 대로 우리 이웃인 곤충들을 차근차근 만나 봅시다.

입틀이 머리 안쪽에 있는

육각아문

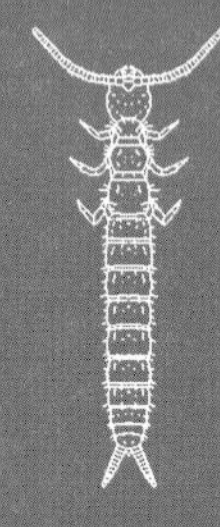

- 낫발이강
- 좀붙이강
- 톡토기강

1. 낫발이목 Acerentomata

영어 이름 Proturans　우리나라 분포 1과 9속 18종

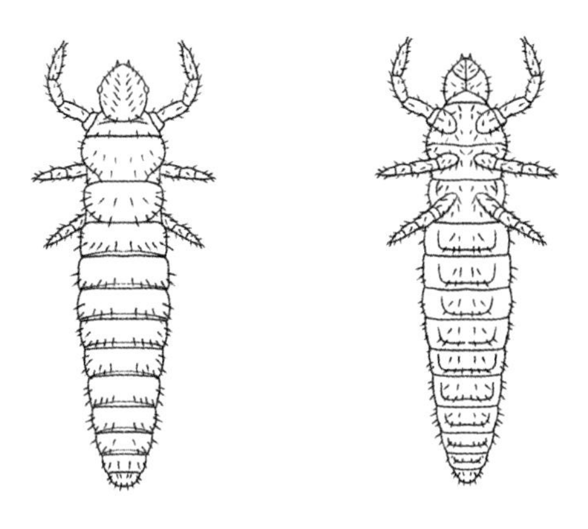

옛낫발이류

몸길이가 아무리 커 봤자 2.5밀리미터 정도밖에 안 될 정도로 몸집이 매우 작습니다. 몸 색깔은 색소가 없어 창백한 흰색입니다. 전체적인 몸 생김새가 막대기처럼 길쭉합니다.

머리는 고깔 모양(원추형)이며 주둥이가 머릿속에 파묻혀 있어 바깥쪽에서 안 보입니다. 눈과 더듬이가 없습니다. 앞다리는 낫처럼 휘어져 있어 '낫발이'란 이름이 붙었습니다. 신기하게도 앞다리가 감각기관으로 변형되어 더듬이 역할을 합니다. 토양성 동물이라 주로 축축하게 습기가 많은 흙, 썩은 식물이 섞인 부식토, 썩은 나무 둘레에서 썩은 식물을 먹으면서 삽니다. 썩은 식물질을 잘게 분해시켜 생태계의 물질 순환에 중요한 몫을 해 냅니다.

애벌레는 허물을 벗으면서 전약충, 제2약충, 제3약충 단계로 자라는데, 몸이 커지면서 배마디가 한 마디씩 늘어납니다. 즉, 전약충의 배마디는 9마디, 제2약충의 배마디는 10마디, 제3약충의 배마디는 11마디입니다. 이런 걸 증절변태(增節變態, anamorphosis)라 하는데 흔하지 않은 현상입니다.

낫발이강에 속하며 우리나라에 1과 9속 18종이 살고 있습니다.

2. 좀붙이목 Diplura

영어 이름 Campodeids, Japygids, Entotrops 우리나라 분포 2과 3속 5종

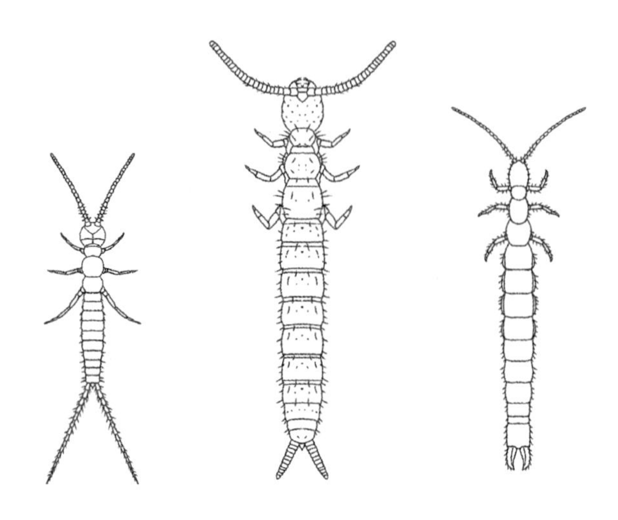

좀붙이류

몸길이가 대개 3~10밀리미터 정도로 몸집이 작은 편이나, 드물게 몸길이가 50밀리미터나 될 만큼 매우 몸집이 큰 종도 있습니다. 몸 생김새가 막대기처럼 길쭉합니다. 몸 색깔은 창백하고 허옇습니다. 주둥이는 씹는형(저작형)으로 머릿속에 파묻혀 있어 바깥쪽에서 안 보입니다. 겹눈과 홑눈은 없습니다. 더듬이는 20~40마디로 이루어져 있어 매우 깁니다. 더듬이 마디마다 마치 실에 구슬을 꿴 것처럼 연결되어 있는 염주 모양 더듬이입니다. 다리는 모두 다섯 마디로 이루어져 있는데, 길이가 짧습니다. 배꽁무니에는 기다란 꼬리털(미모, cerci) 한 쌍이 붙어 있습니다.

토양성 동물이라 주로 흙과 닿는 낙엽 더미 아래, 썩은 나무, 돌멩이 밑, 동굴의 축축한 바닥에서 삽니다. 토양성 동물 치고 비교적 활발하게 움직이며, 토양 속의 작은 곤충류나 애벌레를 잡아먹고 삽니다. 가끔 식물질을 먹는 초식성 종도 있습니다.

좀붙이강에 속하며 우리나라에 2과 3속 5종이 살고 있습니다.

3. 톡토기목 Poduromorpha

영어 이름 Springtails   우리나라 분포 8과 48속 146종

몸길이가 0.2~10밀리미터 정도여서 몸집이 아주 작습니다. 몸 색깔은 다양하고, 때때로 몸에 무늬가 있는 종도 있습니다. 눈은 있는 종도 있고, 없는 종도 있습니다. 주둥이는 약간 긴 바늘 모양인데, 머리 안쪽에 숨어 있습니다. 앞가슴은 대부분 퇴화되었고 다리는 네 마디로 이루어져 있습니다. 배마디는 대개 여섯 마디로 이루어져 있으며, 첫 번째 배마디에는 관(tube) 모양의 복관(ventral tube, collophore)이 있습니다. 배꽁무니에는 꼬리털이 달려 있지 않습니다. 배 끝부분(네 번째 배마디)에 도약기(furcula, springtail)가 달려 있어서 위험에 맞닥뜨리면 톡톡 튀어 오릅니다. 몸길이가 5~6밀리미터인 톡토기는 건드리면 도약기를 이용하여 76~102밀리미터 높이까지 튀어 오른다고 합니다.

토양성 동물이라 대개 썩은 식물질이 섞인 흙 속에서 살지만 통나무 아래, 호수 주변, 동굴 속, 바닷가 및 극지방의 고산지대처럼 습기가 많은 곳에서도 삽니다. 주로 어둡고 축축한 곳을 좋아하여 낙엽 더미에서 많이 발견됩니다. 썩은 식물질, 버섯을 포함한 균류, 꽃가루, 시체 들을 먹으며 생태계의 물질 순환에 기여합니다.

톡토기목은 짝짓기 행동을 하지만, 수컷이 정자를 직접 암컷에게 전달하지 않습니다. 수컷이 정자 덩어리를 만들어 바닥에 뿌려 놓으면 암컷이 돌아다니다가 주워 갑니다. 암컷은 알을 한 개씩 또는 무더기로 낳습니다. 알은 온도가 약간 낮고 습도가 높은 곳에서 배발생이 잘됩니다. 애벌레는 허물을 네다섯 번 벗으면 성적으로 성숙하는데, 어른벌레가 된 뒤에도 여러 번 허물을 벗습니다.

톡토기강에 속하며 우리나라에 8과 48속 146종이 분포합니다. 참고로 우리나라에 분포하는 톡토기강에는 모두 털보톡토기목, 작은뿔꼬마둥근톡토기목, 톡토기목, 둥근톡토기목으로 모두 네 개 목이 있으며, 톡토기강에 속한 종 수는 모두 280여 종입니다.

입틀이 머리 바깥쪽에 있는

육각아문

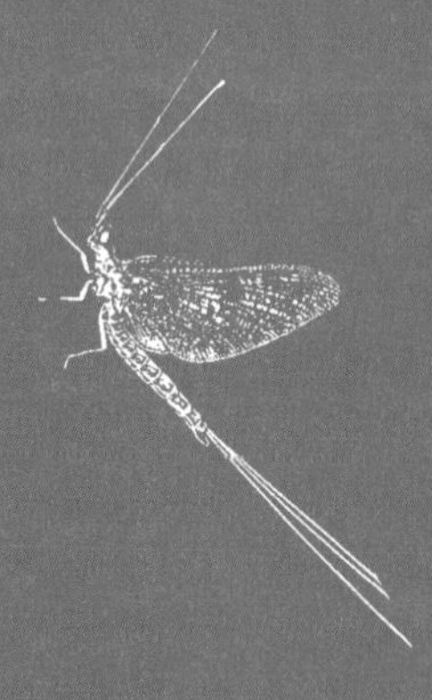

• 곤충강

곤충강은 다음과 같이 여러 기준으로 나눕니다.

첫 번째로 날개가 있느냐 없느냐에 따라 무시아강(날개가 없는 곤충)과 유시아강(날개가 달린 곤충)으로 나눕니다.

두 번째로 날개가 진화가 덜되었느냐 더 되었느냐에 따라 고시류(古翅類)와 신시류(新翅類)로 나눕니다. 고시류는 원시적이고 진화가 덜된 날개를 가진 무리를 일컫는 말입니다. 날개가 단순히 위아래로 움직일 수 있는 관절로 이어져 있어 날개를 배 위에 포개 접을 수는 있고 날개를 뒤로 꺾어 접을 수 없습니다. 하루살이목과 잠자리목만 고시류에 속합니다. 반면에 신시류는 고시류에 견주어 날개가 훨씬 더 진화한 무리로, 날개를 꺾어 배 위로 접을 수 있습니다.

곤충은 거의가 신시류에 속합니다. 신시류는 크게 외시류(外翅類, 애벌레 시기에 날개가 밖으로 드러나는 무리)와 내시류(內翅類, 애벌레 시기에 날개가 밖으로 드러나지 않는 무리)로 나눕니다. 외시류는 불완전변태를 하고, 내시류는 완전변태를 합니다. 외시류는 메뚜기 계열과 노린재 계열로 나눕니다.

앞으로 설명할 곤충강을 무시아강과 유시아강으로 나누면 다음과 같습니다.

무시아강(날개가 없는 무리)	유시아강(날개가 있는 무리)	
· 돌좀목	· 하루살이목	· 풀잠자리목
· 좀목	· 잠자리목	· 약대벌레목
	· 바퀴목	· 뱀잠자리목
	· 사마귀목	· 딱정벌레목
	· 집게벌레목	· 부채벌레목
	· 흰개미붙이목	· 파리목
	· 귀뚜라미붙이목	· 밑들이목
	· 메뚜기목	· 벼룩목
	· 대벌레목	· 날도래목
	· 강도래목	· 나비목
	· 노린재목	· 벌목
	· 다듬이목	
	· 총채벌레목	

1. 돌좀목 Archaeognatha, Microcoryphia

영어 이름 Bristletails　우리나라 분포 1과 5속 12종　탈바꿈 형태 무변태

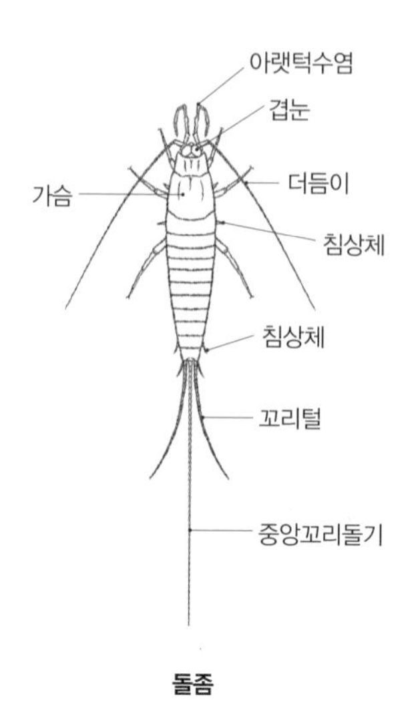

돌좀

몸길이는 20밀리미터 정도로 곤충 치고 몸집이 큰 편입니다. 몸 생김새는 막대기처럼 길쭉합니다. 몸 색깔은 칙칙한 갈색입니다. 몸을 덮고 있는 비늘은 무늬처럼 보입니다.

좀목과 달리 머리에 커다란 겹눈이 있고 홑눈 세 개가 있습니다. 실 모양 더듬이는 30개 마디가 마치 기다란 실처럼 연결되어 있습니다. 씹는형(저작형)으로 주둥이가 머리 밖으로 나와 있습니다. 날개는 없습니다. 배꽁무니에는 꼬리털 두 개와 기다란 중앙꼬리돌기 한 개가 달려 있습니다.

식식성 또는 잡식성으로, 주로 썩은 나무 아래, 낙엽 아래나 돌 밑에 숨어 있다 밤에 나와 균류, 지의류나 부식질을 먹습니다. 특히 우리나라 돌좀목은 주로 습한 계곡 주변의 이끼가 낀 바위. 나무줄기나 낙엽 더미 주변에 있다가 가까이 다가가면 톡톡 튀어 도망갑니다. 돌좀류의 수명은 종에 따라 다르지만 대개 3년 정도로 긴 편입니다. 돌좀류는 좀목 곤충들처럼 어른벌레가 되어서도 계속 허물을 벗습니다.

우리나라에는 1과 5속 12종이 살고 있습니다.

2. 좀목 Thysanura, Zygentoma

영어 이름 Silverfish 우리나라 분포 1과 2속 3종 탈바꿈 형태 무변태

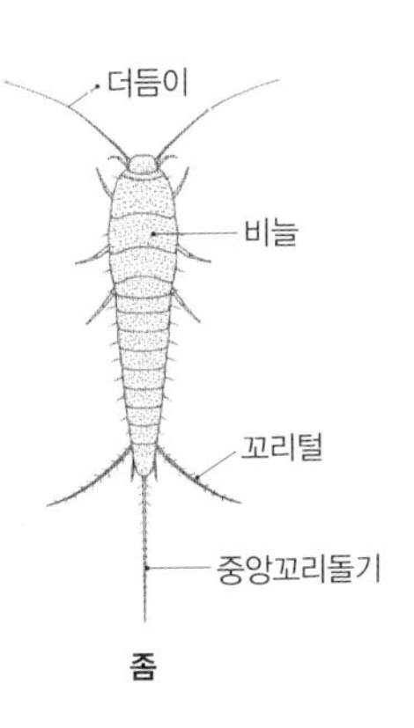

몸길이는 20밀리미터 이하로 곤충치고 몸집이 큰 편입니다. 몸 생김새는 막대기처럼 길쭉합니다. 돌좀에 견주어 몸이 납작하고 겹눈이 작거나 아예 없습니다. 몸은 아주 고운 은백색의 비늘 가루로 덮여 있어 영어권에서는 'silverfish'라고 부릅니다. 세파에 시달리면 은백색의 비늘이 떨어져 짙은 회색빛을 띱니다.

주둥이는 씹는형으로 머리 밖으로 나와 있어 잘 보입니다. 겹눈은 매우 작거나 아예 없기도 하며 홑눈도 없습니다. 더듬이는 채찍 모양이며 깁니다. 날개는 없습니다. 배꽁무니에는 꼬리털 두 개와 중앙꼬리돌기 한 개로 기다란 털 세 개가 달려 있습니다.

식식성 또는 잡식성으로 주로 가구 안이나 벽지 틈에서 살면서 식물성 먹이를 먹습니다. 우리나라에서 사는 좀은 방 안이나 옷장 속에서 벽지, 종이, 면옷, 풀 먹인 옷, 접착용 풀과 곡물 들을 먹습니다. 그래서 몇십 년 전 좀이 많던 시절에는 기피제인 좀약(나프탈렌)을 사용해 좀을 쫓았습니다. 화학섬유가 많이 생산되고, 장작이나 볏집 같은 땔감이 석탄연료(예: 연탄)로 대체되면서 일산화탄소가 방 안으로 스며드는 바람에 좀 개체 수가 굉장히 많이 줄었지요. 하지만 요즘도 집 안에 도배한 벽지에서 가끔 좀이 발견되고 있어 이 땅에서 아주 사라진 건 아닙니다.

수명은 종에 따라 다르지만 대개 7~8년 정도로 깁니다. 재미있게도 좀목은 어른벌레가 되어서도 계속 허물을 벗으며 성충이 되어도 탈피를 계속합니다. 더 놀라운 건 우리나라에 사는 좀은 1년에 한살이가 서너 번 돌아갈 만큼 번식력이 굉장히 좋다는 점입니다. 게다가 1년 동안 굶주려도 죽지 않고 살아남을 만큼 생명력이 매우 질깁니다.

우리나라에는 1과 2속 3종만 살고 있는 귀한 무리입니다.

3. 하루살이목 Ephemeroptera

영어 이름 Mayflies, Ephemerids, Shadflies　우리나라 분포 14과 36속 82종　탈바꿈 형태 불완전변태

하루살이류

하루살이목은 날개를 가진 곤충 가운데 가장 원시적인 고시류(Palaeoptera)에 속합니다. 즉 날개를 배 위에 포개 접을 수 있고 날개를 꺾어 뒤로 접을 수 없습니다. 하루살이라는 이름은 하루밖에 못 사는 곤충으로 여겨져 얻은 이름인 듯합니다. 실제로 학명에 있는 ephemeros가 '하루만 산다(lasting for a day)'란 뜻을 지니고 있습니다.

하지만 하루살이가 하루만 산다는 건 오해입니다. 어른벌레는 짧게는 하루에서 길게는 이레까지 삽니다. 특히 애벌레는 몇 년 동안이나 물속에서 오래오래 삽니다.

하루살이목은 애벌레와 어른벌레의 서식지가 다른 '곤충계의 양서류'로, 어른벌레는 땅 위에서 사는 육상곤충이고 애벌레는 물속에서 생활하는 수서곤충

입니다.

하루살이목은 안갖춘탈바꿈(불완전변태)을 하며, 알－애벌레－아성충－어른벌레 시기를 거치면서 매우 특이하게 한살이를 이어 갑니다.

우리나라에는 하루살이과, 알락하루살이과 등 14과 36속 82종이 살고 있습니다.

(1) 어른벌레

몸길이가 10밀리미터 이상으로 몸집이 제법 큰 편입니다. 날개가 달려 있어 비행 실력도 좋습니다. 몸은 누르면 움푹 들어갈 것처럼 연약한 편입니다.

더듬이는 채찍 모양입니다. 겹눈은 크고 홑눈이 세 개 있는데, 수컷의 겹눈이 암컷의 겹눈보다 큽니다. 보통 주둥이는 퇴화되었는데, 비록 주둥이 모양을 갖추고 있어도 먹는 기능이 없기 때문에 아무것도 먹지 않습니다. 주둥이는 종령 애벌레 시기부터 퇴화되다가 아성충 시기에 겉쪽만 퇴화되며 어른벌레가 되면 완전히 퇴화됩니다.

가슴은 앞가슴, 가운데가슴, 뒷가슴으로 구분되는데, 그 가운데 가운데가슴이 유난히 큽니다. 다리는 있기는 하나 걷는 데 사용하지 않습니다. 수컷의 앞다리는 길어서 짝짓기를 할 때 암컷을 잘 잡을 수 있습니다. 가슴에는 그물맥의 날개 네 장이 달려 있는데, 드물게 뒷날개가 퇴화해 두 장 달린 종도 있습니다. 보통 쉴 때는 좌우 날개를 배와 직각이 되도록 위로 올려 접습니다. 앞날개는 긴 삼각형으로 크며 뒷날개는 앞날개보다 훨씬 작아 날개를 접고 앉아 있을 때는 앞날개 속에 뒷날개가 파묻힙니다. 배꽁무니에 보통 가늘고 기다란 꼬리털 두세 개가 달린 걸 볼 수 있는데, 더 자세히 살펴보면 하루살이들은 대개 배꽁무니 옆쪽에 꼬리털 한 쌍이 달려 있습니다. 드물게 어떤 종은 꼬리털 사이에 중앙꼬리털 한 개가 달려 있습니다.

어른벌레는 물에다 알을 낳아야 하기 때문에 물 주변을 떠나지 않습니다. 애벌레는 평생을 물속에서 사는데, 물속 생활을 마치면 보통 수백 마리 넘게 무

하루살이류 어른벌레

리 지어 한꺼번에 날개돋이를 합니다. 그리고 어른벌레가 되면 집단으로 모여 춤추며 짝을 찾습니다. 비슷한 시기에 날개돋이를 하면 배우자를 만날 기회가 저절로 많아져 궁극적으로 번식에 성공할 확률이 높아지기 때문입니다. 어른벌레의 몸은 굉장히 부드럽고 연약해서 햇볕이 강렬하게 쨍쨍 내리쬐는 낮에는 나뭇잎 아래나 풀숲에서 쉬다가 해질 무렵 여럿이 한꺼번에 나옵니다.

서쪽 하늘을 불그스름하게 물들인 저녁노을이 가시고 강가나 하천에 어스름한 어둠이 내려오면, 어른벌레들은 너나없이 죄다 떼 지어 하늘을 향해 날아오릅니다. 수백 마리가 높은 하늘을 빙빙 돌며 집단 춤(군무, dancing swarm)을 춥니다. 튀어 오르고, 위로 올라갔다 아래로 내려왔다 하면서 우아하게 때로는 현란하게 춤춥니다. 맘에 드는 배우자를 만나기 위해서이지요. 어른벌레로 살 수 있는 시간이 짧으니 암컷과 수컷이 만날 수 있는 방법은 춤을 추는 일입니다. 주로 수컷들이 떼 지어 날기 시작하며 암컷을 무도회에 초대합니다. 이렇게 떼 지어 춤을 추어야 암컷이 수컷을 쉽게 발견할 수 있습니다.

수컷들의 현란한 집단 춤을 보고 암컷은 근처 풀밭이나 나무에 앉아 있다가 날아오릅니다. 그러면 수컷은 즉각 큰 겹눈으로 암컷을 발견하고 서로 날면서

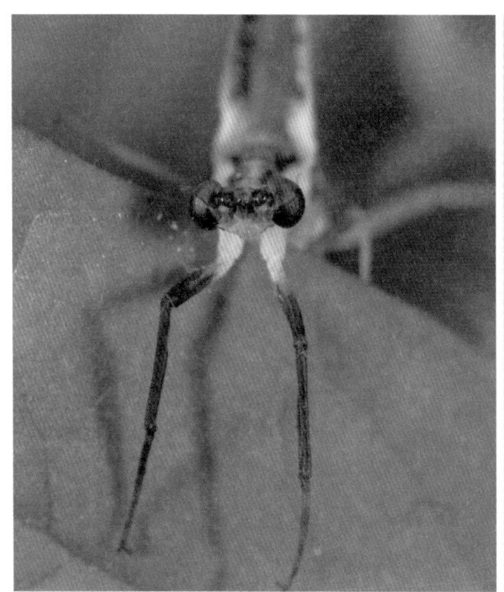

하루살이의 얼굴 주둥이가 퇴화되었다.

납작하루살이류 애벌레 배에 물속 호흡에 필요한 아가미가 붙어 있다.

짝짓기 작업에 들어갑니다. 수컷은 긴 앞다리로 암컷의 목을 꼭 잡고서 짝짓기에 성공합니다. 짝짓기를 효과적으로 할 수 있도록 수컷의 다리는 암컷의 다리보다 훨씬 길고, 암컷을 잘 발견할 수 있도록 눈도 훨씬 큽니다. 짝짓기를 마친 수컷은 죽고, 암컷은 물로 날아가 물속에다 알을 1,500개에서 3,000개까지 낳은 뒤 장렬한 최후를 맞습니다.

(2) 애벌레

하루살이는 짧은 성충 시기를 빼놓고는 전 생애를 애벌레로 보냅니다. 모든 하루살이 애벌레는 애벌레 시기 내내 물속에서 삽니다. 몸길이는 5~30밀리미터 정도로 종마다 몸의 크기가 다릅니다.

하루살이는 한살이 과정에서 거의 대부분의 시간을 애벌레로 물속에서 지내기 때문에 '애벌레 시기'가 굉장히 중요합니다. 애벌레는 계곡물이나 물 흐름이 느린 강 같은 다양한 물속 환경에 적응하며 살기 때문에 종마다 몸의 형태가 다양합니다.

대개 애벌레들은 눈, 주둥이, 날개싹, 다리 여섯 개가 있고 배마디에는 아가미가 달려 있습니다. 몸 생김새는 헤엄치기에 적합한 유선형, 빠른 물살을 견딜 수 있는 납작한 모양 또는 원통형같이 다양합니다.

이를테면 물 흐름이 빠른 계곡물에서 사는 종은 물살의 저항을 줄이고, 좁은 돌 틈바구니를 헤집고 다녀야 하니 몸통이 납작합니다. 어떤 종은 강바닥을 기어 다니거나 돌멩이를 꼭 잡는 데 유리하도록 다리 끝(발목마디의 끝)에 발톱이 달려 있습니다. 배 끝마디에는 꼬리털이 두세 개 붙어 있어 물속에서 균형을 잘 잡을 수 있습니다. 또한 하천 바닥 땅속에서 사는 녀석들은 땅 파기 좋도록 큰턱과 다른 부속지가 굉장히 발달했습니다.

또한 애벌레는 물속에서 생활하다 보니 호흡을 위해 아가미가 발달했습니다. 물속에서는 육상에서처럼 산소를 맘대로 이용할 수 없습니다. 하루살이 애벌레의 배마디에는 아가미가 4~7쌍 붙어 있는데, 이 아가미로 물속에 녹아 있는 산소를 이용해서 숨 쉽니다. 아가미의 모양은 나뭇잎 모양이거나 깃털 모양으로, 아가미의 수와 모양은 종마다 다릅니다.

애벌레의 수명은 깁니다. 보통은 1년에서 2년을 살고, 드물게 어떤 종은 3년 동안 애벌레로 삽니다. 애벌레는 적게는 일곱 번에서 많게는 칠십 번까지 허물을 벗으며 자랍니다. 표피는 질긴 큐티클로 되어 있고, 애벌레는 자라면서 몸이 커지기 때문에 적당한 시기에 허물을 벗지 못하면 죽습니다. 추운 겨울에는 애벌레들이 따뜻한 물속에서 뭉쳐 지내다가 여름이 가까워지면 흩어져서 먹이를 찾습니다.

애벌레는 연못 바닥에 쌓인 부착 조류(algae), 나뭇잎 같은 식물 조각, 부식질 등 미세한 유기물 부스러기를 먹고 삽니다. 따라서 애벌레들은 물속으로 유입되는 유기물을 분해하는 역할을 합니다. 또한 개체 수가 워낙 풍부하다 보니 물고기와 같은 수많은 물속 포식자들의 먹이가 되므로 담수 생태계에서 매우 중요한 역할을 합니다.

특히 사는 곳이 다양하기 때문에 물속 환경과 수질 오염 정도를 평가할 수 있는 생물학적 지표종으로 이용됩니다. 차갑고 깨끗한 계곡에서 사는 녀석, 폭

하루살이류 아성충

이 넓은 강에서 사는 녀석, 더러워진 연못, 오염된 하천이나 강 하류에서 사는 녀석 들 종에 따라 서식지가 저마다 달라 물의 오염 정도를 판단할 수 있기 때문입니다.

(3) 아성충

곤충 가운데서 하루살이목만 유일하게 아성충(Subimago) 단계를 거칩니다. 보통 다 자란 애벌레는 천적의 눈을 피하기 위해 어두워진 때를 틈타 어른벌레로 변신합니다. 하지만 이때 날개돋이를 한 하루살이는 어른벌레와 똑같지만, 아직 어른벌레로 성숙하지 못한 '아성충', 즉 버금성충입니다.

하루살이 아성충은 생식기가 완전히 성숙되지 않고, 몸뚱이와 날개의 색깔이 뱀 껍질을 뒤집어쓴 것처럼 뿌옇고 불투명하며 희끄무레합니다. 그래서 아성충 때에는 짝짓기를 못 한 채, 아무것도 안 하고 풀이나 나뭇잎에 매달려 쉽니다. 아성충 기간은 딱 하루뿐입니다. 하루만 지나면 아성충은 허물을 벗고 생식 가능한 어른벌레로 변신합니다.

우리나라에서 가장 많이 만나는 동양하루살이

동양하루살이의 어른벌레는 우리가 가장 흔하게 보는 곤충입니다. 봄과 여름 사이에 강이나 하천의 하류 지역에 있는 건물이나 음식점의 불빛에 잘 날아듭니다. 몸길이가 23밀리미터 정도이니 금방 눈에 띕니다. 속이 훤히 비치는 막질의 날개에는 검은색의 무늬가 추상화처럼 그려져 있고 배꽁무니에는 꼬리털 세 개가 붙어 있습니다. 수컷의 겹눈은 암컷에 견주어 크고, 앞다리도 암컷보다 깁니다.

애벌레는 대개 물이 느릿느릿 흐르는 강이나 하천 하류지역 모래나 진흙 속에서 삽니다. 때때로 호수나 저수지의 가장자리에서도 삽니다. 애벌레 시기는 열한 달 정도로 한살이의 대부분을 애벌레로 지냅니다. 동양하루살이의 한살이는 1년에 한 번 돌아갑니다.

동양하루살이 성충 입이 없어 아무것도 못 먹는다.

동양하루살이 아성충 진짜 어른이 되길 기다리며.

4. 잠자리목 Odonata

영어 이름 Dragonflies, Damselflies 우리나라 분포 11과 57속 116종 탈바꿈 형태 불완전변태

먹줄왕잠자리

잠자리목은 하루살이목과 함께 고시류에 속합니다. 잠자리의 조상은 2억 5천만 년 전에서 3억 년 전쯤 석탄기에 지구에 나타났는데, 아쉽게도 이들은 삼첩기(약 2억4,500만 년~2억1,000만 년 전)에 멸종하여 지금은 화석으로만 흔적이 남아 있을 뿐입니다. 이때 살았던 잠자리 화석을 살펴보니 날개를 편 길이가 무려 64센티미터나 될 만큼 몸집이 큽니다. 하지만 현재 지구에 살아남은 잠자리는 몸집이 작은 편으로 몸길이가 2~15센티미터 정도입니다.

잠자리목은 수서곤충입니다. 애벌레 시기에 물속에서 살기 때문입니다. 한 살이는 대개 1년에 한 번 돌아갑니다. 또한 잠자리들은 알, 애벌레, 어른벌레 시기를 거치는 불완전변태를 합니다.

애벌레와 어른벌레 모두 육식 곤충입니다. 잠자리목의 학명인 Odonata는 이빨 있는 턱(toothed jaws)을 뜻합니다. 실제로 잠자리 주둥이에는 강력한 큰턱이

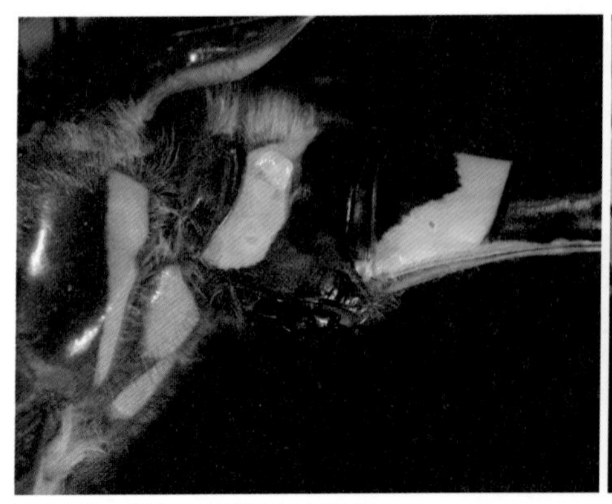

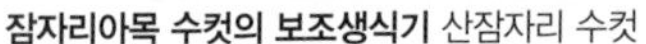

잠자리아목 수컷의 보조생식기 산잠자리 수컷

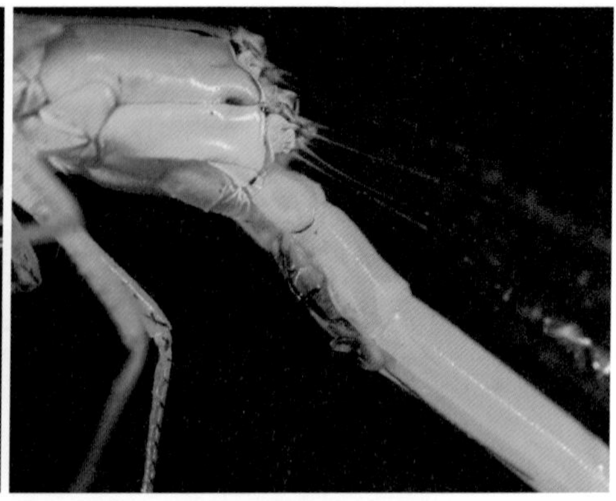

실잠자리아목의 보조생식기 노란실잠자리 수컷

붙어 있어 자기보다 힘 약한 생물을 잡아 와작와작 씹어 먹는 탁월한 포식자입니다. 애벌레는 물 바닥의 개흙 속에서, 어른벌레는 공중을 날면서 물 밖에서 사냥합니다. 식성이 같더라도 사는 곳을 달리하면 먹이경쟁을 피할 수 있고, 그만큼 대를 이어 종족을 유지하는 데 훨씬 유리하지요.

우리나라에는 잠자리과, 실잠자리과 들 11과 57속 116종이 살고 있습니다.

(1) 어른벌레

어른벌레는 여느 곤충보다 몸집이 큰 편이고, 몸 색깔이 초록색, 푸른색, 연두색, 빨간색, 노란색을 띠어 눈에 잘 띄고 굉장히 아름답습니다. 더듬이는 실 모양으로 가늘고 매우 짧아서 날아다닐 때 기류의 방해를 받지 않습니다.

날개가 매우 발달하여 많은 시간을 날아다니며 보냅니다. 날개는 길쭉하고 속이 훤히 들여다보이는 막질로 이루어져 있으며 날개맥이 매우 복잡하게 얽혀 있습니다. 고시류인 잠자리목 어른벌레들은 날개를 배 위에 겹쳐 놓을 수 없어 대개 양옆으로 펼치고 앉습니다. 날개가 잘 발달하다 보니 비행력이 매우 뛰어나, *Austrophlebia*속은 시속 60마일로 날 정도입니다. 어른벌레는 대부분 주행성으로 낮에 활동을 하지만, 드물게 몇몇 종은 야행성으로 밤에 활동합니다.

또한 겹눈은 왕방울처럼 툭 튀어 나오고 얼굴을 거의 다 차지할 만큼 커서

밀잠자리 수컷 잠자리는 날개가 막질로 이루어져 있다.

먹잇감을 잘 발견할 수 있습니다. 겹눈은 만 개에서 2만8천 개나 되는 수많은 낱눈으로 이루어져 있습니다. 이를테면 고추좀잠자리의 겹눈은 2만 개, 왕잠자리의 겹눈은 2만8천 개의 낱눈이 있습니다. 다리에는 까끌까끌한 가시털이 붙어 있어 사냥감을 놓치지 않고 꽉 잡을 수 있습니다. 수컷의 배꽁무니에는 집게 같은 파악기가 달려 있습니다.

잠자리 수컷 생식기는 기묘하고 독특한데, 생식기가 두 개 있습니다. 제1차 생식기는 배 끝 쪽(아홉 번째 배마디)에 있는데, 몸속의 정소에서 만든 정자가 이곳으로 나옵니다. 제2차 생식기(accessory genitalia)는 몸 한가운데쯤(두세 번째 배마디)에 있는데, 제1차 생식기에 있는 정자(정포, spermatopore)를 이곳으로 옮깁니다. 즉, 제1차 생식기는 정자가 나오는 곳이고, 제2차 생식기는 정자를 일시적으로 보관하는 보조 생식기입니다. 이렇게 생식기가 두 개인 까닭은 짝짓기할 때 수컷이 배꽁무니에 있는 집게처럼 무시무시한 파악기로 암컷의 머리(잠자리아목)나 가슴 앞부분(실잠자리아목)을 잡기 위해서입니다.

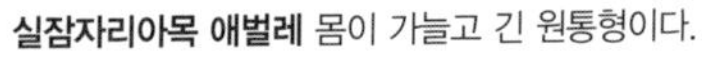
실잠자리아목 애벌레 몸이 가늘고 긴 원통형이다.

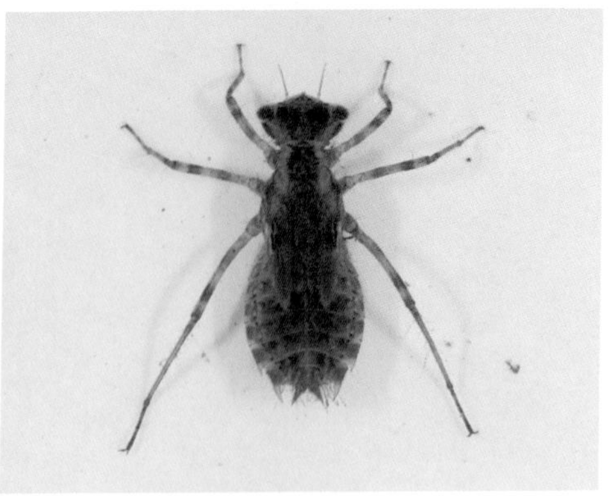

잠자리아목 애벌레 몸이 짧은 원통형이다.

(2) 애벌레

잠자리의 애벌레를 '수채'라고 부릅니다. 애벌레들은 다른 곤충에 견주어 자주 허물을 벗는데, 대체로 허물을 열 번에서 열다섯 번 정도 벗고 어른벌레가 됩니다. 애벌레의 표피는 질긴 큐티클로 되어 있어 몸이 커지면 머리와 등에 나 있는 탈피선이 갈라지면서 허물을 벗습니다.

잠자리 애벌레는 아가미로 호흡합니다. 몸에 기관아가미(잠자리아목은 직장아가미, 실잠자리아목은 꼬리아가미)를 갖추고 있어 물속에 녹아 있는 산소를 이용합니다.

애벌레는 위험에 맞닥뜨렸을 때 달아나거나 가사 상태에 빠지며, 심지어 자기 몸을 자해하는 방어 행동을 합니다. 실잠자리아목 가운데 어떤 애벌레는 천적에게 붙잡히면 자기 다리나 꼬리아가미를 떼어 버리는데, 이때 다리에 있는 도래마디가 잘 끊깁니다. 물론 끊긴 다리는 나중에 허물을 벗을 때 다시 생겨납니다. 보통 수컷의 2차 생식기는 다 자란 종령 애벌레 때 생겨납니다. 애벌레 시기는 대체로 1년 정도이나, 왕잠자리류의 애벌레 시기는 2년, 가끔 3년에서 5년일 때도 있습니다.

잠자리 애벌레는 주로 물속 밑바닥에서 지냅니다. 애벌레 역시 어른벌레와 마찬가지로 힘 약한 물속 생물들을 잡아먹는 포식자입니다. 특히 주둥이의 아랫입술이 굉장히 발달해 먹잇감을 발견하면 재빠르게 앞쪽으로 쭉 뻗어 먹이를 낚아챕니다. 애벌레는 진흙을 뒤집어쓰거나 썩어 가는 낙엽 속에 숨어 있다가 뛰어난 사냥 솜씨로 동족인 실잠자리 애벌레나 하루살이 애벌레, 깔따구 애벌레 같은 곤충을 잡아먹기도 하고, 물 밑바닥을 헤엄쳐 다니다가 물풀 가까이서 얼쩡대는 송사리, 물자라, 장구애비, 올챙이 같은 생물들을 잡아먹기도 합니다. 그러고 보니 애벌레도 어른벌레 못지않게 탁월한 물속 사냥꾼이군요.

애벌레들은 대개 연못이나 호수 같은 정수 지역에서 살지만, 하천이나 강과 같은 유수 지역에서 사는 종도 있습니다. 어린 애벌레들은 주로 동물성 플랑크톤을 먹고, 성장한 애벌레는 실지렁이류, 깔따구류, 모기류 같은 힘 약한 물속 생물을 잡아먹습니다. 몸집이 크고 튼튼한 왕잠자리류와 부채장수잠자리류 애벌레들은 올챙이나 어린 물고기까지 잡아먹습니다. 이렇게 애벌레는 담수 생태계에서 없어서는 안 될 중요한 역할을 하며, 수질오염을 가늠하는 지표종이 됩니다.

(3) 잠자리의 분류

잠자리목은 크게 옛실잠자리아목, 실잠자리아목, 잠자리아목 세 개 아목으로 나눕니다. 이 가운데 가장 원시적인 무리인 옛실잠자리아목(Anisozygoptera)은 우리나라에는 단 한 종 백두산옛잠자리만 살고 있고, 실잠자리아목과 잠자리아목은 다수 종이 살고 있습니다.

잠자리들의 멀고 먼 조상은 3억 년 전 고생대 석탄기에 지구에 처음 등장한 원시잠자리목(Protodonata)인데, 날개를 편 길이가 자그마치 70센티미터 정도로 거대했습니다. 이들은 중생대 삼첩기 때 멸종하여 지금은 화석으로만 남아 있습니다.

현재 살아 있는 잠자리들의 진정한 조상은 고생대 페름기 후기에 나타났습니다. 이때 나타난 조상의 모습은 현재의 실잠자리아목과 비슷하게 생긴 실잠자리 형태였습니다. 이 조상은 중생대 삼첩기 동안 굉장히 빠르게 분화해 실잠자리아목과 옛실잠자리아목으로 갈라지고, 공룡이 번성하던 쥐라기에는 옛실잠자리아목에서 잠자리아목이 갈라져 나옵니다. 그러니 족보상으로 보면 실잠자리아목이 잠자리아목의 조상형이 됩니다.

우리나라에는 실잠자리아목과 잠자리아목이 주로 분포하고 있는데, 두 아목은 생김새나 습성이 서로 다릅니다. 실잠자리아목과 잠자리아목의 특징은 다음과 같습니다.

① 실잠자리아목의 특징

- 몸 크기가 작고, 몸통이 실처럼 가늘다.
- 겹눈은 만 개 넘는 낱눈으로 이루어져 작은 편이고, 머리 바깥쪽으로 튀어나왔다.
- 겹눈과 겹눈 사이 간격이 넓다.
- 앞날개와 뒷날개의 크기와 생김새, 날개맥이 거의 비슷하다.
- 앉을 때는 날개가 배와 수직이 되도록 한다(날개를 배 위에 올려놓고 앉는다).
- 암컷이 색변이를 한다.
- 짝짓기 할 때 수컷은 배 끝에 있는 교미부속기로 암컷의 목 부분을 잡는다.
- 암컷은 산란관이 발달되어 식물 조직을 뚫고 그 속에 알을 낳는다.
- 비행 능력이 뛰어나지 못해 활동 영역이 좁고, 멀리까지 날아가지 못한다.
- 애벌레의 배꽁무니(열한 번째 배마디)에는 꼬리아가미가 세 개 붙어 있다.
- 우리나라는 실잠자리과, 방울실잠자리과, 청실잠자리과, 물잠자리과 4과가 분포한다.

② 잠자리아목의 특징

- 몸이 크고, 몸통은 굵다.
- 겹눈은 매우 크고, 머리 바깥쪽으로 돌출되지 않으며, 겹눈은 2만 개 넘는 낱눈으로 이루어져 큰 편이고, 머리 바깥쪽으로 튀어나오지 않는다.
- 겹눈과 겹눈 사이 간격이 매우 좁아 겹눈끼리 붙어 있다.
- 뒷날개의 기부가 앞날개의 기부보다 폭이 더 넓고, 날개맥이 조금 다르다.
- 앉을 때는 날개가 배와 수평이 되도록 한다(날개를 양옆으로 펼치고 앉는다).
- 수컷이 색변이를 한다.
- 짝짓기 할 때 수컷은 배 끝에 있는 교미부속기로 암컷의 머리를 잡는다.

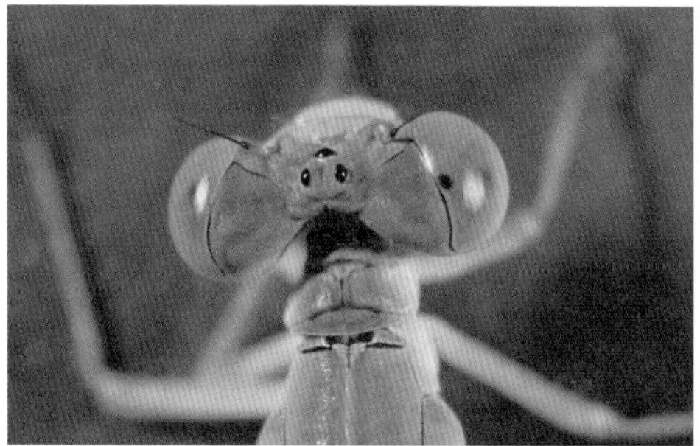

실잠자리아목 노란실잠자리 얼굴 겹눈과 겹눈이 멀리 떨어져 있다.

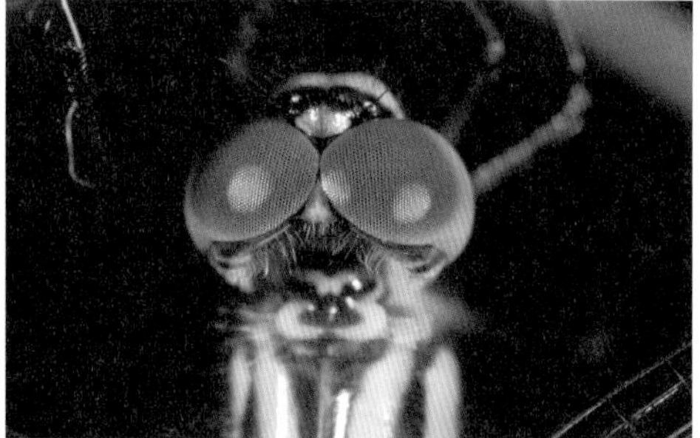

잠자리아목 고추좀잠자리 얼굴 겹눈과 겹눈이 붙어 있다.

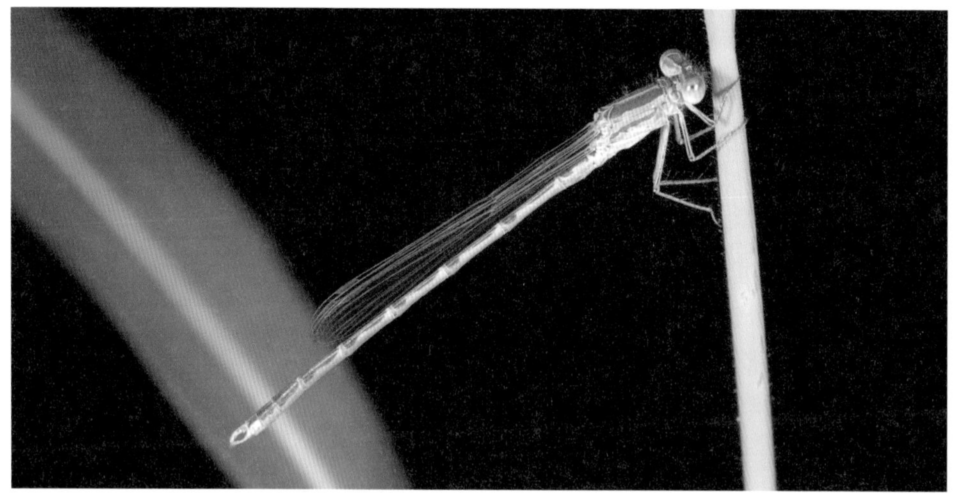

실잠자리아목 묵은실잠자리 날개 날개를 접어 배 위에 올리고 앉는다.

잠자리아목 고추좀잠자리 날개 날개를 양옆으로 펼치고 앉는다.

- 암컷은 대개 산란관을 가지고 있어 배 끝으로 물 표면을 부딪치거나, 물 위에서 떨어뜨리거나, 진흙 속에 알을 낳는다(산란관이 발달한 왕잠자리과 제외).
- 비행 능력이 뛰어나 활동 영역이 넓고, 멀리까지 날아간다.
- 애벌레 몸속(직장)에 아가미가 있다.
- 우리나라에 왕잠자리과, 측범잠자리과, 독수리잠자리과, 장수잠자리과, 잔산잠자리과, 청동잠자리과, 잠자리과 들 7과가 분포한다.

(4) 잠자리의 생태

① 짝짓기

잠자리 수컷은 짝짓기 전에 해야 할 일이 있습니다. 바로 정자를 옮기는 일(이정행위)입니다. 앞서 얘기한 것처럼 수컷에게는 생식기가 두 개 있습니다. 한 개는 배 끝부분(아홉 번째 배마디에 있는 제1차 생식기)에 있고, 다른 하나는 두 번째 배마디와 세 번째 배마디 사이(정자 보관소 역할을 하는 제2차 생식기)에 있습니다.

짝짓기 전에 수컷은 배 끝에 있는 제1차 생식기에서 제2차 생식기인 보조생식기로 정자를 옮겨야 합니다. 수컷의 배 끝에는 생식기와 갈고리처럼 생긴 교미부속기(파악기)가 나란히 붙어 있기 때문에 정자를 건네는 일과 암컷의 몸을 잡는 일을 동시에 할 수 없습니다. 그래서 두 번째 배마디와 세 번째 배마디 사이에 있는 제2차 생식기에 정자를 임시로 보관합니다. 보통 짝을 찾기 전에 미리 정자를 옮기는데, 준비성이 없는 녀석들은 짝을 찾은 다음에야 부랴부랴 옮깁니다.

드디어 암컷과 수컷이 짝짓기를 합니다. 짝짓기를 하기 위해 우선 수컷은 암컷 위쪽으로 날아가 가운뎃다리와 뒷다리로 암컷 가슴을 잡습니다. 이어서 곧바로 배꽁무니에 있는 교미부속기로 암컷의 목 부분(실잠자리아목)이나 뒷머리(잠자리아목)을 잡고 연결한 채 나란히 날다가 적당한 곳에 자리 잡습니다.

이제 수컷은 배를 움찔움찔 수축시켜 암컷의 머리와 더듬이를 건드리고, 암

잠자리아목 고추좀잠자리의 짝짓기 수컷의 배 끝 파악기가 암컷의 가슴 앞부분을 꽉 잡았다.

실잠자리아목 방울실잠자리의 짝짓기 짝짓기 모양이 하트 모양이다.

컷이 배를 둥글게 구부려 수컷의 두 번째와 세 번째 배마디 사이에 있는 제2차 생식기에 배꽁무니를 대며 짝짓기 합니다. 이때 잠자리의 짝짓기 하는 모습은 하트 모양(copulation wheel)입니다.

② 산란경호

짝짓기가 성공적으로 끝났습니다. 짝짓기가 끝났는데도 수컷은 교미부속기로 암컷을 꽉 잡고서 놓아 주지 않습니다. 암컷은 수컷의 파악기에 매달린 채 수컷이 날아가는 곳으로 이리저리 끌려다닙니다. 수컷은 알 낳을 곳으로 암컷을 안내합니다. 수컷에 이끌려 연못까지 날아온 암컷은 수컷이 이끄는 대로 물 표면에 알을 낳기 시작합니다. 간혹 수컷이 암컷을 놓칠 경우에는 수컷은 알 낳는 암컷 가까이서 날며 다른 잠자리들이 다가오는 걸 막습니다.

이렇게 알 낳는 암컷을 지키는 것을 '산란경호'라 합니다. 우리 둘레에서 자주 만나는 된장잠자리, 밀잠자리나 고추좀잠자리 들 개체 수가 많아 경쟁이 심한 종에서 흔히 볼 수 있는 현상입니다.

잠자리아목 날개띠좀잠자리의 연결 비행 수컷의 배는 빨간색(혼인색)이고, 암컷의 배는 노르스름하다.

③ 정자전쟁

수컷은 암컷이 알을 다 낳을 때까지 놓아 주지 않거나, 놓치더라도 떠나지 않고 곁을 맴돌면서 산란경호 행동을 합니다. 다른 수컷이 접근하지 못하도록 아예 자기 신부를 지키고 있는 것입니다. 이런 현상을 '정자전쟁(정자경쟁)'이라고 합니다.

하지만 잠자리를 포함한 대부분의 곤충은 본능적으로 다회교미를 합니다. 즉 수컷은 여러 암컷과, 암컷은 여러 수컷과 짝짓기를 하는 것이지요. 우수한 유전자를 확보하기 위해서이지요. 수컷의 정자는 암컷 몸으로 들어가 암컷의 산란관 가까이 있는 저정낭에 보관됩니다. 암컷 몸에 보관된 정자는 수정할 때 하나씩 쓰는데, 맨 나중에 짝짓기 한 수컷의 정자가 가장 먼저 쓰입니다. 짝짓기 한 순서대로 저정낭에 정자가 차곡차곡 쌓이기 때문입니다.

때때로 나중에 짝짓기 하는 수컷이 앞서 짝짓기 한 수컷의 정자를 파내고는 자기 정자를 넣기도 합니다. 사람의 입장에서 볼 때는 파렴치한 행동이지만 잠자리 수컷의 입장에서 보면 정자끼리 목숨을 두고 다투는 경쟁 없이 자기 유전자를 퍼뜨릴 수 있는 좋은 기회지요.

④ 알 낳기

잠자리목은 대개 짝짓기 뒤 알을 물에다 낳습니다. 연못 위를 날아다니며 수면에다 배 끝을 대고 알을 낳기도 하고, 물풀 줄기에다 알을 낳기도 하고, 공중에서 물에다 알들을 뿌리기도 합니다.

암컷은 혼자 또는 수컷에 몸이 연결된 채 알을 낳습니다. 알은 암컷 몸속에 있는 난소에서 성장한 뒤 산란관이나 산란판을 통과해 몸 밖으로 빠져나옵니다. 이때 산란관 가까이 있는 저정낭(수컷으로부터 받은 정자를 보관하는 주머니)에서 보관되어 있던 정자와 만나 수정됩니다.

알 생김새는 종에 따라 다른데, 산란관이 발달한 종의 알은 홀쭉한 타원형, 산란판이 발달한 종의 알은 둥근 타원형입니다. 알 크기는 종마다 달라 실잠자리류는 약 1밀리미터로 작고, 왕잠자리는 약 2밀리미터로 큽니다.

알은 몇 개나 낳을까요? 왕잠자리처럼 몸집이 큰 종류는 300개 정도 낳고, 밀잠자리처럼 몸집이 약간 작은 종류는 1,000개 정도 낳습니다. 알 낳는 방식은 두 가지로 식물 조직 안에 낳는 방법(내산란)과 식물 조직 밖에 낳는 방법(외산란)이 있습니다.

알 낳는 법은 암컷의 배꽁무니 생김새에 따라 다릅니다. 암컷의 배 끝 부분(여덟 번째 배마디)에는 종에 따라 산란관 혹은 산란판이 있습니다. 산란관은 말 그대로 알을 낳는 관으로 가느다란 침처럼 생겼습니다. 이 산란관은 식물의 조직에 찔러 넣기에 안성맞춤입니다. 따라서 산란관을 지니고 있는 종들은 검정말이나 붕어말 같은 물속 식물 조직에 산란관을 꽂은 뒤 알을 낳습니다.

대표적인 예로 실잠자리아목과 왕잠자리과를 들 수 있습니다. 붕어말이나 마름 같은 물속 식물의 조직 속에 알을 낳으면 빠른 물살에 알이 쓸려나갈 염려가 적고, 천적의 눈을 피할 수 있어 알이 살아남을 확률이 큽니다. 따라서 산란관이 발달한 녀석들은 알을 적게 낳습니다.

반면에 산란판은 산란관이 퇴화된 것으로, 침처럼 생긴 관이 없으며 편평하고 두루뭉술하게 생겼습니다. 따라서 산란판을 지닌 종들은 찌를 수 있는 관이 없으니 식물 줄기의 표면에 알을 붙여 낳거나, 물 위를 날며 알을 떨어뜨립니다. 밀잠자리 등 많은 종들은 알을 낳을 때 보통 배꽁무니로 수면을 탁탁 치는데(타수산란), 이때 수면과 맞닿는 충격 때문에 알이 떨어집니다. 여름좀잠자리, 깃동잠자리와 쇠측범잠자리류들은 물을 스치듯 수면 가까이 날면서 알을 낳습니다. 두 경우 모두 알들은 점막에 싸인 채 재빠르게 물바닥으로 가라앉거나 물속 식물의 잎이나 줄기 표면에 붙습니다.

특이하게 장수잠자리류처럼 흐르는 물에 알을 낳는 종들은 배꽁무니를 물바닥에 직접 꽂습니다. 그러면 알이 물바닥의 흙 속에 있어 흐르는 물살에 휩쓸리지 않습니다. 안타깝게도 흙 속에 배꽁무니를 꽂는 과정에서 상처를 입어 심한 경우 알을 낳다 죽는 경우도 있습니다. 물론 어떤 방식으로 알을 낳든 암컷이 알 낳다가 그 알이 물고기나 수서곤충 같은 물속 생물들에게 잡아먹히기 일쑤입니다.

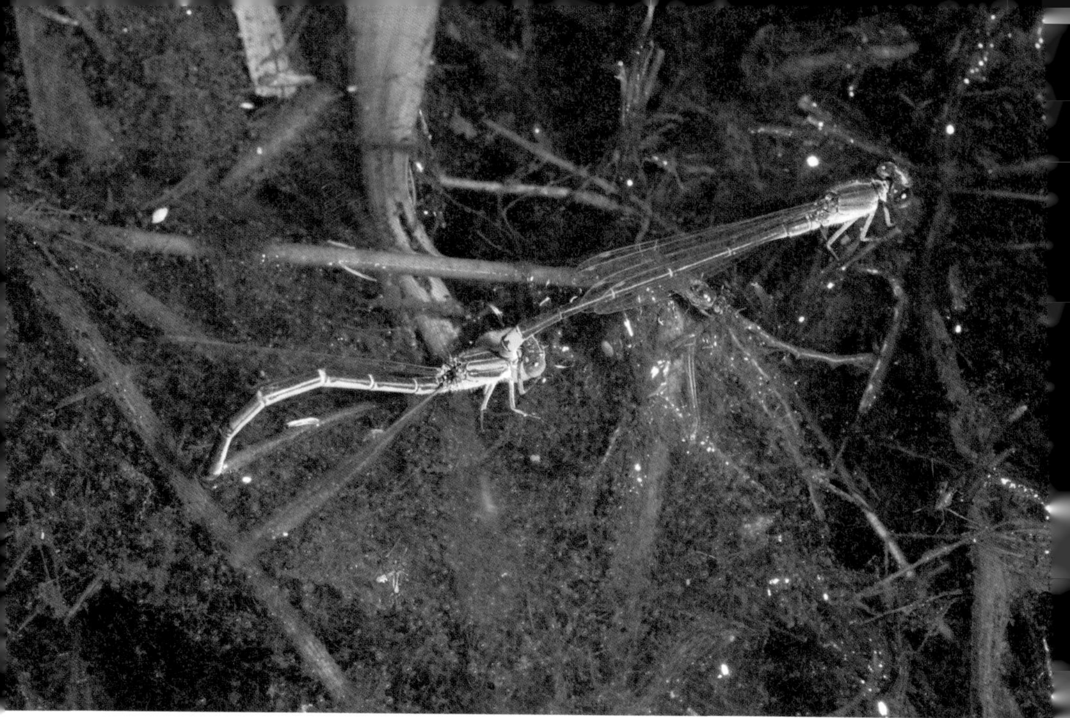
실잠자리아목 등검은실잠자리 암컷의 산란과 수컷의 경호

잠자리목은 종마다 활동하는 시기가 다르지만 대개 이른 여름에서 늦가을까지 알을 낳습니다. 그렇다 보니 알로 지내는 기간이 종마다 다릅니다. 밀잠자리처럼 봄에 낳은 알의 경우 열흘 만에 애벌레가 태어납니다. 깃동잠자리처럼 가을에 낳은 알은 알 상태로 겨울을 나는데, 알로 겨울을 나는 종들은 짧게는 120일에서 길게는 230일 정도 지나야 알에서 애벌레가 태어납니다. 겨울 동안 알의 물질대사가 정지되어 발육이 멈춥니다. 휴면에 접어든 거지요.

⑤ 부화

알에서 애벌레가 깨어나는 걸 '부화'라고 합니다. 연약한 애벌레가 질긴 알껍질을 뚫고 나오는 것은 만만치 않습니다. 다행히 애벌레의 머리 부분에는 날카롭고 뾰족하게 생긴 난치(egg tooth)가 있어 알 껍질을 깰 수 있도록 도와줍니다. 재미있게도 물풀에 알을 낳는 어떤 실잠자리는 알 속으로 물을 흡수해 머리 부분의 압력을 높입니다. 그 압력으로 알을 깨고 세상에 나옵니다.

⑥ 날개돋이(우화)

물속에서 온갖 우여곡절을 겪으며 무사히 자란 애벌레는 날개돋이 할 때가 다가오면 통 먹지를 않습니다. 그러면서 날개싹이 부풀어 오르고, 눈이 투명해집니다. 이때 가장 큰 변화는 숨쉬기 방법입니다. 애벌레 시기 내내 물속에서 아가미로 호흡하던 걸 땅 위에서 공기로 호흡하는 방식으로 바꿔야 합니다. 그래서 애벌레는 물 밖으로 머리를 내밀거나 물 밖의 풀이나 이끼 위로 기어 나와 새로운 호흡법을 연습합니다. 물 밖으로 나오면 물속에서는 꼭 닫혀 있던 가슴 부분의 숨구멍이 활짝 열리고, 그 숨구멍 속으로 공기가 들어갑니다.

이렇게 호흡 적응 연습이 끝나면, 드디어 날개돋이에 들어갑니다. 주로 고요한 새벽이나 이른 아침과 정오 사이에 뭍으로 올라와 적당한 풀 줄기나 나뭇가지에 매달리거나 바위에 붙어 날개돋이를 합니다. 왕잠자리과는 주로 저녁부터 자정 사이에 날개돋이를 합니다.

풀 줄기나 바위 같은 지지대에 몸을 고정시키면 등쪽에 있는 탈피선이 갈라집니다. 갈라진 틈으로 어른벌레 몸이 서서히 빠져나오기 시작합니다. 다리가 빠져나오면 잠시 쉬면서 다리가 단단하게 경화되길 기다리다, 이내 배를 빼내고 날개를 서서히 펼치기 시작합니다.

날개돋이에 걸리는 시간은 대개 40분에서 한 시간 반 정도이지만, 매달려서 날개돋이 하는 종은 무려 두 시간에서 네 시간까지 걸립니다. 날개돋이 한 뒤 탈피각에 있는 하얀 실처럼 생긴 물질은 애벌레 때 사용했던 내부 기관이 탈피한 흔적입니다. 날개돋이 할 때 내부 기관들도 함께 탈피하기 때문입니다.

(5) 잠자리의 숨 쉬기

① 직장아가미로 숨 쉬는 잠자리아목 애벌레

잠자리아목 애벌레는 직장 속에 있는 아가미로 호흡니다. 다시 말하면 호흡 기관인 아가미가 직장 속에 있기 때문에 '직장아가미'라고 부릅니다. 항문 안쪽의 주름진 부분에 기관(trachea)이 갈라져 나와 서로 엉겨 있는 아가미입니다. 녀석은 직장으로 물을 빨아들였다가 뿜어내기를 반복합니다.

직장 속으로 들어온 물은 자연스럽게 직장 안쪽 벽에 있는 기관아가미의 표면 위로 흐릅니다. 이때 확산작용(높은 농도에서 낮은 농도로 분자들이 움직이는 현상)이 일어나 물속에 녹아 있는 산소가 서서히 직장아가미 속으로 들어갑니다. 직장아가미 바깥쪽의 산소 농도가 직장아가미 안쪽의 산소 농도보다 높기 때문이지요. 재미있게도 직장으로 빨아들인 물에서 산소 분자를 얻고 나면 그 물을 다시 직장 구멍을 통해 몸 밖으로 강력하게 뿜어냅니다. 그러면서 앞으로 빠르게 나아갈 수 있지요.

애벌레의 아가미는 숨쉬기 말고도 다른 용도로도 사용합니다. 사냥할 때나 도망갈 때지요. 천적을 만나면 아가미 호흡을 이용해 재빠르게 도망칩니다. 호흡을 위해 항문 속으로 빨아들였던 물을 항문 밖으로 확 내뿜으면, 반작용으로 몸이 빠른 속도로 앞으로 쭉 뻗어 나갈 수 있습니다.

② 꼬리아가미로 숨 쉬는 실잠자리아목 애벌레

실잠자리아목 애벌레는 배 끝에 길쭉한 잎사귀 모양 아가미가 세 장 달려 있습니다. 애벌레는 물고기가 꼬리지느러미를 흔들며 헤엄치듯이 아가미를 좌우로 흔들면서 헤엄칩니다.

애벌레의 배는 모두 마디 열한 개로 이루어졌는데, 맨 끝에 있는 열한 번째 배마디가 기다란 꼬리아가미(caudal gill)로 변형이 되었습니다. 실잠자리류 애벌레들은 이 꼬리아가미로 숨을 쉽니다.

꼬리아가미를 자세히 들여다보면 실핏줄처럼 가느다란 가지들이 사방으로 퍼져 있습니다. 이것들이 모두 기관인데, 숨구멍들과 연결되어 있습니다. 실잠자리 애벌레는 위험에 처하면 헤엄쳐 달아나기도 하지만, 특이하게도 어떤 때는 자기 다리나 꼬리아가미를 떼어 내고 도망치기도 합니다. 잘린 다리는 다시 돋아납니다.

아직도 논란의 여지가 있지만 실잠자리아목 애벌레는 꼬리아가미가 없어도 물속에서는 사는 데 큰 지장이 없어 보입니다. 그래서 꼬리아가미는 숨을 쉴 때 조수 역할을 하는 보조 호흡기관이라는 주장도 있습니다. 이와 관련해 더 많은 연구가 이루어져야 합니다.

(6) 잠자리의 재미있는 행동과 습성

잠자리목 곤충들은 짝짓기 시기에 혼인색을 띱니다. 갓 날개돋이를 했을 때를 미성숙 시기라 하는데, 이때는 성적으로 성숙하지 않아 짝짓기를 못합니다. 따라서 미성숙 시기에는 대개 암컷과 수컷의 몸 색깔이 크게 차이가 나지 않습니다. 일정 기간 동안 먹이 활동을 하면서 점점 몸은 짝짓기를 할 수 있는 성숙 시기로 접어들고, 이때가 되면 일부 수컷이나 암컷의 몸 색깔이 변합니다.

성숙 시기가 되면 보통 잠자리아목 잠자리과는 수컷이 색변이를 하고, 실잠자리아목은 암컷이 색변이를 합니다. 이를테면 고추잠자리 수컷은 노란색이었다가 성숙 시기에 빨갛게 변하고, 노란실잠자리의 암컷은 성숙 시기에 노란색에서 녹색으로 변합니다.

잠자리는 유명한 포식자로, 비행사냥 전문가입니다. 하루에 자기 체중의 50퍼센트 넘는 양의 먹이를 사냥합니다. 모기로 치면 평균 200마리 정도 사냥합니다. 그래서 서양에선 잠자리를 모기매(mosquito hawk)라고도 부릅니다.

가끔 잠자리가 나뭇가지 꼭대기에 앉아 있을 때 배꽁무니를 곧게 세워 하늘을 향해 치켜 올릴 때가 있습니다. 잠자리는 땀샘이 없어 땀을 배출하여 체온을 조절하지 못합니다. 그러다 보니 햇빛을 덜 받아 체온을 높이지 않으려는 것이지요.

비행력이 뛰어난 잠자리는 초당 20~30회를 진동하며 납니다. 참고로 모기나 꿀벌은 초당 200~300회, 배추흰나비는 10회 진동하며 난다고 합니다. 빠른 종의 비행 속도는 시속 60킬로미터 정도이고, 실잠자리류는 시속 30킬리미터로 알려져 있습니다. 날개 끝부분 가두리에 자그마한 무늬가 있는데, 이를 '연문'이라고 부릅니다. 연문은 날개의 불규칙한 진동을 조절하는 역할을 합니다.

하나잠자리가 배꽁무니를 치켜들어 햇볕 쬐는 몸의 면적을 최소화하고 있다.

노란실잠자리가 동족인 실잠자리류를 사냥하고 있다.

고추좀잠자리를 비롯한 일부 좀잠자리류(대륙좀잠자리, 깃동잠자리, 산깃동잠자리)는 산지 이동형으로 더운 여름이면 피서하기도 합니다. 날개돋이 한 직후에는 애벌레가 살았던 지역에서 살다가, 온도가 높아지는 여름이면 시원한 산으로 이동합니다. 그곳에서 포식하며 지내다가 산지의 온도가 낮아 추워지면 다시 자기 서식지인 평지로 내려와 짝짓기 하고 알을 낳습니다.

이를테면 고추좀잠자리가 생활하는 데 가장 적당한 평균 온도는 15~20도인데, 평균 온도가 20도를 넘어서면 높은 지대의 서늘한 산으로 이동합니다. 만일 산속에서도 평균 기온이 20~25도보다 더 오르면 지열을 피해 떼 지어 공중비행을 하기도 합니다. 온도의 변화에 따라 생활 터전을 옮기는 종은 깃동잠자리, 산깃동잠자리, 대륙좀잠자리, 마아키측범잠자리 들입니다.

5. 강도래목 Plecoptera

영어 이름 Stoneflies, Perlids 우리나라 분포 10과 36속 95종 탈바꿈 형태 불완전변태

무늬강도래

강도래목은 아주 오래전 지구에 처음 나타났습니다. 강도래 조상(*Paraplecoptera*)은 약 2억5천만 년 전인 페름기(해양생물과 육상생물의 95퍼센트 정도가 멸종한 고생대 마지막 시기) 말부터 삼첩기(중생대)까지 번성했는데, 이때의 화석으로 남아 있는 종은 30종입니다. 물론 이 화석종은 오래전에 멸종된 종입니다. 현재 지구에서 살고 있는 강도래 종류는 2천 종 정도가 됩니다.

강도래는 남극 지방을 제외한 모든 대륙, 즉 0~5,600미터에 걸쳐서 곤충이 살 수 있는 지역에 삽니다. 특히 강도래 대부분은 북반구에서 사는데, 애벌레 대부분이 차갑고, 맑고 깨끗한 물속에서 삽니다. 남반구에 사는 몇몇 종은 습지에서 살기도 합니다. 강도래는 생물지리학적으로 찬 기후에 적응한 곤충으로 대부분의 종들이 온대 지역이나 고위도 지역에서 터를 잡고 삽니다. 강도래는 어른벌레가 되어도 잘 날지 못하고, 습성이 까다롭기 때문에 특정한 곳에서 삽니다. 그래서 강도래의 생태 연구는 지구의 지각 변화를 이해하는 데 도움이 되기도 합니다.

강도래목 어른벌레는 땅에서 살고, 애벌레가 물속에서 살기 때문에 수서곤충 무리에 들어갑니다. 대부분 1년에 1세대를 거치지만 진강도래나 한국강도래처럼 몸집이 큰 녀석들은 한 세대를 완성하는 데 2~3년이 걸리기도 합니다. 모든 강도래들은 애벌레가 번데기 시기를 거치지 않고 곧바로 어른벌레로 날개돋이를 하는 불완전변태를 합니다. 대체로 알에서 애벌레가 깨어나기까지 3~4주 걸리고, 애벌레는 12~24번 허물을 벗으면서 성장합니다.

어른벌레는 대개 날개는 있으나 비행력이 약해 멀리 이동하지는 않고 물가 바위, 풀잎과 나뭇잎 들에서 삽니다. 그래서 물가의 바위 근처에서 강도래가 날개돋이 하며 빠져나온 허물이 많이 보입니다. 반면에 애벌레는 차고 깨끗한 계곡물에서만 살기 때문에 물속 환경이 건강한지 오염되었는지 수질을 평가할 수 있는 생물학적 지표종 역할을 합니다. 또한 강도래목은 메뚜기목, 흰개미붙이목, 집게벌레목과 매우 가까운 유연관계를 갖습니다.

우리나라에는 10과 36속 95종이 살고 있습니다.

(1) 어른벌레

어른벌레의 몸은 비교적 약한 편이나, 몸집은 큰 편이라 몸길이가 4~50밀리미터 정도입니다. 몸 생김새는 길쭉하고 배꽁무니에 꼬리털 두 개가 달려 있습니다. 더듬이는 실 모양으로, 수십 개의 가느다란 마디가 촘촘히 연결되어 있습니다. 주둥이는 퇴화해 식사를 하지 않습니다. 날개는 굉장히 길어서 배 끝을 덮고도 남는데, 앞날개보다 뒷날개의 폭이 더 넓습니다. 앉아서 쉴 때는 앞날개를 뒷날개 위에 겹쳐 배 위에 얹어 놓습니다.

진강도래의 얼굴 더듬이가 실 모양이다.

드물게 몇몇 종은 날개가 축소되거나 퇴화되었는데, 대표적으로 민

점등그물강도래 애벌레

날개강도래속(*Scopura*)과 흰배민강도래과(*Capina*속) 어른벌레는 날개가 없어 물속에서 살아갑니다. 특이하게 배 끝에는 긴 꼬리털 두 개가 달려 있습니다. 꼬리털은 부드럽고 여러 마디로 이루어져 있으며 감각기관이 모여 있습니다.

특이하게도 그물강도래과(Perlodidae)와 녹색강도래과(Chloroperlidae)의 암컷과 수컷은 짝짓기 할 때 배 끝으로 나뭇잎을 두드리고 배 끝을 문질러 소리 내며 신호를 보냅니다. 짝짓기를 마친 뒤 암컷이 어두운 저녁을 틈타 알을 낳기 위해 계곡물로 날아듭니다. 암컷은 배 끝에 알 덩어리를 매단 채 수면을 스치듯 날며 알 덩어리를 물속으로 떨어뜨립니다. 알 덩어리가 물속으로 가라앉는 사이 알들이 흩어져 물속으로 퍼져 나갑니다.

(2) 애벌레

강도래 애벌레의 몸 생김새는 언뜻 보면 하루살이 애벌레와 비슷합니다. 몸은 원통 모양으로 길쭉하며 위에서 보면 납작하게 보입니다. 큰 겹눈과 홑눈 두세 개가 있으며, 주둥이(특히 큰턱과 작은턱)가 매우 발달되어 있습니다. 더듬이는 긴 채찍 모양입니다.

가슴등판은 갑옷을 입은 것처럼 튼튼하게 생겼습니다. 특이하게 앞가슴등판, 가운뎃가슴등판, 뒷가슴등판의 크기가 거의 비슷해 하루살이 애벌레와 확실히 구별이 됩니다. 가슴에는 물속에서 숨을 쉬는 데 필요한 기관아가미가 붙어 있는데, 아가미는 마치 털 다발처럼 생겼습니다. 배 끝의 항문에도 털 다발 같은 아가미(항문아가미술)가 붙어 있습니다. 또한 배 끝에는 몸통과 비슷한 길이의 꼬리털 두 개가 달려 있습니다.

애벌레의 다리와 몸에는 부드러운 털과 센털이 빼곡히 나 있는데 이 털들은 물속 돌멩이에 잘 붙어 있도록 도와줍니다. 더구나 털처럼 생긴 아가미까지 있어 돌멩이에 딱 달라붙으면 물이 세게 흘러도 잘 떨어지지 않습니다.

한편 애벌레는 종류에 따라 다양한 먹이를 다양한 방법으로 먹습니다. 어떤 종은 물속에 쌓인 식물 찌꺼기 따위를 기관아가미로 걸러서 먹고, 어떤 종은 바위나 퇴적물에 붙어 있는 조류나 이끼류 등을 긁어 먹고, 어떤 종은 나뭇잎이나 나무껍질을 갉아 먹고, 어떤 종은 다른 물속 생물을 잡아먹고 삽니다. 진강도래 애벌레는 육식성으로 하루살이 애벌레, 날도래 애벌레, 깔따구 애벌레 같이 힘 약한 물속 생물을 잡아먹습니다.

애벌레는 주로 차갑고 깨끗한 물에서 살기 때문에 물속 생태계가 얼마나 건강한지를 가늠하는 지표종 역할을 합니다.

(3) 짝짓기 신호

강도래의 어른벌레들은 어떻게 짝을 찾을까요? 희한하게도 녀석들은 상대방이 두들기는 소리를 듣고 짝을 찾습니다. 이를테면 진강도래 수컷은 배 끝을 돌멩이나 나뭇잎 같은 물체에 톡톡 두들기듯 부딪혀 소리를 냅니다.

재미있게도 강도래류가 소리를 내는 방법은 여러 가지입니다. 배 끝으로 물체를 톡톡 두들겨 소리 내기도 하고(percussion), 배 끝으로 어떤 물체를 짧게 긁어 마찰음을 내기도 하고(scraping), 배 끝 돌기로 어떤 물체를 누르며 비비듯이 두드려 소리 내기도 하고(rubbing), 배 끝으로 물체를 파르르 두들겨 소리 내기도(tremulation) 합니다. 어떤 강도래는 배 끝에 아무 돌기가 나 있지 않아 밋밋하고, 또 어떤 강도래는 배 끝에 물체를 두들기기 좋게 망치나 나사 같은 모양의 돌기가 나 있는데 이에 따라 다른 소리를 냅니다.

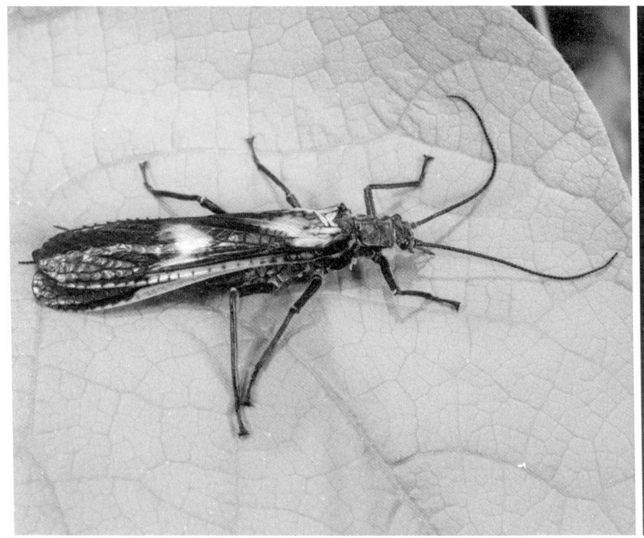

큰그물강도래

집게강도래

수컷이 먼저 배 끝을 잎사귀 위나 돌 위에 대고 소리를 냅니다. 그러면 암컷은 털이나 더듬이 같은 모든 감각기관을 총동원해 수컷이 두들기는 소리를 듣습니다. 수컷이 두들기는 소리는 사람처럼 공기 중에 퍼져 나간 음파로 고막을 진동시켜 들을 수 없습니다. 수컷의 배 끝이 잎사귀, 나무줄기, 풀 줄기나 돌멩이 같은 물체와 부딪칠 때 내는 진동음은 암컷 몸에 붙어 있는 여러 감각기관을 통해 접수됩니다. 이때 암컷의 감각기관 가운데 몸에 붙어 있는 털들이 큰 몫을 합니다. 이 털들은 모두 녀석의 신경과 연결되어 있어 털이 조금만 움직여도 금방 바깥 상황을 알아차립니다.

원래 강도래의 조상은 짝짓기 할 때 소리 내지는 않았을 것으로 생각됩니다. 바위나 나뭇잎 위에 앉을 때 우연하게 배 끝이 앉아 있는 물체에 닿으면서 소리가 났는데, 그 소리가 반복되다 보니 상대방에게 의미 있는 신호로 들렸을 것입니다. 처음에는 배 끝으로 물체를 단순하게 톡톡 두들겨 소리만 냈는데, 암컷이 그 소리에 반응하면서 수컷들의 두들기는 소리가 오랜 시간 진화를 거치며 점점 다양해졌습니다. 게다가 수컷들은 여러 소리를 내는 것에 그치지 않고 두들기는 소리를 점점 정교하게 다듬어 가는 데도 공을 들입니다. 그러다 보니 자연스럽게 강도래의 배 끝 생김새는 두들기는 모습에 맞게 변형되었습니다.

6. 바퀴목 Blattodea

영어 이름 Cockroaches, Roaches 우리나라 분포 4과 8속 14종 탈바꿈 형태 불완전변태

독일바퀴

바퀴는 기원이 오래되었습니다. 바퀴는 지금으로부터 약 3억5천만 년 전(고생대 석탄기)에 지구에 처음 나타난 뒤 현재까지 생김새의 큰 변화 없이 다양한 지구환경에 적응한 결과 4천 종 넘는 많은 종이 살 정도로 크게 번성하고 있습니다. 그래서 원시적 모습 그대로인 바퀴를 '살아 있는 화석'이라고도 부릅니다.

바퀴의 고향, 즉 첫 발생지는 아프리카로 여겨지는데, 주로 옥외 서식성으로 건물 밖인 낙엽 아래, 쓰레기나 돌 밑, 나무 위, 나무껍질 밑이나 동굴 들에서 낮에 활동합니다. 하지만 극히 적은 수의 종만 집에서 사는 가주성(家住性) 바퀴로 우리 인간 생활에 깊숙이 들어와 있습니다. 가주성 바퀴는 모두 어둠을 좋아하는 야행성으로 습하고 어두컴컴한 곳을 좋아합니다. 동물 시체나 식물질을 먹는 잡식성으로 위생곤충(사람에게 직간접적으로 피해를 주는 곤충)에 해당합니다.

또한 특이하게 나무 조직을 먹는 바퀴도 있습니다. 우리나라에 사는 갑옷바퀴를 좋은 예로 들 수 있는데, 흰개미와 매우 습성이 비슷합니다. 또한 갑옷바

퀴 무리는 새끼들이 어른벌레가 되기 전까지 모여 사는 아사회성 집단생활을 합니다. 녀석들이 허물을 벗을 때마다 목재의 소화를 돕는 장내 공생 미생물이 몸에서 빠져나오는데, 이때 동료의 배설물을 먹어 목재 소화용 미생물을 확보합니다.

우리나라에는 독일바퀴(바퀴), 먹바퀴, 집바퀴(일본바퀴), 이질바퀴, 산바퀴, 줄바퀴 들이 사는데, 이 가운데 산바퀴와 줄바퀴는 야외에서 삽니다.

현재 우리나라에 살고 있는 바퀴목은 4과 8속 14종입니다.

(1) 생김새

몸의 크기는 중형 내지 대형으로 날개가 달린 유시형과 날개가 없는 무시형이 있습니다. 몸 색깔은 엷은 갈색에서 거무스름한 갈색입니다. 생김새는 넓은 계란형으로 등과 배가 납작합니다. 표피는 갑옷처럼 단단하며 윤기가 흐르는 왁스층으로 덮여 있고 어떤 종은 짧은 털로 덮여 있습니다.

겹눈 사이에 붙어 있는 더듬이는 기다란 실 모양으로, 무려 100개가 넘는 마디들이 서로 연결되어 있습니다. 더듬이로 소리, 물건의 움직임, 공기의 흐름을 감지하거나 냄새를 맡기도 합니다. 머리는 아래쪽으로 수그리고 있어 위쪽에서 보면 잘 보이지 않습니다. 그래서 주둥이도 위쪽에서 잘 보이지 않으며 씹는형입니다.

다리는 길어 걷거나 달리기에 좋은데, 각각의 마디에는 센털과 가시돌기가 붙어 있습니다. 배꽁무니에는 꼬리털 한 쌍이 붙어 있는데, 꼬리털은 감각기관입니다.

(2) 한살이

바퀴는 불완전변태를 하는 곤충이어서 알, 애벌레, 어른벌레의 단계를 거치며 한살이를 이루어 나갑니다. 애벌레는 어른벌레와 생김새와 습성이 비슷합

먹바퀴의 알주머니

먹바퀴 우화

먹바퀴 어른벌레

니다. 다만 애벌레는 날개가 완전하게 배를 덮지 못하며 생식기가 완전하게 성숙되어 있지 않습니다. 종에 따라 차이가 있으나, 알에서 어른벌레가 되는 데 걸리는 시간은 보통 약 1개월에서 3개월 정도입니다. 하지만 먹바퀴와 이질바퀴는 1년 넘게 걸립니다.

① 알

짝짓기를 마친 암컷은 알을 낳습니다. 수십 개의 알은 '난협'이라고 부르는 알주머니 속에 줄 맞춰 놓여 있습니다. 특이하게 어미는 배꽁무니에 열려 있는 생식낭에 알주머니를 달고 다니다 부화할 때가 다가오면 안전한 곳에 떨어뜨립니다. 애벌레의 부화 확률을 높이려는 바퀴의 전략입니다.

② 애벌레와 어른벌레

알에서 깨어난 애벌레는 자유롭게 여기저기 돌아다니며 생활하며, 어른벌레 못지않게 매우 민첩합니다. 종이나 환경 조건에 따라 차이가 있지만 보통 애벌레는 다섯 번에서 여덟 번까지 허물을 벗으면서 성장합니다. 허물을 벗은 지 얼마 되지 않았을 때 몸 색깔은 흰색을 띠고 피부도 부드럽지만, 시간이 흐르면서 몸 색깔이 갈색으로 변하고 피부가 단단하게 굳어집니다. 다 자란 종령 애벌레가 날개돋이를 해 어른벌레가 되면 맘에 드는 짝을 만나 짝짓기를 한 뒤 암컷은 죽을 때까지 알을 낳으며 한살이를 이어 갑니다.

(3) 바퀴의 습성

우선 식성은 잡식성으로 동물질, 식물질, 썩은 동식물질이나 사람이 먹는 음식 들 아무거나 잘 먹습니다. 생존 능력이 매우 강해 건물뿐만 아니라 야외의 쓰레기 처리장이나 하수구에서 삽니다. 특히 사람들과 자주 부딪치는 가주성 바퀴는 건물 안에 먹잇감이 있고 온도나 습도가 어느 정도 유지되는 어두컴컴한 곳에서 살아갑니다. 부엌, 주방의 벽 틈새, 씽크대, 히터 가까운 곳이나 음식물을 쌓아 놓은 곳에서 발견됩니다.

바퀴는 여러 마리가 한곳에 모여 한 집단생활을 합니다. 이질바퀴를 실험해 보니, 한 마리만 단독으로 자란 개체에 견주어 두 마리 넘게 함께 모여 생활한 개체의 성장 기간이 짧다고 합니다. 혼자 자란 개체의 경우 암컷은 40일, 수컷은 20일이나 발육이 느리다고 하니 놀랍기만 합니다. 이는 동료가 함께 있으면 성장에 필요한 호르몬이 더 잘 분비된다는 걸 뜻합니다. 녀석들은 어두컴컴한 은신처에서 더듬이를 서로 맞대고 상대방의 존재를 확인하는 것으로 여겨집니다. 또한 동료가 있는 장소를 찾아갈 때는 집합페로몬을 이용하는데, 집합페로몬은 똥에 섞여 있습니다.

바퀴는 여느 곤충에 비해 알을 적게 낳는 편이고, 한살이 기간이 최대 1년으로 번식이 느린 편입니다. 특히 온도가 낮으면 성장 기간이 더욱 느려지고, 추운 겨울에는 거의 성장이 멈춥니다. 하지만 현대 건물들은 거의 난방시설이 잘 갖춰져 추운 겨울에도 바퀴가 원만히 살아갈 수 있습니다.

(4) 흰개미도 바퀴목

예전에는 흰개미를 흰개미목으로 분류하였으나, 현재는 분자생물학적인 유

흰개미

연관계 같은 까닭으로 바퀴목으로 통합되었습니다. 흰개미과는 주로 열대 또는 아열대 지역에 사는데, 몸을 숨기고 군집을 이루며 삽니다. 몸은 소형으로 개미와 비슷하게 사회 계급을 이루며 사는 진사회성 곤충입니다.

계급은 여왕, 왕, 일꾼, 병정, 생식개미 들로 나눕니다. 여왕과 왕이 속한 계급은 날개가 달려 있고 생식할 수 있습니다. 여왕은 배가 굉장히 커 많은 알을 낳을 수 있고, 왕은 여왕과의 짝짓기 역할을 담당합니다. 이에 견주어 일꾼과 병정은 날개가 달려 있지 않으며, 여왕과 왕에 비해 매우 작고 집단의 보호와 지킴이를 담당합니다. 생식개미는 나중에 날개가 발달해 혼인비행을 합니다.

우리나라에는 흰개미과 3종이 살고 있습니다.

7. 사마귀목 Mantodea

영어 이름 Praying mantids　우리나라 분포 3과 6속 9종　탈바꿈 형태 불완전변태

넓적배사마귀

몸길이는 대개 50밀리미터를 훌쩍 넘어 대형곤충에 듭니다. 불완전변태를 하여 알-애벌레-어른벌레 시기를 거치며 한살이가 이루어집니다. 한살이는 1년에 한 번씩 돌아가는데, 봄에 알에서 깨어난 애벌레가 늦여름과 가을 사이에 어른벌레로 날개돋이 하고, 어른벌레는 짝짓기 한 뒤 알을 낳고 죽습니다. 알로 겨울을 납니다.

몸 생김새는 대개 길쭉하지만, 때때로 나뭇잎과 비슷하게 생길 경우도 있습니다. 몸 색깔은 주변 환경과 어울리도록 대개는 초록색, 종종 갈색으로 보호색을 띱니다. 사마귀목 식구들은 생김새부터 타고난 포식자입니다. 건드리면 날개를 쉬익 펼치면서 세모난 얼굴을 휙 돌려 커다란 겹눈으로 노려봅니다. 머리는 역삼각형으로 자유롭게 움직일 수 있습니다. 주둥이에 강력한 큰턱이 있어 어떤 먹이도 와작와작 씹어 먹을 수 있습니다. 겹눈은 큰 편이며, 겹눈 사이에 홑눈 세 개가 붙어 있습니다.

더듬이는 가느다란 실 모양으로 여러 마디가 연결되어 있습니다. 목(앞가슴등판)은 여느 곤충과 다르게 비정상적으로 깁니다. 날개는 모두 네 장으로 잘 발달되었는데, 앞날개(겉날개)는 약간 도톰하고 뒷날개(속날개)는 창호지처럼 얇은 막질입니다. 날 때는 앞날개보다 뒷날개가 큰 역할을 합니다.

사마귀의 가장 큰 특징은 뭐니 뭐니 해도 앞다리에 있습니다. 사마귀의 앞다리는 사냥하기에 좋은 낫 모양의 포획형 다리로 진화해 왔습니다. 모든 다리는 다섯 마디로 이루어졌는데, 그 가운데 앞다리의 종아리마디는 넓적하고 예리한 낫처럼 생겨 소름이 끼칠 만큼 무시무시합니다. 더구나 종아리마디 가장자리에 톱니와 같은 가시털까지 쭈르륵 붙어 있어 살짝만 닿아도 긁힐 정도입니다.

발목마디에도 날카롭고 뾰족한 가시털이 줄지어 붙어 있습니다. 이 가시털 덕분에 확 낚아챈 먹잇감이 빠져나가지 못합니다. 다시 말해 가시털 붙은 다리는 사냥용 함정입니다. 메뚜기 같은 먹이를 낚아채 다리를 오그리면 종아리마디와 발목마디가 서로 맞붙습니다. 그러면 메뚜기가 빠져나오려 발버둥을 쳐도 날카로운 가시털에 갇혀 옴짝달싹하지 못합니다. 반면 가운뎃다리와 뒷다리는 앞다리에 견주어 단순해 걸어 다니기 적합합니다.

우리나라에는 3과 6속 9종이 삽니다.

(1) 풀밭의 사냥꾼

사마귀는 풀밭의 뛰어난 잠복형 포식자입니다. 재미있게도 사마귀는 절대로 먹이를 쫓아 추격하는 일이 없습니다. 사마귀의 사냥 전략은 숨어서 기다리다 먹잇감이 나타나면 앞다리로 잽싸게 낚아채는 것입니다. 이런 사냥술은 에너지는 매우 적게 들지만 먹이가 나타날 때까지 기다리려면 극도의 인내심이 필요합니다. 사마귀는 풀밭이나 꽃 주변에서 거의 움직이지 않고 줄곧 앉아 먹잇감을 기다립니다. 어떤 때는 기도하는 것처럼 앞다리를 세울 때도 있고, 또 어떤 때는 앞다리를 앞으로 쭉 뻗고 있어 풀 줄기처럼 보이기도 합니다. 잎이나 꽃 가까이 있으면서 파리, 메뚜기, 나비 들이 나타나기만을 기다리는 것입니다.

먹잇감이 지나가면 사마귀는 곧장 날쌘 몸놀림으로 앞다리를 쭉 뻗어 단박에 낚아챕니다. 사마귀는 대개 살아 있는 생물을 사냥합니다.

(2) 짝짓기

암컷은 수컷과 짝짓기 한 뒤 알을 낳습니다. 암컷은 바위나 식물 줄기 같은 지지대에 여섯 개의 다리로 매달린 채 배꽁무니를 천천히 실룩거리며 움직입니다. 움직일 때마다 배 끝에서 비누 거품 같은 물질이 부글부글 나오는데, 생식기 옆에 있는 아교질샘에서 알을 낳을 때 나오는 거품입니다. 암컷은 이 거품 속에 알을 줄지어 낳습니다. 거품은 알집인 셈인데, 겨울 내내 습기나 추위를 막아 알을 보호할 뿐 아니라 천적의 공격도 피할 수 있게 도와줍니다. 암컷이 약 한 시간에 걸쳐 낳은 알이 들어 있는 알집은 길이가 4센티미터나 되고 솜사탕처럼 탐스럽습니다. 알집은 시간이 지나면서 단단하게 굳어집니다.

왕사마귀 알집 넓적배사마귀 알집 사마귀 알집

풀밭의 사냥꾼 사마귀 메뚜기류를 잡아먹고 있다.

좀사마귀의 짝짓기

8. 집게벌레목 Dermaptera

영어 이름 Earwigs 우리나라 분포 6과 14속 25종 탈바꿈 형태 불완전변태

고마로브집게벌레

몸길이는 5~50밀리미터 정도로 몸 크기가 다양합니다. 몸 생김새는 막대기처럼 길쭉하고 늘씬합니다. 몸 색깔은 붉은빛이 도는 검은색, 갈색처럼 대체로 거무칙칙합니다. 겹눈은 동그랗고, 더듬이는 두터운 실 모양으로 여러 마디로 연결되어 있습니다. 주둥이는 앞쪽을 향하는 전구식이며 큰턱이 발달한 씹는 형입니다. 앞가슴등판은 넓고 네모납니다.

보통 날개 네 장이 있는데, 앞날개는 매우 짧으며 가죽질처럼 두텁고 질깁니다. 반면에 뒷날개는 반달 모양으로 앞날개보다 훨씬 크고 창호지처럼 얇은 막질이라 부드럽습니다. 쉴 때는 뒷날개를 차곡차곡 접어서 짧고 작은 앞날개 속에 간직하다가, 날 때 뒷날개를 반달처럼 활짝 펼칩니다. 앞날개가 짧으니 배가 절반 이상 노출되어 있습니다. 다리는 걸어 다니기에 적합하게 생겼고, 발목마

디는 세 마디로 이루어져 있습니다.

무엇보다 집게벌레의 가장 큰 특징은 배꽁무니에 달려 있는 꼬리털입니다. 두 개의 꼬리털은 집게처럼 길게 늘어나 있습니다. 꼬리털 모양은 종마다 다 다르게 생겼습니다. 이를테면 꼬리털이 손잡이 달린 병따개 모양인 녀석은 못뽑이집게벌레입니다. 꼬리털은 집게벌레가 자기를 방어하는 데 쓰입니다. 건드리면 후다닥 꼬리털을 가위 벌리듯이 펼치며 배 끝을 하늘이라도 찌를 듯이 높이 치켜듭니다. 또한 꼬리털은 자기 영역에 들어온 다른 녀석과 싸우는 데 쓰입니다. 꼬리털은 애벌레 시기의 영양 상태에 따라 튼실한 정도가 결정됩니다.

집게벌레는 주로 자유생활을 합니다. 돌이나 나무 밑에 숨어 살며 종에 따라 밤에 활동하는 야행성도 있고 낮에 활동하는 주행성도 있습니다. 대개 잡식성이지만 동물질을 먹기도 하고 때로는 식물질을 먹기도 합니다. 번데기 시기가 없는 불완전변태를 합니다. 더운 지역에서는 한살이가 1년에 여러 번 돌아가지만, 우리나라 같은 온대지역에서는 1년에 한 번 돌아갑니다. 거의가 어른벌레로 겨울을 납니다.

신기하게도 어떤 집게벌레목의 어미는 새끼를 키운다고 알려져 있습니다. 어미는 안전한 곳에 알을 낳은 뒤 줄곧 남아 수호천사처럼 알들을 지킵니다. 알이 썩지 않고 균에 감염되지 않게 알을 돌보기도 합니다. 또한 어떤 종은 알에서 깨어난 애벌레를 어느 정도 자랄 때까지 돌봅니다. 앞날개가 짧고, 배가 절반 이상 드러나는 데다 몸매까지 길쭉해서 집게벌레를 딱정벌레목 반날개과로 착각하기 쉽습니다. 하지만 집게벌레목과 딱정벌레목은 촌수가 아주 먼 남남입니다. 집게벌레목은 오히려 바퀴목과 촌수가 가깝습니다.

우리나라에는 6과 14속 25종이 살고 있습니다.

고마로브집게벌레의 알 돌보기

민집게벌레

해안가 사구에서 사는 큰집게벌레 배 끝을 쳐들어 위협하고 있다.

애흰수염집게벌레

9. 메뚜기목 Orthoptera

영어 이름 Grasshoppers, Locusts, Crickets, Katydids 우리나라 분포 12과 114속 188종 탈바꿈 형태 불완전변태

청날개애메뚜기

메뚜기목의 몸집은 모메뚜기처럼 작은 종에서부터 풀무치처럼 큰 종까지 다양합니다. 몸 색깔은 전형적인 보호색을 띠는데, 주변 환경과 비슷하게 녹색이나 갈색을 띠고 있습니다. 입틀은 큰턱이 굉장히 발달한 씹는형입니다. 곤충의 주둥이는 윗입술, 아랫입술, 큰턱(한 쌍), 작은턱(한 쌍)과 혀(hypopharynx)로 구성되는데, 메뚜기목의 주둥이에는 이 다섯 부분이 온전하게 남아 있습니다. 그래서 메뚜기목의 주둥이는 모든 곤충 주둥이의 기준이 됩니다. 메뚜기목의 큰턱은 굉장히 단단해서 먹잇감이 식물이든 동물이든 상관하지 않고 잘 씹어 먹을 수 있습니다. 겹눈은 대체로 크고 겹눈 사이에 홑눈 두세 개가 있습니다. 더듬이는 짧은 채찍 모양(메뚜기아목)이거나 여러 마디가 기다랗게 연결된 실 모양(여치아목)입니다.

대체로 날개가 잘 발달해 있으나 종에 따라 날개가 짧은 단시형이나 날개가 아예 퇴화된 무시형도 있습니다. 앞날개는 단단한 가죽질이라서 '두텁날개'란

별명이 붙었습니다. 뒷날개는 얇고 부드러운 막질로 되어 있어 비행할 때 큰 역할을 합니다.

메뚜기목 하면 빼놓을 수 없는 게 뜀뛰기형 다리입니다. 뒷다리는 앞다리와 가운뎃다리보다 두 배 정도 길며, 특히 뒷다리 쪽 넓적다리마디(퇴절)는 알통 다리처럼 굉장히 튼실해서 잘 뜁니다. 천적이 다가오거나 위험을 느끼면 뒷다리 힘으로 펄쩍 뛰어 도망칩니다.

메뚜기목의 큰 특징은 소리를 내는 발음기와 소리를 듣는 청각기가 잘 발달되어 있다는 점입니다. 우리나라에서 사는 메뚜기목은 모두 170여 종 정도 되는데, 그 가운데 노래하는 녀석은 100여 종 정도이지요. 녀석들은 저마다 다른 소리를 내어 노래를 부릅니다.

많은 종들이 초식 곤충이나, 몸집이 큰 여치류는 육식 곤충입니다. 먹이가 부족하면 식물, 동물 가리지 않고 다 먹는 잡식성입니다. 땅 위, 풀이나 나무 위, 돌 틈, 땅속 같은 데서 생활합니다. 불완전변태를 하며 한살이는 1년에 한 번 돌아갑니다. 우리나라에 사는 메뚜기목은 12과 114속 188종입니다.

(1) 메뚜기아목과 여치아목의 차이

우리나라에 사는 메뚜기목은 크게 메뚜기아목과 여치아목으로 나눕니다. 더듬이 길이, 다리 모양, 겉날개에 붙은 발음기 유무, 배꽁무니에 있는 산란관 노출 여부를 잘 들여다보면 누가 메뚜기류인지, 누가 여치류인지 금방 알 수 있습니다. 메뚜기류와 여치류의 생김새가 어떻게 다른지 알아볼까요?

① 메뚜기아목의 특징

- 더듬이가 두터운 채찍 모양이고, 30마디 이하로 이루어져 있으며, 몸길이보다 짧다.
- 수컷과 암컷 모두 우는데, 앞날개와 넓적다리마디를 비벼서 소리를 낸다.
- 고막이 첫 번째 배마디(뒷다리 위쪽)에 있다.

메뚜기아목의 더듬이 방아깨비 애벌레

여치아목의 더듬이 실베짱이 어른벌레

- 암컷의 산란관은 배꽁무니 속에 들어가 있어 겉에서 안 보인다.
- 수컷이 암컷의 등 위에 올라타 짝짓기를 한다.
- 수컷은 정자를 암컷의 배꽁무니에 있는 생식기 속에 직접 넣는다.
- 알을 거품에 싸서 한꺼번에 무더기로 낳는다.
- 메뚜기아목에는 방아깨비, 벼메뚜기, 섬서구메뚜기, 팥중이, 콩중이, 등검은메뚜기, 두꺼비메뚜기, 모메뚜기, 밑들이메뚜기, 삽사리 들이 있다.

② 여치아목의 특징

- 더듬이가 가느다란 실 모양이며, 몸길이보다 길다.
- 수컷만 우는데, 앞날개를 서로 비벼서 소리를 낸다.
- 고막이 앞다리에 있다.
- 암컷의 기다란 산란관이 배꽁무니 밖으로 노출되어 있다.
- 암컷이 수컷의 등 위에 올라타 짝짓기를 한다.
- 수컷은 정자를 정자주머니에 포장한 뒤 암컷의 배꽁무니에 붙여 간접적으로 전달한다.
- 알을 하나씩 하나씩 낱개로 낳는다.
- 여치아목에는 여치, 베짱이, 실베짱이, 쌕쌔기, 긴꼬리, 왕귀뚜라미, 매부리, 철써기, 방울벌레, 땅강아지, 꼽등이, 풀종다리 들이 있다.

(2) 메뚜기아목의 습성과 생태

① 개별형과 집단형

메뚜기들은 대체로 무리 지어 생활합니다. 메뚜기들이 떼를 이루는 데는 여러 환경 요인이 영향을 끼칩니다. 이를테면 사막 주변 초지에 사는 풀무치들은 먹잇감인 풀이 모자라 늘 애를 먹을 때가 많습니다. 스텝 지역은 비가 규칙적으로 내리지 않아 식물들의 생육도 해마다 다르기 때문입니다. 메뚜기 서식지에 가뭄이 들어 식물들이 제대로 자라지 못하면 메뚜기들은 먹이를 찾아 다른 풀밭으로 이동합니다. 그 주변에 살던 메뚜기들도 사정은 마찬가지라서 가뭄이 들면 먹이를 찾아 다른 풀밭으로 이동합니다.

먹이를 찾아 이동하다 보면 여러 군데에 살던 메뚜기들이 풀이 많은 곳에 모이게 됩니다. 먹이를 찾아 이동하는 것뿐만 아니라 어떤 때는 기류를 타고 이동하여 한곳에 모이기도 합니다. '우연히' 모여 살게 된 메뚜기들(1세대)은 짝짓기를 하고 알을 낳습니다. 알에서 부화한 애벌레는 성장하고, 시간이 흐르면서 애벌레는 어른벌레(2세대)로 변신하고, 그 어른벌레는 알을 낳고……. 이렇게 한살이가 여러 번 돌아가다 보면 메뚜기 개체 수는 기하급수적으로 늘어납니다. 큰 메뚜기 집단이 같은 곳에 살면서 같은 먹이를 먹다 보면 자연스럽게 먹잇감이 부족해집니다. 그러면 또다시 먹이를 찾아 이동합니다.

그래서 메뚜기아목의 몸은 서식 환경에 따라 변화합니다. 즉, 집단 내에서 개체 수가 많아지고 적어지는 것에 따라 몸의 생김새, 생리 현상, 색깔, 행동 들이 바뀌어 갑니다. 개체 수가 적으면 먹이가 풍부하게 때문에 이동할 필요가 없는 '개별형(고독형, solitary)'으로 바뀝니다. 이때는 넓적다리마디와 앞가슴등판이 크고, 먹이 찾아 멀리 날아갈 필요가 없으니 날개도 짧고, 색깔은 대개 녹색을 띱니다. 반면에 개체 수가 많으면 '집단형(gregarious)'으로 바뀝니다. 이때는 넓적다리마디가 짧고, 먹이를 찾아 멀리 날아갈 수 있게 날개가 길고, 집합성이 강하며, 심지어 배고픔에 대한 내성도 강합니다. 집단형은 알과 애벌레 시기부터 경쟁하기 때문에 개체들끼리 서로 생리적, 신경적으로 자극을 주고받는 경향이 강합니다.

② 메뚜기아목이 소리 내는 법

메뚜기아목은 소리 내어 암컷과 수컷이 대화를 나눕니다. 메뚜기아목은 대개 앞날개에 있는 단단한 날개맥을 뒷다리의 넓적다리마디(안쪽 가장자리)에 비벼 소리를 냅니다. 또 날면서 날개끼리 서로 부딪쳐 소리를 내는 녀석도 있고, 큰턱을 서로 비벼서 소리를 내는 녀석도 있고, 앞날개의 끄트머리에 뒷다리로 가볍게 쳐서 소리를 내는 녀석도 있습니다. 6월에 삽사리 수컷은 앞날개와 뒷다리를 마찰시켜 소리를 냅니다. 자세히 설명하자면 앞날개와 뒷다리의 넓적다리마디 안쪽에 촘촘히 박힌 마찰돌기를 비벼 소리를 냅니다. 몸집이 큰 풀무치는 삽사리와 달리 뒷다리에 마찰돌기가 없기 때문에 돌기 많은 앞날개에 뒷다리를 비벼 소리를 냅니다. 그렇다면 메뚜기류의 귀는 어디에 붙어 있을까요? 메뚜기의 귀(고막)는 배, 정확하게 첫 번째 배마디 양쪽에 한 개씩 붙어 있습니다. 날개를 살짝 들어 뒷다리 근처를 살펴보면 배마디에 디(D)자 모양 투명한

메뚜기아목 삽사리 수컷 날개와 다리를 비벼 소리 낸다.

고막이 있습니다. 귓바퀴가 없는 얇은 고막은 안쪽으로 청신경이 연결되어 있어 소리를 들을 수 있습니다.

③ 메뚜기아목의 분만 장소

메뚜기아목 암컷의 몸집은 대개 수컷보다 더 큽니다. 암컷의 배 속에는 장차 알이 될 난황 물질이 들어 있기 때문입니다. 재미있게도 수컷은 생식기를 에스(S)자로 한 번 비틀어 암컷의 생식기에 갖다 댑니다. 이때 수컷은 정자를 암컷 몸속에 직접 넘겨 줍니다. 짝짓기를 마친 암컷은 알을 낳을 장소를 물색하는데, 대개 땅속에다 알을 낳습니다. 물론 알을 적당한 시기에, 적당한 장소에 낳지 않으면 알이 잘 발육되지 못할 수 있기 때문에 알 낳을 장소를 잘 선택해야 합니다. 우선 천적의 눈에 덜 띄어야 하고, 땅이 메말라서 알이 마르지 않아야 하고, 알에서 깨어난 애벌레가 먹을 밥이 충분해야 합니다. 그래서 암컷은 흙이 단단하지 않고 적당히 포슬포슬한지, 흙에 물기가 적당히 있는지, 흙 속에 염분이 적당히 들어 있는지 들을 살핍니다.

메뚜기아목 팔공산밑들이메뚜기의 짝짓기

적당한 땅을 고르면 암컷은 배 끝을 길게 늘인 뒤, 땅속에 넣고 움찔움찔하면서 알을 낳습니다. 알이 산란관을 빠져나올 때 몸속에 있는 생식관 근육이 물결치듯 수축 활동을 하니 배 끝도 덩달아 움직입니다. 신기하게도 알이 산란관을 통과할 때 거품 같은 물질도 같이 분비되어 알을 감쌉니다. 이 거품 분비물은 산소와 닿으면서 굳어져 알을 감싸는 가죽 같은 알주머니가 됩니다. 알주머니는 알을 따뜻하게 잘 보호하고, 어느 정도 수분이 증발되지 않게 하며 기생충이나 병원균의 공격을 막아 줍니다.

알은 땅속에서 겨울을 납니다. 이듬해 봄이 되면 알에서 애벌레가 깨어나 땅 밖으로 나옵니다. 만일 환경이 안 좋으면 땅속에서 환경이 좋아질 때까지 알 상태로 버티기도 합니다.

④ 메뚜기아목의 종류

메뚜기아목에는 메뚜기과, 모메뚜기과, 섬서구메뚜기과, 좁쌀메뚜기과, 방아깨비과 들이 속해 있는데, 메뚜기류들은 대개 땅과 가까운 풀밭에서 삽니다. 그러다 보니 몸 색깔이 식물 색과 비슷한 녹색을 띠기도 하고, 땅 색과 잘 어울리는 갈색을 띠기도 합니다. 이를테면 섬서구메뚜기, 방아깨비, 벼메뚜기의 몸은 풀잎 색과 비슷한 녹색이고, 팥중이나 등검은메뚜기의 몸은 갈색입니다.

같은 종인데도 몸 색깔이 다른 경우도 있습니다. 유전적인 원인 때문에 갈색형이 되기도, 녹색형이 되기도 합니다. 또 환경적인 영향 때문에 같은 종인데도 몸 색깔이 달라질 수 있습니다. 또한 메뚜기류들은 성장하면서 서식지의 습도, 먹이 양, 주변 환경 색깔, 온도와 개체군의 밀도 따위의 영향을 받아 몸 색깔을 바꾸기도 합니다. 대체로 같이 사는 무리(개체군)의 밀도가 낮고 습도가 높으면 녹색을 띠며, 개체군 밀도가 높고 건조하면 갈색을 띠는 성향이 있습니다. 소금기가 있는 염습지의 식물을 먹는 메뚜기류는 몸 색깔이 불그스름하게 바뀌기도 합니다. 특히 단풍이 드는 늦가을이 되면 같은 종인데도 몸 색깔이 갈색으로 바뀌는 녀석들도 있습니다.

메뚜기아목에 속한 대표적인 과들을 소개합니다.

1. **메뚜기아목 두꺼비메뚜기**
2. **메뚜기아목 제주밑들이메뚜기**
3. **메뚜기아목 팥중이** 땅속에 알을 낳고 있다.
4. **메뚜기아목 섬서구메뚜기**
5. **메뚜기아목 좁쌀메뚜기**
6. **메뚜기아목 모메뚜기**

• 메뚜기과

메뚜기아목 가운데 가장 큰 과로 우리가 '메뚜기'라고 부르는 녀석들은 대개 메뚜기과입니다. 이들은 산길, 풀숲, 논, 밭, 강변, 바닷가 모래밭, 사막 들 곳곳에서 삽니다. 날아갈 때 날개를 부딪치면서 '탁' 소리를 내기도 합니다. 고막은 첫 번째 배마디에 붙어 있습니다. 메뚜기과 곤충 가운데서 자주 만나는 종을 꼽으라면 벼메뚜기, 방아깨비, 등검은메뚜기, 팥중이 정도가 되겠습니다.

특히 논에 심은 벼를 즐겨 먹고 사는 벼메뚜기는 1960~1980년쯤에 많이 뿌려진 농약 때문에 한때는 개체 수가 엄청나게 줄었습니다. 하지만 친환경 농법에 관심 있는 사람들이 농약을 점점 덜 뿌리게 되어 1990년대 이후부터 개체 수가 제법 늘어나 지금은 흔하게 볼 수 있습니다. 또한 많은 사람들이 '송장메뚜기'라고 부르는 녀석들은 거의 메뚜기과 곤충들입니다. '송장메뚜기'라는 종은 없고, 등검은메뚜기, 두꺼비메뚜기, 팥중이처럼 몸 색깔이 거무칙칙한 녀석들을 일컫는 말입니다.

우리나라 메뚜기과에는 딱따기, 방아깨비, 검정수염메뚜기, 벼메뚜기붙이, 벼메뚜기, 밑들이메뚜기, 각시메뚜기, 삽사리, 콩중이, 팥중이, 청분홍메뚜기, 해변메뚜기 들이 있습니다.

• 섬서구메뚜기과

도시나 시골 가릴 것 없이 풀밭에서 자주 만나는 메뚜기 하면 섬서구메뚜기를 빼놓을 수 없습니다. 몸 생김새는 긴 마름모꼴에다 머리는 길쭉합니다. 암컷보다 수컷이 매우 작아 짝짓기 할 때는 마치 암컷이 아기를 업고 있는 것처럼 보입니다.

우리나라에 사는 섬서구메뚜기과에는 섬서구메뚜기, 분홍날개섬서구메뚜기가 있습니다.

• 좁쌀메뚜기기과

몸 크기가 굉장히 작은 편(몸길이 5밀리미터 정도)에다 대부분 몸 색깔이 땅 색깔처럼 거무튀튀해서 인내심을 가지고 찾아야 보입니다. 언뜻 보면 땅강아지와 비슷하게 생겼는데, 어른벌레로 겨울을 납니다. 뒷다리의 넓적다리마디가 굉장히 튼튼해서 땅을 잘 파기도 하고, 건드리면 툭툭 높이 튀어 오릅니다.

우리나라에 좁쌀메뚜기과는 좁쌀메뚜기 한 종만 있습니다.

- 모메뚜기과

몸 크기가 메뚜기 치고는 작은 편(몸길이 10밀리미터 정도)이고, 몸 생김새는 짧은 마름모꼴입니다. 급하면 물에도 잘 뛰어 들어 헤엄을 치기도 합니다. 주로 물기가 많은 땅에서 삽니다. 같은 종이라도 몸의 색깔이나 무늬가 여러 가지입니다.

우리나라에는 모메뚜기, 가시모메뚜기, 장삼모메뚜기, 야산모메뚜기, 참볼록모메뚜기 들이 삽니다.

(3) 여치아목의 습성과 생태

① 노래 부르는 수컷

늦여름과 가을날의 풀밭에선 풀벌레 울음소리가 한창입니다. 노래하는 풀벌레는 대개 여치아목입니다. 녀석들은 지휘자도 없이 각자 자신들의 몸을 악기 삼아 정해진 즉흥곡을 연주합니다.

대부분의 여치아목 수컷들은 겉날개를 비벼서 기막히게 소리를 냅니다. 왕귀뚜라미는 또르르르르르……, 긴꼬리는 루루루루루루…… 쌕쌔기는 쌔액 쌔액 쌔액…… 모두 한결같이 암컷을 애타게 부르는 곡조입니다. 사람이 말과 글로 대화하듯이 여치류도 짝을 찾을 때, 자기 영역에 들어오지 말라고 경고할 때 소리 내어 '그들만의 대화'를 나눕니다. 그 가운데서 '짝짓기용' 노래(구애음, courting song)가 대화의 많은

긴날개여치 날개 여치아목은 발음기관이 겉날개에 있다.

여치아목 갈색여치 암컷 산란관이 몸 밖으로 노출되어 있다.

부분을 차지합니다.

수컷이 짝짓기용 노래를 부르면 장점이 많습니다. 우선 깜깜하거나 멀리 떨어져 있어도 소리로 자기 존재를 알릴 수 있습니다. 암컷은 수컷의 노랫소리만 듣고도 상대방의 신체 조건을 알아차립니다.

밤에 전등을 켜고 풀숲 길을 걷다 보면 암컷을 많이 만납니다. 수컷은 자기 영토에서 떠나지 않고 울기만 하고, 암컷이 소리를 듣고 수컷을 찾아가기 때문입니다. 놀랍게도 어떤 수컷은 소리를 내지 않다가 수컷을 찾아가는 암컷을 중간에서 가로채 짝짓기 하기도 합니다. 어떤 침파리류는 귀뚜라미의 노랫소리를 듣고 날아와 귀뚜라미의 몸에다 애벌레를 낳습니다. 또한 가끔 천적들은 수컷의 노랫소리를 듣고 날아와 수컷을 잡아먹기도 하고, 수컷의 노랫소리를 흉내 내어 다가오는 암컷을 잡아먹기도 합니다.

여치류는 짝짓기용 노래 말고도 '경쟁음(aggressive song)'이나 '유인음(calling song)'을 낼 때도 있습니다. 유인음은 자기 영역을 표시하면서 멀리 떨어진 암컷들에게 관심을 끌기 위해 내는 소리입니다. 경쟁음은 자기 영역에 다른 종이

여치아목 갈색여치 수컷 산란관이 없다.

나 동료가 들어오면 가차 없이 날카롭게 지르는 소리입니다.

긴꼬리속(*Oecanthus*)의 영역은 50센티미터 정도인데, 만일 자신의 영역에 다른 종이 들어오면 굉장히 예민해져 경쟁음을 냅니다. 그래도 침입자가 도망치지 않으면 달려들어 싸움을 벌입니다.

② 귀의 위치

수컷이 노래를 부르면 암컷은 그 소리를 듣고 달려옵니다. 여치류의 귀는 어디에 있을까요? 여치류의 귀는 앞다리에 모두 네 개가 있습니다. 앞다리의 종아리마다 안쪽과 바깥쪽 두 군데에 붙어 있습니다.

고막은 청신경이 연결되어 수컷의 소리를 잘 들을 수 있습니다. 고막이 왼쪽과 오른쪽 앞다리에 두 개씩 붙어 있다 보니 설령 다리 하나가 잘려 나가도 수컷 소리를 들을 수 있습니다. 또 앞가슴등판 양옆으로 크게 뚫린 숨구멍이 보이는 종도 있는데 이 숨구멍은 듣는 기능을 돕는다고 합니다.

③ 여치아목의 종류

여치아목은 메뚜기아목과 달리 더듬이가 가늘고 길며, 몸이 비교적 부드러운 데다 뒷다리도 가늘고 긴 편입니다. 풀밭, 나무 위, 돌 밑, 정원, 밭에서 살면서 종에 따라 풀, 썩은 사체, 살아 있는 동물, 과일 따위를 먹습니다. 낮에도 나와 활동하지만 어떤 종들은 밤에 왕성하게 활동합니다. 몸 색깔은 풀과 비슷한 초록색이나 땅 색깔과 비슷한 갈색을 띱니다. 여치아목에는 여치과, 귀뚜라미과, 긴꼬리과, 땅강아지과, 꼽등이과 들이 속해 있습니다.

• **여치과**

여치과는 여치아목 가운데 가장 큰 과입니다. '개미와 베짱이' 우화에 나오는 주인공 베짱이도 여치과입니다. 여치과는 나무 위나 풀잎에 붙어서 살아 몸 색깔이 초록색인 데다 앞날개 생김새도 식물 잎사귀와 닮았습니다. 또한 식성이 다양해 실베짱이류나 쌕쌔기 같은 녀석들은 풀을 먹고 살고, 여치나 중베짱이 같은 녀석들은 힘 약한 곤충을 잡아먹고 삽니다. 특히 몸집이 큰 여치는 대개 자신보다 작은 곤충을 잡아먹지만, 간혹 청개구리나 사마귀의 애벌레 같은 힘센 동물을 사냥해 먹기도 합니다.

먹이가 부족할 때는 육식성인 녀석들도 과일, 죽은 시체, 식물도 먹습니다. 또한 풀잎을 먹는 실베짱이류도 때에 따라서는 꽃가루나 꽃잎을 먹고, 먹이가 부족하면 종종 동물의 시체도 먹을 때도 있으니 엄밀하게 따지면 여치과는 잡식성인 셈입니다.

암컷과 수컷의 생김새가 다른데, 암컷은 배 끝에 칼 모양 또는 낫 모양을 한 산란관을 차고 있고, 수컷은 겉날개에 소리를 내는 발음기관을 달고 있습니다. 여치과 수컷은 왼쪽 날개로 오른쪽 날개를 쓱쓱 비비면 소리가 납니다. 왼쪽 앞날개에는 작은 돌기가 촘촘히 붙어 있는 날개맥이 있고 오른쪽 앞날개의 가장자리에는 빨래판 같은 마찰편(scraper)이 있기 때문입니다.

짝짓기를 마친 암컷은 대개 산란관으로 식물의 줄기 조직을 뚫은 다음 알을 하나씩 하나씩 낳습니다. 어떤 종 암컷은 땅속에 산란관을 꽂고 알을 하나씩 낳습니다. 보통 알 상태로 겨울을 나지만 어른벌레로 겨울을 버티는 녀석들도 있습니다.

여치아목 날베짱이

여치아목 검은다리실베짱이 암컷

여치과는 지구에 5,000종 정도가 사는데, 우리나라에도 40종 정도 삽니다. 여치과에는 실베짱이류, 철써기, 중베짱이류, 베짱이, 매부리류, 쌕쌔기류, 여치류 들이 있습니다.

• 귀뚜라미과

가을 하면 곧장 떠오르는 곤충은 바로 귀뚜라미입니다. 귀뚜라미과는 종류가 많습니다. 몸집이 가장 큰 왕귀뚜라미, 수컷의 얼굴이 양옆으로 특이하게 튀어나와 모가 진 모대가리귀뚜라미, 아주 흔한 극동귀뚜라미와 알락귀뚜라미, 풀밭에서 해맑게 노래하는 알락방울벌레, 겉날개가 아름다운 풀종다리, 링~링~ 시끄러운 방울 소리를 내는 방울벌레, 몸이 홀쭉하고 소리를 내지 못하는 홀쭉귀뚜라미 들이 있습니다. 전 세계에 약 1,200종이 살고, 우리나라에는 약 30종이 삽니다.

귀뚜라미과는 돌 밑이나 덤불 속처럼 땅에서 살기 때문에 몸 색깔은 흙색이며 몸은 납작한 편입니다. 더듬이는 실 모양으로 굉장히 길고 가느다랗습니다. 녀석들은 야행성이라 주로 밤에 나와 돌아다니고, 식성은 잡식성이라 아무것이나 잘 먹습니다. 작은 곤충을 잡아먹기도 하고, 썩은 식물도 먹고, 오이나 수박 같은 과일도 잘 먹습니다.

수컷은 암컷을 불러들이기 위해 짝을 찾을 때까지 노래를 부릅니다. 종마다 앞날개의 생김새와 앞날개 날개맥에 붙어 있는 발음기관이 달라 저마다 다른 노래를 부릅니다. 귀뚜라미과는 여치과와 다르게 오른쪽 날개를 왼쪽 날개 위에 올려놓고 쓱쓱 비벼 노래를 부릅니다. 왼쪽 앞날개에 마찰편이 있고 오른쪽 앞날개에 돌기가 붙어 있기 때문입니다. 소리를 더 크게 증폭시키기 위해 왼쪽 앞날개의 줄칼 부분에 투명한 막질로 되어 있는 거울판(경판, mirror)을 가지고 있습니다. 두 날개를 비빌 때면 날개가 약간 부푸는데, 이때 거울판에 소리가 모여 소리를 더 크게 증폭시킵니다.

귀뚜라미류가 양쪽 앞날개를 비비며 소리를 내는 방식은 바퀴벌레의 짝짓기 방식에서 진화된 것으로 추정합니다. 바퀴벌레의 수컷은 짝짓기 할 때 앞날개를 뒤로 들어 올린 뒤 암컷을 유혹하는 분비물이 나오는 뒷가슴샘을 노출시킵니다. 암컷이 그

여치아목 귀뚜라미과 왕귀뚜라미 암컷

여치아목 귀뚜라미과 뚱보귀뚜라미 암컷

분비물을 핥아 먹을 때 자연스럽게 수컷이 다가가 짝짓기를 시도합니다. 이때 수컷은 들어올린 앞날개를 떱니다. 날개에서 소리가 나지는 않습니다. 이런 짝짓기 자세는 귀뚜라미류와 여치류 행동 습성에서 볼 수 있습니다.

귀뚜라미류 수컷은 자신의 울음소리를 듣고 찾아온 암컷에게 날개를 들어 올립니다. 암컷이 수컷의 뒷가슴샘에서 나오는 분비물을 핥아 먹는 동안 수컷은 자기 정자주머니를 암컷 배 끝에 붙입니다. 암컷의 배 끝에는 가늘고 긴 송곳 모양의 산란관이 붙어 있습니다. 짝짓기를 마친 암컷은 산란관을 흙 속에 꽂고서 알을 하나씩 낳습니다.

• 땅강아지과

땅강아지의 생김새는 우리가 흔히 만나는 메뚜기류와 좀 다르게 생겼지만, 족보상 '메뚜기목 여치아목 땅강아지과'이니 엄연한 메뚜기류입니다. 땅강아지과 집안은 자손이 귀해서 전 세계에 80종 정도 살고, 우리나라에는 달랑 땅강아지 한 종만 살고 있습니다.

우리나라에 사는 땅강아지는 깜찍하게 생겼습니다. 몸길이가 3센티미터 넘어서 맨눈으로도 잘 보입니다. 흙색 몸은 짧고 보드라운 털로 덮여 있어 손으로 살짝만 쓰다듬어 봐도 보들보들합니다.

땅강아지의 대표적 특징은 짜리몽땅한 다리입니다. 평생을 땅속에서 사니 긴 다리가 굴을 파기에 거추장스러워졌을 테지요. 그렇게 진화 과정을 통해 다리가 짧아진 것 같습니다. 특히 앞다리의 종아리마디는 굴삭기처럼 굉장히 넓적합니다. 마치 활짝 편 부채 같은 종아리마디에는 두툼한 톱날 같은 가시털까지 붙어 있어 땅 파기에 안성맞춤입니다. 보통 땅속에서 굴 파는 토양성 곤충들의 앞다리가 삽처럼 넓적하긴 해도 땅강아지의 앞다리와는 감히 견줄 수 없습니다. 땅강아지는 땅속에서 살면서 식물의 뿌리나 힘 약한 동물을 먹으면서 살아갑니다.

땅강아지도 날개를 비벼 노래를 부릅니다. 앞날개의 날개맥에 발음기관이 있습니다. 땅강아지 수컷은 크게 소리를 내기 위해 땅굴을 쌍갈래로 파고 굴속에 앉아서 노래를 부릅니다. 처음에는 땅굴 입구에서부터 땅굴을 한 갈래로 파고들어 가다가 나중에는 와이(Y)자 모양으로 난 두 갈래로 땅굴을 파는 것입니다. 입구는 땅 밖으로 난 통로이고, 양 갈래로 판 땅굴은 앞이 막혀 있어 날개를 비비면 메아리가 울립니다.

- **꼽등이과**

꼽등이과는 등이 곱추처럼 굽어서 이름 붙었습니다. 사람들은 꼽등이를 유난히 싫어하지만, 꼽등이는 몸에 독을 가지고 있지 않아 사람들에게 아무런 해를 주지 않습니다. 더구나 주로 습한 곳에 살기 때문에 몸이 단단한 바퀴처럼 집 안에서 살지도 못합니다. 꼽등이는 자주 연가시(유선형동물)의 밥이 되어 제명에 살기도 힘듭니다. 연가시는 원래 물에서 사는데, 습한 곳에서 사는 꼽등이가 물가에서 식사할 때 연가시 알도 같이 먹을 때가 있습니다. 꼽등이의 몸속에 들어간 알은 시간이 지나면서 깨어나 애벌레가 됩니다. 애벌레는 꼽등이의 몸을 먹고 살다가 자라면 꼽등이의 몸속에서 빠져나와 물속으로 들어가 삽니다. 재미있게도 연가시는 사람 같은 포유동물 몸에서는 절대로 살지 못합니다. 그러니 꼽등이 몸에 사는 연가시는 사람

여치아목 귀뚜라미과 먹종다리

여치아목 꼽등이과 꼽등이 애벌레 열점박이노린재를 먹고 있다.

의 몸에 전염되지 않습니다.

꼽등이과 몸 색깔은 대부분 거무칙칙한 데다 야행성이라서 웬만해선 눈에 안 띕니다. 물기가 많은 곳을 좋아해 주로 동굴이나 나무 구멍 안, 낙엽 밑 같은 곳에서 삽니다. 꼽등이과 더듬이는 굉장히 길어 몸길이보다 네 배쯤 깁니다. 암컷은 배 끝에 기다랗게 휘어진 산란관을 칼처럼 차고 있습니다. 특이하게도 꼽등이과는 날개가 없어 날지 못합니다. 대신 뒷다리가 굉장히 길고 튼튼하기 때문에 건드리면 굉장히 높이 뛰어 도망갑니다. 녀석은 주로 땅에 떨어진 곤충이나 다른 동물 시체를 즐겨 먹습니다. 여름밤에 길바닥에서 교통사고로 죽은 사슴벌레나 포유동물의 시체를 밤새 먹어치워 청소부 역할을 톡톡히 합니다.

우리나라에는 산꼽등이, 장수꼽등이, 알락꼽등이, 꼽등이, 검정꼽등이, 굴꼽등이들 꼽등이과 6종이 삽니다.

10. 대벌레목 Phasmatodea, Phasmida

영어 이름 Stick insects, Leaf insects 우리나라 분포 2과 3속 5종 탈바꿈 형태 불완전변태

날개대벌레

중형에서 대형으로 곤충계에서 몸집이 큰 곤충에 속합니다. 몸 생김새는 나뭇잎이나 막대기처럼 생겼습니다. 우리나라에서는 대나무를 닮았다 해서 대벌레라 부르고, 중국에서는 대나무 마디를 빗대어 '대나무 마디 벌레'란 뜻의 죽절충(竹節蟲)이라 부르고, 서양에서는 지팡이를 닮아서 '지팡이벌레(stick insects)'라 부릅니다. 몸 색깔은 주변 환경의 색깔과 비슷한 녹색을 띱니다.

겹눈은 동그랗고 작으며, 홑눈은 두세 개 있습니다. 더듬이는 염주 모양입니다. 입은 전형적인 씹는형으로 큰턱이 발달해 식물 잎을 아삭아삭 씹어 먹습니다. 날개는 대부분 퇴화되어 없으나, 분홍날개대벌레와 날개대벌레는 날개 두 장을 가지고 있습니다. 날개가 없다 보니 몸이 그대로 노출되어 마디와 마디를 잇는 연결막이 다 보입니다. 다리는 굉장히 길고 가느다랗습니다. 보통 앉아 쉴 때는 가운뎃다리와 뒷다리는 있는 대로 좌우로 벌리고, 앞다리는 가지런히 모아 머리 앞으로 쭉 뻗쳐 초보자들은 앞다리를 더듬이로 착각하곤 합니다.

대벌레는 알 – 애벌레 – 어른벌레 단계를 거치는 불완전변태를 합니다. 즉, 몸집

긴수염대벌레의 짝짓기

만 커질 뿐 생김새 변화는 거의 없습니다. 식성은 식물을 먹는 초식성입니다. 야행성이라 낮에는 식물 사이에서 쉬고 있다가 밤에 나와 주로 식물 잎을 먹습니다. 대벌레는 대개 처녀생식(단위생식)을 합니다. 다시 말해 암컷은 수컷과 짝짓기를 하지 않고도 알을 낳는데, 이때 낳은 알은 모두 암컷으로 자랍니다.

경기도에 있는 기술연구원에서 대벌레를 키우며 여러 실험을 했습니다. 그 연구소에서 키운 대벌레는 거의 암컷이었고, 그들이 낳은 알에서 부화에 성공한 애벌레의 98퍼센트가 암컷이었습니다. 수컷과 짝짓기 하지 않고 낳은 알이니 알에는 어미 유전자만 들어 있습니다. 하지만 유전자가 다양해야 환경이 변해도 살아남을 가능성이 높습니다. 대벌레처럼 처녀생식을 하면 환경의 갑작스러운 변화에 적응을 못할 수도 있습니다. 그래서인지 대벌레 암컷은 가끔 수컷과 짝짓기를 하면서 유전자를 섞습니다.

암컷은 나무 위에 앉아 한 번에 100~130개의 알을 낙하산 투하하듯 땅 위로 떨어뜨립니다. 알은 2~3밀리미터 정도로 작고 생김새가 식물의 씨앗 같아

분홍날개대벌레

땅 위에 있어도 눈에 잘 띄지 않습니다. 봄이 되면 추운 겨울을 무사히 견딘 알에서 애벌레가 알 윗부분을 뚫고 나옵니다. 갓 깨어난 애벌레는 여린 새싹이나 가녀린 꽃잎처럼 부드러운 것을 먹습니다. 애벌레는 몸집이 자라면 허물을 벗고, 또 먹다가 몸집이 자라면 허물을 벗으며 무럭무럭 자랍니다. 만일 애벌레 때 다리가 잘리면 허물을 벗을 때 다시 돋아납니다. 물론 완전하게 돋아나는 건 아니지만 그런 대로 다리 역할을 합니다. 애벌레는 모두 허물을 여섯 번 벗은 뒤 어른벌레가 됩니다.

우리나라에는 긴수염대벌레, 대벌레, 우리대벌레, 분홍날개대벌레, 날개대벌레 들 2과 3속 5종이 살고 있습니다.

긴수염대벌레 어른벌레

긴수염대벌레 애벌레

11. 노린재목 Hemiptera

영어 이름 Bugs 우리나라 분포 96과 958속 2,189종 탈바꿈 형태 불완전변태

썩덩나무노린재

노린재목은 크게 세 개 아목으로 나눕니다. 세 개 아목은 노린재아목, 매미아목, 진딧물아목입니다. 상위분류군은 학자에 따라 분류 방법이 달라 얼마 전까지만 해도 노린재목과 매미목으로 나누어 분류했었는데, 현재는 매미목을 노린재목에 통합하는 추세입니다.

노린재목 곤충의 몸길이는 1.5~100밀리미터로 크기가 다양합니다. 생김새는 타원형이거나 길고 납작합니다. 노린재아목의 앞날개의 안쪽 부분은 두터운 가죽질이고, 바깥쪽 부분은 부드러운 막질이라서 노린재아목을 '반초시'라고도 부릅니다. 반면에 매미아목과 진딧물아목의 앞날개는 창호지같이 부드러운 막질입니다. 물론 노린재아목, 매미아목과 진딧물아목의 뒷날개는 모두 부드러운 막질입니다.

노린재아목의 주둥이는 찔러 먹는 침 모양이라 동물이나 식물의 즙을 찔러서 빨아 먹을 수 있습니다. 대개 식물의 즙액을 빨아 먹고 사는 초식성이지만,

다른 곤충이나 힘 약한 동물을 잡아먹고 사는 육식성도 있고, 심지어 척추동물의 몸(외부)에 붙어사는 기생성도 있습니다. 노린재아목은 냄새샘을 가지고 있어 건드리면 지독한 냄새가 나는 방어 물질을 분비합니다.

노린재목은 알, 애벌레, 어른벌레 세 시기를 거치는 불완전변태를 합니다. 대개 땅 위에서 살지만 물속이나 물 표면에 사는 수서종도 있습니다. 농작물에서 잘 모이기 때문에 식물에 바이러스 같은 각종 병을 옮기기도 합니다. 반면에 육식성 노린재들은 농작물을 먹는 힘이 약한 동물을 잡아먹어서, 자연 천적으로 굉장히 중요한 역할을 합니다.

우리나라에는 96과 958속 2,189종이 살고 있습니다.

(1) 노린재아목

노린재아목의 가장 큰 특징은 앞날개입니다. 앞날개의 절반 부분은 딱딱한 가죽질이고, 나머지 절반 부분은 부드러운 막질입니다. 이에 견주어 뒷날개가 부드러운 막질만으로 이루어져 비행할 때 도움이 됩니다.

몸길이는 1.5~65밀리미터에 이를 정도로 다양합니다. 생김새는 타원형이거나 길쭉하고 납작합니다. 겹눈은 큰 편입니다. 대개 겹눈 사이에 홑눈이 두 개 있으나, 간혹 없는 경우도 있습니다. 더듬이는 실 모양으로 네다섯 마디로 이루어져 있는데, 땅에 사는 종의 더듬이는 길고 물속에 사는 종의 더듬이는 짧습니다. 주둥이는 침 모양으로 동물이나 식물을 찌른 뒤 쭉쭉 빨아 들이마십니다. 보통 노린재아목 곤충들의 작은방패판은 역삼각형입니다. 가끔 광대노린재류나 알노린재류처럼 작은방패판이 몸(뒷가슴과 배)을 다 덮을 만큼 커서 날개가 작은방패판 아래에 숨은 종도 있습니다.

노린재들은 냄새샘을 지니고 있어 건드리거나 위험하면 고약한 냄새가 나는 방어 물질을 분비합니다. 우리나라에서는 노린내가 난다고 해서 '노린재'라고 부릅니다. 방어 물질이 분비되는 분비 구멍(냄새 구멍)의 위치는 애벌레와 어른벌레가 서로 다릅니다. 날개가 없는 애벌레의 분비 구멍은 배 위에 있고, 어른

노린재아목 광대노린재과 광대노린재

노린재아목 톱날노린재과 톱날노린재

노린재아목 알노린재과 무당알노린재

노린재아목 뿔노린재과 에사키뿔노린재의 짝짓기

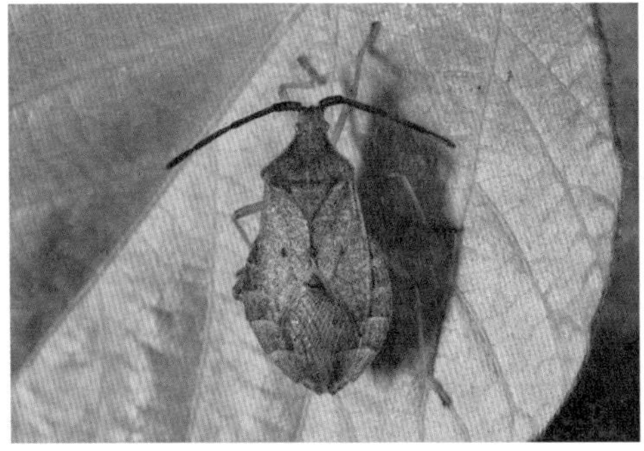

노린재아목 허리노린재과 넓적배허리노린재

노린재아목 노린재과 깜보라노린재

노린재아목 노린재과 얼룩대장노린재

노린재아목 노린재과 북방풀노린재

노린재아목 긴노린재과 흰점빨간긴노린재

노린재아목 잡초노린재과 긴잡초노린재

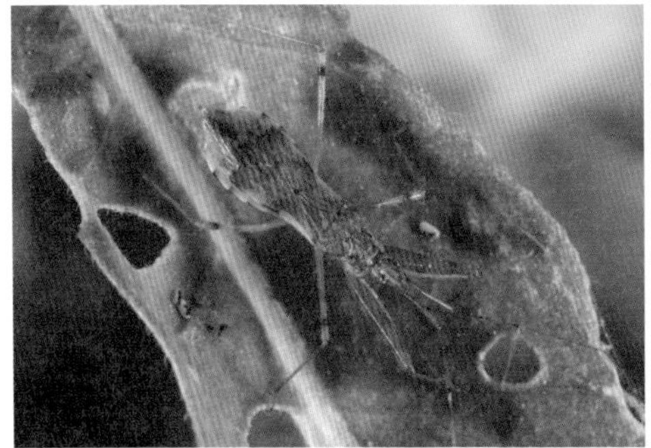

노린재아목 쐐기노린재과 빨간긴쐐기노린재

노린재아목 침노린재과 고추침노린재

벌레의 분비 구멍은 뒷가슴 옆구리(뒷다리 위쪽)에 있습니다. 즉, 어른벌레는 뒷가슴 옆구리 쪽에 나 있는 분비 구멍으로 방어 물질을 내보내고, 날개가 없는 애벌레는 배의 등 쪽에 뚫려 있는 분비 구멍으로 내보냅니다.

노린재들은 폭탄먼지벌레처럼 방어 물질을 공중으로 발사하지 않고, 자기 몸에 스며들게 발사합니다. 그것은 폭탄에 물기(액체)가 약간 들어 있기 때문에 가능합니다. 폭탄이 발사되는 분비 구멍 바로 옆에는 스펀지처럼 화학 폭탄 물질을 흡수할 수 있는 큐티클 층이 있습니다. 일단 화학 폭탄이 발사되면 화학 폭탄 물질의 일부는 공중으로 날아가고, 나머지는 분비 구멍 둘레를 촉촉이 적십니다. 분비 구멍 둘레에 스며드는 거지요. 독 물질은 역겨운 냄새를 풍기며 오래 남아서 천적이 다가오는 걸 훼방 놓습니다. 방어 물질의 성분 거의가 카르보닐기 화합물인 알데히드와 케톤 물질입니다. 그 가운데서도 특히 트랜스-2-헥세날이 가장 널리 알려져 있습니다.

노린재들은 불완전변태를 하며, 우리나라 노린재의 한살이는 보통 1년에 한 번 돌아갑니다. 보통은 땅 위에서 사나, 일부 육식성 노린재는 물에서 삽니다. 빈대처럼 척추동물의 몸에 사는 기생성도 있습니다.

우리나라에 사는 노린재아목에는 노린재과, 알노린재과, 광대노린재과, 넓적노린재과, 허리노린재과, 잡초노린재과, 뿔노린재과, 긴노린재과, 침노린재과, 쐐기노린재과, 꽃노린재과, 방패벌레과, 장님노린재과 들 39과가 있습니다.

(2) 매미아목

몸길이가 작게는 1밀리미터에서 크게는 90밀리미터에 이를 정도로 크기가 다양합니다. 몸 색깔은 대부분 보호색인 초록색이나 갈색을 띠지만, 때로는 경고색인 흰색이나 붉은색을 띠기도 합니다. 주둥이는 큰턱과 작은턱이 침 모양으로 변해 먹이를 찔러 빨아 먹습니다. 더듬이는 실 모양으로 네다섯 마디로 이루어져 있습니다. 겹눈은 대개 잘 발달되어 있으나 드물게 없는 종도 있습니다. 홑눈 두세 개가 겹눈 사이에 있습니다.

다리의 발목마디는 1~3마디로 이루어져 있습니다. 앞날개와 뒷날개는 대개 부드러운 막질이나, 앞날개가 뒷날개보다 더 두텁고 색깔이 진한 종도 있습니다. 또 뒷날개가 퇴화된 종도 있습니다. 매미과처럼 배에 발음기관이 있는 종이 있고 깍지벌레류처럼 등 표면에 보호용 왁스를 분비하는 분비선세포가 있는 종도 있습니다.

식성은 거의 초식성으로 주로 식물의 즙액을 빨아 먹는데, 종에 따라 꽃, 열매. 잎사귀, 뿌리와 줄기 들 저마다 좋아하는 부위를 빨아 먹습니다. 흡즙성 식성 때문에 식물에 피해를 주기도 합니다. 식물즙을 빨아 먹어서 피해를 주기도 하지만, 진딧물처럼 바이러스를 옮기는 2차 피해를 줄 수도 있습니다. 하지만 깍지벌레류처럼 물감의 원료인 락(Lac)을 분비하는 종도 있습니다.

분류학적으로 크게 꽃매미상과, 뿔매미상과, 거품벌레상과, 매미상과로 나눕니다.

① 꽃매미상과

홑눈은 두 개인데, 보통 겹눈 가까이 있으며 두 번째 더듬이 마디에 여러 감각기가 있습니다. 멸구과, 알멸구과, 장삼벌레과, 선녀벌레과, 긴날개멸구과, 상투벌레과, 큰날개매미충과 들이 속해 있습니다.

② 뿔매미상과

홑눈은 두 개로, 위치가 다양합니다. 뒷다리는 뛰기에 적당합니다. 뿔매미과와 매미충과가 속해 있습니다.

③ 거품벌레상과

머리에 있는 뒷머리방패판(뒷이마방패)이 넓게 늘어나 얼굴과 얼굴 양옆을 덮고 있습니다. 홑눈은 두 개가 있거나 또는 없으며, 뒷다리는 뛰기에 적당합니다. 가시거품벌레과, 쥐머리거품벌레과, 거품벌레과가 속해 있습니다.

매미아목 선녀벌레과 미국선녀벌레 애벌레
배꽁무니에 밀랍 물질을 달고 있다.

매미아목 선녀벌레과 선녀벌레 어른벌레

매미아목 큰날개매미충과 신부날개매미충 애벌레

매미아목 큰날개매미충과 신부날개매미충 어른벌레

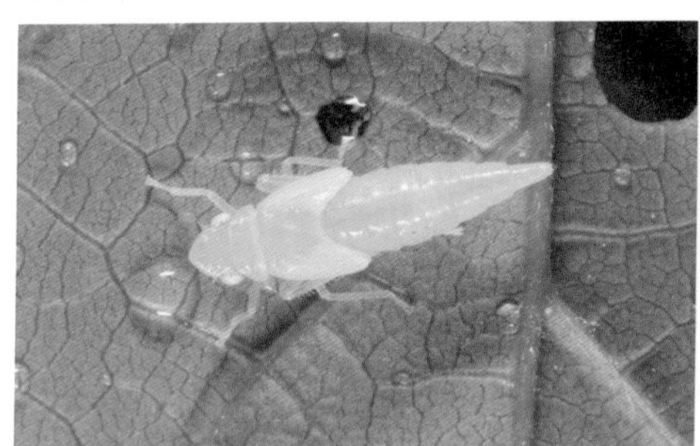

매미아목 매미충과 끝검은말매미충 애벌레

매미아목 매미충과 끝검은말매미충

매미아목 꽃매미과 꽃매미

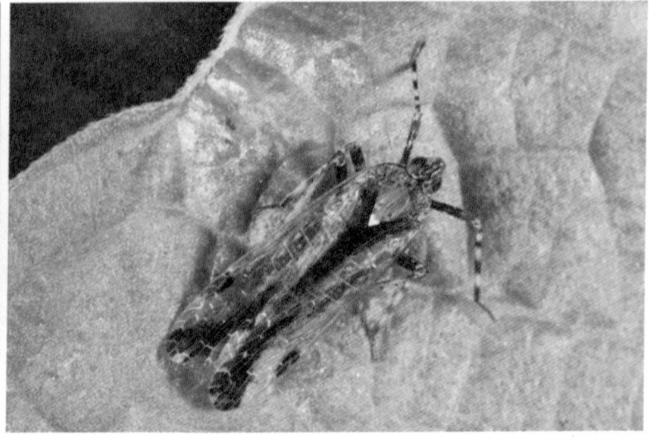

매미아목 장삼벌레과 장삼벌레류

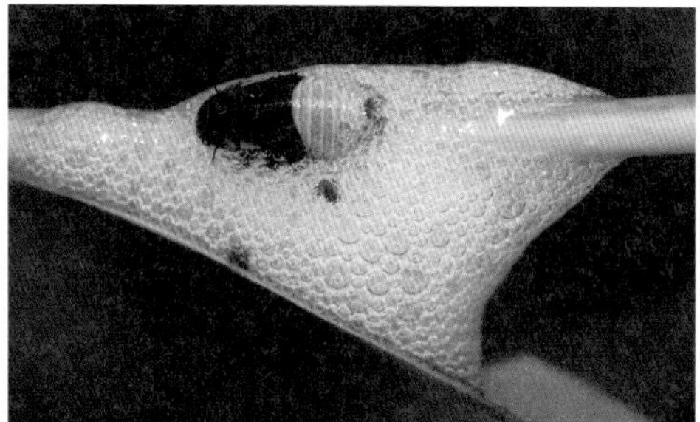

매미아목 거품벌레과 갈잎거품벌레 애벌레
거품은 애벌레가 수액을 먹고 싼 물똥이다.

매미아목 거품벌레과 갈잎거품벌레 어른벌레

매미아목 매미과 애매미

매미아목 매미과 털매미

매미아목 매미과 참매미

매미아목 매미과 소요산매미

매미아목 매미과 유지매미

④ 매미상과

홑눈이 세 개 있으며, 앞다리의 넓적다리마디는 넓고, 뒷다리는 가늘고 길지만 잘 뛰지 못합니다. 배에는 발음기관과 고막이 있습니다. 애벌레는 땅속에서 나무뿌리를 빨아 먹고 삽니다. 매미과가 속해 있으며, 대표적인 예로 우리 주변에서 흔히 볼 수 있는 말매미, 참매미, 털매미, 늦털매미, 유지매미, 쓰름매미, 애매미 들 소리 내는 종들을 들 수 있습니다.

(3) 진딧물아목

진딧물아목의 발목마디는 한두 마디로 이루어졌습니다. 어떤 종의 경우, 암컷과 애벌레가 활동적이지 못해 멀리 이동하지 못합니다. 보통 짝짓기 과정을 거쳐 번식하지만(양성생식), 암컷 혼자 번식하는 처녀생식(단성생식)을 하는 종도 있습니다. 모두 육지에서 살고, 식식성으로 식물의 즙을 빨아 먹고 삽니다. 진딧물류는 직접 식물의 즙을 빨아 먹어 식물을 힘들게 하지만, 바이러스 병을 옮기는 2차 감염을 일으켜 농작물에게 안 좋은 영향을 줍니다.

깍지벌레류는 밀납을 분비한 뒤 그 속에서 식물 즙액을 빨아 먹기 때문에 농민들에게 원성을 사기도 합니다. 온실가루이는 시설재배 작물에서 흔히 발견됩니다.

우리나라의 진딧물아목은 분류학적으로 가루이상과, 진딧물상과, 깍지벌레상과, 나무이상과 들로 나눕니다.

① 나무이상과

암컷과 수컷 모두 주둥이가 있고 더듬이는 보통 열 마디로 이루어져 있습니다. 날개는 두 쌍으로 보통 앞날개가 뒷날개보다 단단합니다. 매우 활발하여 빠르게 뛰거나 날 수 있습니다. 하지만 긴 시간 동안 비행은 못하며 뒷다리를 써서 뛰는 것을 좋아합니다.

우리나라에 사는 나무이상과에는 알락나무이과, 넓은맥나무이과, 주걱나무이과, 나무이과. 창나무이과 들이 있습니다.

② 가루이상과

암컷과 수컷 모두 주둥이가 있고 더듬이는 보통 일곱 마디로 이루어졌습니다. 날개는 두 쌍으로 매우 넓으며, 막질이라 질감이 부드럽습니다. 날개의 색깔은 보통 흰색이지만 때때로 날개에 어두운 색 점무늬나 줄무늬가 그려져 있을 때도 있습니다. 다리는 가늘고 깁니다. 우리나라에는 가루이과가 있습니다.

③ 깍지벌레상과

암컷과 수컷의 생김새가 다릅니다. 암컷의 생김새는 애벌레와 비슷해 날개가 없습니다. 보통 충영이나 비늘 모양의 식물 조직에 싸여 있거나, 왁스나 가루를 뒤집어쓰고 삽니다. 암컷의 주둥이는 기능적입니다. 이에 견주어 수컷의 날개는 두 장이며 주둥이는 흔적만 남아 있습니다.

몸집은 매우 작으며, 진딧물처럼 꿀똥을 눠서 개미를 불러들이며 공생하는 종도 있습니다. 대부분 양성생식을 하지만 때때로 단성생식을 하는 종도 있습니다. 동남아시아에 사는 *Laccifer lacca*는 물감의 원료인 락(lac)을 분비하는 것으로 유명합니다.

우리나라에 사는 깍지벌레상과에는 공깍지붙이과, 표주박깍지벌레과, 밀깍지벌레과, 깍지벌레과, 주머니깍지벌레과 들이 있습니다.

④ 진딧물상과

암컷과 수컷 모두 주둥이가 있고 더듬이는 4~6마디로, 대부분 여섯 마디로 이루어졌습니다. 날개 달린 유시형의 날개는 부드럽고 투명한 막질입니다. 다리는 가늘고 깁니다. 5~6번째 배마디의 등면에 한 쌍의 뿔관이 있고, 배꽁무니에 끝편이 붙어 있습니다. 우리나라에는 진딧물과가 있습니다.

진딧물은 체관부에 주둥이를 찔러 즙을 먹습니다. 기주특이성이 매우 강해 대개 좋아하는 먹이식물이 정해져 있습니다. 진딧물들은 식물 줄기, 새잎 또는

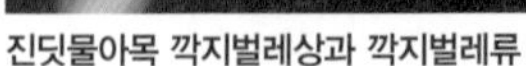

진딧물아목 깍지벌레상과 깍지벌레류

진딧물아목 진딧물과 진딧물류 개미가 진딧물을 보호하고 있다.

잎사귀 뒷면에 집단으로 모여 생활합니다.

계절이 변함에 따라 월동기주(1차 기주)에서 여름기주(2차 기주)로 이동합니다. 또한 주변 환경의 변화에 따라 날개 있는 유시형과 날개가 없는 무시형이 나오기도 합니다. 처녀생식과 양성생식을 번갈아 하며 번식하는 세대교번을 합니다. 진딧물은 아한대에서 온대 지역에 주로 사는데, 온대 지역일수록 종 다양성이 높습니다.

보통 온대 지역과 아한대 지역에서 사는 진딧물들은 겨울에 나무 기주식물(1차 기주)에 수정란을 낳고, 여름철에는 초본성 여름기주(2차 기주)로 이동해 처녀생식을 하는 경우가 많습니다. 이에 비해 따뜻한 열대 지역과 온실 안에서는 1년 내내 단위생식을 하며 번식하는데, 이 경우에는 유성생식을 하지 않습니다.

진딧물의 생활사에는 유성생식 세대가 있는 '완전생활환'과 유성생식 세대가 없는 '불완전생활환'이 있습니다. 물론 같은 종이라도 겨울의 온도가 따뜻하면 불완전생활환을, 겨울의 온도가 추우면 완전생활환의 형태로 살 수 있습니다. 우선, 완전생활환에는 단식형과 이주형이 있습니다. 단식형은 1년 내내 먹이식물을 바꾸지 않습니다. 즉, 3~4월에 알에서 부화한 애벌레가 자라 어른벌

진딧물아목 진딧물과 오배자면충 오배자면충이 살고 있는 오배자

진딧물아목 진딧물과 박주가리진딧물 박주가리 즙을 빨고 있다.

레가 되어 같은 종류 먹이식물에서만 번식하며 살아가는데, 이때 여름 기주식물은 이동하지 않습니다. 대표적으로 왕진딧물류를 들 수 있습니다. 반면에 이주형은 먹이식물에서 수정란으로 겨울을 보내고, 이듬해 부화한 애벌레가 자라 어른벌레가 되고 나서 먹이식물에서 번식합니다. 그러다 먹이식물을 바꿔 여름 기주식물로 이동합니다. 대표적인 예로 여러 식물을 먹는 목화진딧물을 들 수 있습니다.

불완전생활환은 유성세대 없이 처녀생식만 계속하는 경우입니다. 열대지방에 사는 진딧물들은 거의가 처녀생식만으로 번식합니다. 우리나라에 사는 버들왕진딧물은 수컷이 없으며 처녀생식만 하며 대를 이어 갑니다.

12. 풀잠자리목 Neuroptera

영어 이름 Lacewing, Antlion, Dobsonflies　우리나라 분포 8과 31속 50종　탈바꿈 형태 완전변태

명주잠자리과

풀잠자리목 어른벌레는 몸 크기가 다양하며, 대개 피부가 얇고 연약합니다. 머리에 붙은 주둥이는 하구식으로 아래쪽을 향합니다. 겹눈이 잘 발달하고, 더듬이는 긴 편으로 생김새가 다양합니다. 더듬이의 끝부분이 부풀어 오른 곤봉 모양(명주잠자리과, 뿔잠자리과), 실 모양(풀잠자리과, 보날개풀잠자리과, 뱀잠자리붙이, 사마귀붙이과)과 빗살 모양(빗살수염풀잠자리과)이 있습니다.

주둥이는 씹는형입니다. 날개는 부드러운 막질인데 앞날개와 뒷날개의 길이가 비슷합니다. 쉴 때는 지붕 모양으로 몸 위에 접어 놓습니다. 다리 여섯 개는 대개 비슷하게 생겼으나, 사마귀붙이과는 앞다리가 엄청나게 큰 포획형이라 먹잇감을 사냥하는 데 안성맞춤입니다.

풀잠자리목 애벌레는 몸통이 방추형이며 대개 육식 곤충입니다. 주둥이가 전구식으로 앞쪽을 향해 있으며, 큰턱과 작은턱이 뾰족하게 변형되어 먹잇감

애뱀잠자리붙이류 애벌레 몸이 방추형이다.

풀잠자리류 어른벌레

을 찔러서 즙을 빨아 먹을 수 있습니다. 특히 큰턱은 낫 모양으로 안쪽에 홈이 패어 있어 먹이를 빨아들입니다.

다 자란 애벌레는 직장에서 명주실을 분비해 고치를 만들고 그 속에서 번데기로 변신합니다. 번데기에서 우화한 어른벌레는 큰턱으로 번데기 방을 찢고 바깥세상으로 나옵니다.

우리나라에는 8과 31속 50종이 살고 있습니다.

(1) 명주잠자리형

명주잠자리형으로는 개미귀신으로 잘 알려진 명주잠자리과와 뿔잠자리과를 들 수 있습니다.

명주잠자리의 애벌레(개미귀신)는 토양이 발달한 육지, 사막이나 해안가에서 주로 삽니다. 어떤 애벌레는 깔때기 모양의 모래 함정(개미지옥)을 파 놓은 뒤 그 속에 숨어서 사냥하기도 하고, 또 어떤 애벌레는 모래 함정을 만들지 않고 사냥하기도 합니다. 특히 다 자란 애벌레는 모래나 흙 속에 숨어 지내다 배꽁무니에서 명주실을 뽑아 고치를 만들고 그 속에서 번데기로 변신합니다.

육상을 날아다니는 뿔잠자리과 애벌레도 개미귀신 생김새와 비슷합니다. 뿔잠자리류 알은 풀 줄기에 무더기로 줄을 맞춰 붙어 있습니다.

명주잠자리과 왕명주잠자리 애벌레

명주잠자리류 애벌레의 집. 개미지옥

명주잠자리과 왕명주잠자리 어른벌레

(2) 풀잠자리형

풀잠자리형 애벌레는 흙이나 모래 속에 숨어 살지 않고 식물 위를 자유롭게 활보하며 힘이 약한 생물을 사냥합니다. 이들은 무당벌레와 함께 진딧물의 천적 곤충으로 많은 연구가 이루어졌습니다.

어떤 애벌레는 등 위에 잡아먹은 사냥감의 시체, 식물 조각, 식물의 털 따위를 등 위에 얹고 쓰레기처럼 변장하고 삽니다. 또한 어떤 풀잠자리류의 암컷은 기다란 실같이 보이는 분비물 끝에 알을 낳는데, 한때 이 알은 3천 년 만에 한 번 핀다는 우담발라로 유명해진 일화가 있습니다.

뱀잠자리붙이는 몸집이 작으며 대개 갈색을 띠는데, 애벌레와 어른벌레 모두 육상에서 생활합니다. 보날개풀잠자리는 몸집이 크며 갈색을 띠는데, 보통

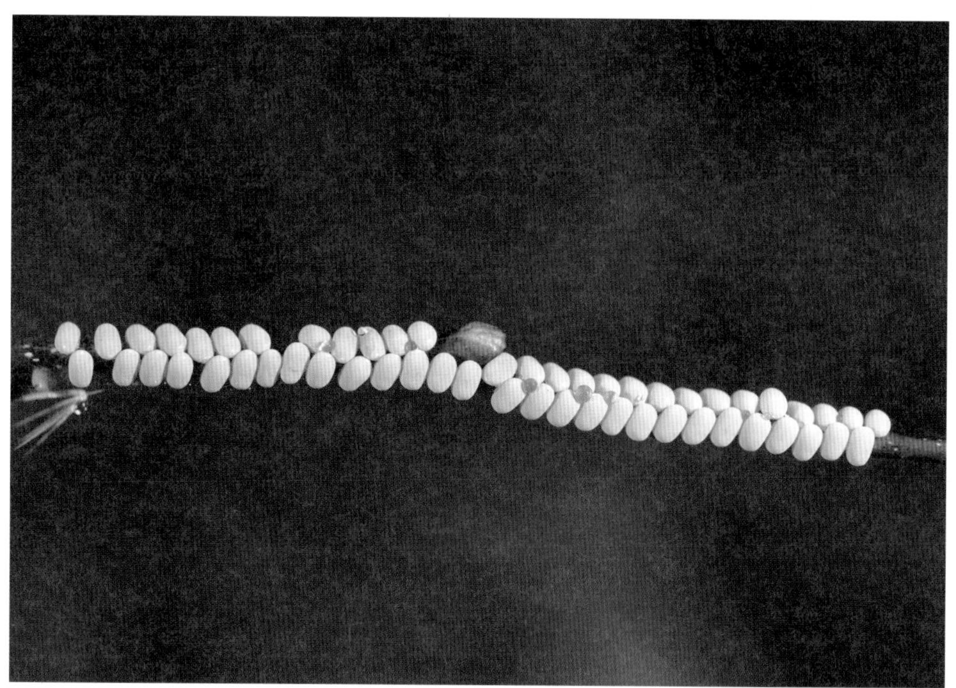

뿔잠자리과 노랑뿔잠자리의 알

뿔잠자리과 노랑뿔잠자리 1령 애벌레 알에서 깨어났다.

뿔잠자리과 노랑뿔잠자리

계곡 주변 바위 밑이나 어두운 숲속에서 발견됩니다. 애벌레는 반수서성으로 물가 근처의 바위, 나무껍질 아래, 낙엽 더미에 삽니다. 이들은 물가 주변을 어슬렁거리는 작은 곤충을 잡아먹습니다. 반면에 해면풀잠자리과는 유일한 수서 곤충인데, 아직 우리나라에서 발견되지 않았습니다.

13. 약대벌레목 Raphidioptera

영어 이름 Snakeflies, Camelneck flies 우리나라 분포 1과 1속 2종 탈바꿈 형태 완전변태

약대벌레 어른벌레

몸집이 작은 종에서부터 큰 종까지 다양합니다. 생김새는 뱀잠자리목과 비슷하나 머리와 앞가슴이 마치 목이 긴 낙타처럼 보입니다. '약대'는 낙타를 뜻하는 옛말입니다. 더듬이는 실 모양이고, 겹눈이 머리 밖으로 돌출되어 있습니다. 날개는 창호지처럼 얇은 막질이고 투명합니다. 날개맥과 연문이 뚜렷합니다. 암컷 배꽁무니에는 길게 휘어진 산란관이 달려 있습니다.

어른벌레는 꽃, 잎, 나무줄기에서 생활하면서 진딧물 따위를 잡아먹습니다. 짝짓기를 마친 암컷은 나무껍질 틈에 알을 낳습니다. 애벌레는 느슨해진 나무껍질 아래에서 힘이 약한 곤충을 잡아먹습니다. 다 자란 애벌레는 방을 만든 뒤 그 속에서 번데기가 되며 번데기는 번데기 방에서 활발하게 움직입니다.

우리나라에는 1과(약대벌레과) 1속 2종(락타잠자리, 약대벌레)이 살고 있습니다.

14. 뱀잠자리목 Megaloptera

영어 이름 Alderflies, Dobsonflies, Fishflies, Oriflies　우리나라 분포 2과 4속 8종　탈바꿈 형태 완전변태

가는좀뱀잠자리

어른벌레의 몸집은 큰 편으로 날개를 편 길이가 12센티미터에 이르는 종도 있습니다. 피부는 연약합니다. 앞가슴등판은 긴 편이고, 주둥이는 씹는형입니다. 더듬이는 기다란 실 모양입니다. 겹눈이 발달해 있으며 홑눈은 좀뱀잠자리과처럼 세 개가 있거나 뱀잠자리과처럼 아예 없습니다. 앞날개와 뒷날개가 같은 모양으로, 날개맥은 가로맥이 많은 원시형으로 비행력이 약합니다.

주로 개울 근처나 시원하고 습한 곳에서 삽니다. 짝짓기를 마친 암컷은 물가 근처에 300개에서 3,000개 정도의 알을 낳는데, 알 덩어리는 1~5층으로 된 원형 또는 사각형입니다.

애벌레는 주로 물속에서 살며, 다른 무척추동물, 작은 물고기, 양서류 들을 잡아먹는 포식성입니다. 몸 생김새가 원통형이고 피부는 단단한 편입니다. 배에 7~8쌍의 아가미가 붙어 있습니다. 애벌레는 번데기가 될 즈음 물 밖으로 나와 흙이나 이끼 속, 돌 아래로 파고 들어가서 번데기로 변신합니다. 보통 한살이가 1년에 한 번 돌아가지만 몇몇 대형종은 한살이가 2~3년 걸립니다.

우리나라에는 2과(좀뱀잠자리과, 뱀잠자리과) 4속 8종이 살고 있습니다.

뱀잠자리 번데기

대륙뱀잠자리 어른벌레

노란뱀잠자리 어른벌레

15. 딱정벌레목 Coleoptera

영어 이름 Beetles, Weevils 우리나라 분포 105과 탈바꿈 형태 완전변태

알통다리꽃하늘소

지구에 사는 동물 가운데 가장 수가 많은 것은 곤충입니다. 그 곤충 가운데 딱정벌레목의 수는 38만 종(35만 종으로 추산하는 학자도 있음)이나 됩니다. 이 숫자는 지금까지 알려진 모든 생물을 합친 종 수의 5분의 1을 넘고, 모든 동물을 합친 종 수의 4분의 1을 차지합니다. 또한 모든 곤충을 더한 종 수의 40퍼센트를 넘을 만큼 다양성이 굉장히 높습니다. 이처럼 딱정벌레목은 바다 빼고 곤충이 살 수 있는 환경이면 어디든지 살아갑니다.

딱정벌레목이 지구에서 번성하게 된 가장 큰 까닭 가운데 하나는 몸이 강력한 외골격으로 감싸고 있기 때문입니다. 외골격은 피부를 보호해 줄 뿐만 아니라 뼈 구조 유지와 운동 기능을 모두 가지고 있습니다. 외골격의 주성분은 키틴과 단백질입니다. 다당류의 하나인 키틴은 외골격을 튼튼하면서 탄력성 있게 만들어 주는데, 가장 바깥층 각피를 큐티클이라고 합니다.

딱정벌레들마다 피부에 가시나 센털이 덮여 있을 수도 있고, 몸에서 분비된 왁스가 덮여 있을 수도 있는 것처럼 모습이 다양합니다. 이런 털이나 왁스는 주변의 환경 정보를 감지해서 신경계에 전달하고, 천적이나 탈수 같은 위험을 피할 수 있게 도와주는 뛰어난 감각기관입니다.

'딱정벌레'란 이름은 여느 곤충과 달리 딱딱하게 진화한 날개 덕에 생겼습니다. 딱정벌레는 앞날개와 뒷날개를 네 장 가지고 있는데, 앞날개는 마치 딱지가 앉은 것처럼 매우 단단합니다. 그래서 앞날개를 딱지날개라고도 부릅니다. 이 딱지날개에 아이디어를 얻어 2,500년 전에 아리스토텔레스는 딱정벌레목을 'Coleoptera'라고 이름 붙였습니다. coleo-는 딱딱하다는 말이고, -ptera는 날개를 뜻하는 말입니다. 이에 견주어 뒷날개는 창호지처럼 얇고 부드럽고 투명해 비행할 때 큰 역할을 합니다.

딱정벌레목 곤충의 몸길이는 작게는 0.25밀리미터(깃날개먼지딱정벌레과Ptiliidae)에서 크게는 200밀리미터(타이탄장수하늘소)에 이를 정도로 몸집이 굉장히 큽니다. 몸 생김새는 하늘소와 반날개처럼 길쭉한 모양, 무당벌레처럼 반구 모양, 풍뎅이처럼 뚱뚱한 타원 모양, 풍뎅이붙이나 머리대장처럼 납작한 모양, 버섯벌레처럼 달걀 모양 따위로 다양합니다.

겹눈이 잘 발달되어 있지만 대개 홑눈은 없습니다. 더듬이는 보통 열한 마디로 이루어졌으며, 모양과 마디 수가 과에 따라 다릅니다. 이를테면 방아벌레과는 톱니 모양이고 버섯벌레과는 구간 모양, 거저리과(진주거저리속)는 염주 모양, 하늘소과는 채찍 모양입니다.

입틀은 대부분 씹는형이고, 간혹 퇴화된 종도 있습니다. 앞가슴은 매우 넓고, 자유롭게 움직일 수 있습니다. 앞날개는 딱딱하고 뒷날개는 부드러운데, 간혹 단시형이나 무시형도 있습니다. 꼬리털은 없고, 생식기가 몸속에 들어가 있어 겉으로는 안 보입니다.

애벌레의 생김새는 굼벵이형, 송충이형, 좀형, 구더기형 들 다양합니다. 다리는 발달하였거나 또는 없는 종도 있는데, 배다리는 없습니다. 가뢰과 애벌레처럼 모습을 두 번 넘게 바꾸는 과변태를 하는 특이한 종도 있습니다.

딱정벌레목은 알 - 애벌레 - 번데기 - 어른벌레 시기를 거치며 한살이를 완성하는 완전변태를 합니다. 보통 1년에 1~4세대를 이어 가는 종부터 수년에 걸쳐 1세대를 이어 가는 종까지 다양하나, 보통 한살이는 1년에 한 번 돌아갑니다. 겨울나는 모습도 종에 따라 다릅니다.

딱정벌레목은 종 수가 굉장히 많은 만큼 사는 곳도 먹이도 매우 다양합니다. 98퍼센트 정도가 육상에서 살아갑니다. 약 5천 종은 민물에 사는 수서성이며, 드물게 해안가나 강가의 모래밭에 사는 종도 있습니다. 또한 사람이 사는 집에 자리 잡고 이불, 가구, 음식 따위를 먹으며 사는 종도 있습니다. 동물 사체, 가죽, 털과 뼈를 먹으며 분해자 역할을 하는 종도 있습니다.

딱정벌레목의 몸 구조는 단순하지만, 종 수가 많다 보니 분류 체계는 매우 복잡합니다. 전 세계적으로 학자에 따라 과를 150과에서 400과로 나눕니다. 국가생물종목록집(2021)은 한국산 딱정벌레목을 105과로, 로렌스와 뉴턴(1995)은 세계의 딱정벌레목을 80과로 나눕니다. 딱정벌레목의 다양성을 감안할 때 연구가 계속 이루어지면 아직 기록되지 않은 과의 수가 늘어날 것으로 여겨집니다.

지금까지 알려진 모든 딱정벌레목의 약 3분의 2는 여덟 개과가 차지합니다. '8대 딱정벌레목'은 비단벌레과, 딱정벌레과, 하늘소과, 잎벌레과, 바구미과, 풍뎅이과(풍뎅이상과로 분류하기도 함), 반날개과와 거저리과입니다. 이 가운데 종 수가 가장 많은 과는 바구미과입니다. 딱정벌레목은 다음과 같이 크게 식균아목, 원시딱정벌레아목, 식육아목, 다식아목 들 네 아목으로 나눕니다.

(1) 식균아목

식균아목은 곰팡이를 먹는 무리로 범세계적으로 분포하지만, 우리나라에서는 아직 발견되지 않았습니다.

(2) 원시딱정벌레아목

뒷날개에 원시적인 가로맥이 있습니다. 전 세계에서 30여 종만 알려져 있습니다. 우리나라에는 곰보벌레과 곰보벌레 한 종만 삽니다.

(3) 식육아목

육식성이며 뒷다리의 밑마디가 배마디와 붙어 있어 밑마디가 움직이지 못합니다. 우리나라에는 등줄벌레과, 길앞잡이과, 어리강변먼지벌레과, 딱정벌레과, 물맴이과, 물진드기과, 자색물방개과, 백두벌레과, 물방개과로 9과가 살아갑니다. 이 가운데 물맴이과, 물진드기과, 자색물방개과, 백두벌레과, 물방개과는 물속에서 사는 수서곤충입니다.

식육아목 딱정벌레과 폭탄먼지벌레

식육아목 길앞잡이과 길앞잡이

식육아목 물방개과 큰땅콩물방개

식육아목 물방개과 호랑물방개

(4) 다식아목(풍뎅이아목)

뒷다리의 밑마디가 배마디와 떨어져 있어 밑마디가 자유롭게 움직입니다. 현재 지구에 살아 있는 딱정벌레목의 90퍼센트를 차지할 정도로 종다양성이 매우 높습니다. 식성, 습성과 특성이 매우 다양해 다시 여러 하목으로 나눕니다.

① 반날개하목

애벌레 꼬리돌기가 여러 마디의 관절로 이어져 있습니다. 반날개하목은 배설기관인 말피기씨 기관의 숫자에 따라 두 무리로 나눕니다. 말피기씨 기관이 네 개인 무리는 반날개과와 송장벌레과이고, 말피기씨 기관이 여섯 개인 무리는 풍뎅이붙이상과와 물땡땡이상과입니다.

② 풍뎅이하목

애벌레 꼬리돌기가 관절로 이어져 있지 않고, 몸과 단단히 붙어 있습니다. 가장 큰 특징은 어른벌레의 더듬이에 있습니다. 곤봉 모양을 형성하는 더듬이 끝부분 세 번째 마디부터 일곱 번째 마디까지 길쭉하게 늘어나 있는데, 그 모습이 마치 길쭉한 버드나무 잎을 여러 장 포개 놓은 것처럼 보입니다. 또한 앞다리는 땅 파는 데 좋도록 넓적한 편입니다.

어른벌레는 주로 밤에 활동하는 야행성 종이 많습니다. 낮에 활동하는 종들은 꽃, 과일 또는 나뭇진이나 동물의 배설물에 많이 모입니다. 애벌레의 몸은

반날개하목 송장벌레과 넓적송장벌레

반날개하목 풍뎅이붙이과 아무르납작풍뎅이붙이

풍뎅이하목 꽃무지과 풀색꽃무지

풍뎅이하목 꽃무지과 풀색꽃무지 색변이

풍뎅이하목 장수풍뎅이과 장수풍뎅이 수컷

풍뎅이하목 장수풍뎅이과 장수풍뎅이 암컷

풍뎅이하목 풍뎅이과 풍뎅이

풍뎅이하목 풍뎅이과 카멜레온줄풍뎅이

풍뎅이하목 꽃무지과 풍이

풍뎅이하목 꽃무지과 검정꽃무지

뚱뚱하고 다리는 짧으며 피부가 얇고 등이 굽어 있습니다. 그래서 애벌레를 굼벵이라고 부릅니다. 애벌레는 보통 땅속, 나무속에서 뿌리나 썩은 식물의 조직을 먹고 살지만, 어떤 애벌레는 배설물이나 동물 시체의 털이나 뼈를 먹고 삽니다.

풍뎅이하목은 크게 똥을 먹는 분식성 무리, 식물을 먹는 초식성 무리와 사슴벌레 무리 들 세 무리로 나눕니다.

• 분식성 무리

한국에 사는 분식성 무리에는 송장풍뎅이과, 바가지촉각풍뎅이과, 붙이금풍뎅이과, 금풍뎅이과, 소똥구리과, 똥풍뎅이과, 소똥구리붙이과 들이 있습니다.

• 초식성 무리

한국에 사는 초식성 무리에는 풍뎅이과, 검정풍뎅이과, 장수풍뎅이과, 꽃무지과가 있습니다.

• 사슴벌레 무리

한국에 사는 사슴벌레 무리에는 사슴벌레과와 사슴벌레붙이과가 있습니다.

③ 방아벌레하목

실제로 볼 수 있는 어른벌레의 배마디는 일곱 마디입니다. 알꽃벼룩과, 여울벌레과, 깃털벌레과, 어리방아벌레과, 방아벌레과, 비단벌레과, 병대벌레과, 반딧불이과, 홍반디과 들이 속해 있습니다.

비단벌레과 어른벌레의 몸은 매우 화려하고, 숲의 잎이나 꽃에서 발견됩니다. 애벌레는 목식성으로 살아 있거나 죽어 썩어 가는 나무속에 살며 나무 조직을 먹습니다. 특히 비단벌레의 몸은 광택이 나는 초록빛으로 보석처럼 아름다워 신라시대부터 장식품으로 이용되어 왔습니다. 실제로 황남대총에서 발견된 말안장 꾸미개는 비단벌레의 딱지날개로 장식되어 있는데, 얼마나 화려하

방아벌레하목 방아벌레과
진홍색방아벌레

방아벌레하목 방아벌레과
왕빗살방아벌레

방아벌레하목 병대벌레과
등점목가는병대벌레류

고 아름다운지 보고 또 봐도 감동입니다.

방아벌레과는 특이한 행동 습성으로 유명합니다. 어른벌레는 위험하면 더듬이와 다리를 몸 쪽으로 오그리며 뒤집힌 채로 떨어지는데, 이때 가사 상태에 빠져 옴짝달싹하지 않습니다. 일정 시간이 지나면 더듬이와 다리를 꼬물꼬물 움직이며 앞가슴 배 쪽에 있는 돌기를 지렛대 삼아 공중을 튀어 오른 뒤 180도 공중회전을 하고는 땅 위에 바른 자세로 떨어집니다. 또한 반딧불이과 곤충들은 배 속에 루시페린이라는 발광 물질을 지니고 있습니다. 어른벌레는 밤이 되면 배꽁무니에서 불빛을 반짝이며 상대방과 의사소통합니다. 애벌레 또한 배꽁무니에서 불빛을 내며 달팽이류를 사냥합니다.

④ 개나무좀하목

실제로 볼 수 있는 어른벌레의 배마디는 일곱 마디 이하입니다. 개나무좀과, 수시렁이과, 표본벌레과가 속해 있습니다. 개나무좀과는 주로 나무속에서 삽니다. 표본벌레과는 대개 건조한 동식물성 물질을 먹지만 때때로 영지처럼 딱딱한 버섯을 먹는 균식성도 있습니다. 수시렁이과의 어른벌레와 애벌레는 모두 죽은 동식물을 먹는데, 어떤 종들은 가죽, 모피, 카펫, 동물 표본, 건어물 따위를 먹습니다.

⑤ 머리대장하목

딱정벌레목 가운데 가장 다양하게 종 분화가 일어난 무리로 종 수로 치면 딱정벌레목의 절반쯤 차지합니다. 규모가 너무 커 상과(superfamily)별로 소개하면 다음과 같습니다.

• 통나무좀상과

몸 생김새가 길쭉한 원통형이며 더듬이가 빗살 모양입니다. 어른벌레와 애벌레 모두 썩어 가는 나무 조직을 뚫고 다니며 균을 먹기도 하고, 퍼뜨리기도 합니다. 우리나라에는 1과(통나무좀과) 3종이 분포합니다.

• 개미붙이상과

개미붙이상과는 규모가 작습니다. 우리나라 개미붙이상과로는 의병벌레과, 개미붙이과, 쌀도적과, 무늬의병벌레과 들 4과가 있습니다. 개미붙이상과 가운데 가장 종 수가 많은 과는 개미붙이과로 세계적으로 약 3,600종이 알려졌고, 우리나라에는 24종(2종 추가, 2021년 예정)이 살고 있습니다.

어른벌레의 몸 생김새는 너비가 넓은 종부터 길쭉한 종까지 다양합니다. 몸 색깔은 대개 밝은색을 띠고 광택이 나며, 때때로 등에 빨간색, 주황색, 노란색과 파란색 점무늬가 찍혀 있습니다.

개미붙이 하면 뭐니 뭐니 해도 몸 털입니다. 몸 표면에 똑바로 서 있는 털들이 빽빽하게 덮여 있습니다. 겹눈은 맨눈으로도 보일 만큼 큽니다. 더듬이는 모두 열한 마디로 실 모양, 톱니 모양, 구간 모양같이 크기와 모양이 다양합니다.

개미붙이상과는 전 세계의 다양한 서식지에 잘 적응하여 살아가는데, 특히 경제적으로 중요한 역할을 하여 '경제 곤충'으로 자리매김했습니다. 어떤 무리는 꽃에 날아와 꽃꿀과 꽃가루를 먹고, 어떤 무리는 나뭇가지나 저장 곡물에서 살면서 힘약한 곤충을 잡아먹기도 하고, 심지어 또 어떤 무리는 벌집에 쳐들어와 벌 애벌레를 잡아먹기도 합니다.

이를테면 불개미붙이속(*Trichodes*)의 어른벌레는 초식성이라 꽃에 날아와 꽃꿀과 꽃가루를 먹고 살지만, 애벌레는 육식성이라 꿀벌과의 벌집에서 애벌레를 사냥합니다. 송장개미붙이속(*Necrobia*)은 주로 시체나 죽은 생물을 먹고 사는 부식성 곤충(주로 애벌레)을 잡아먹고 삽니다. 특히 집개미붙이나 긴개미붙이는 나무속에서 살고 있는 천공성 곤충들을 잡아먹고 사는데, 무역이나 세계 여행을 빈번하게 하는 인간의 활동 덕분에 세계적으로 널리 퍼져 나가고 있습니다.

개미붙이상과는 벌목 개미벌과를 흉내 내는 곤충(의태, mimicry)으로 잘 알려져 있습니다. 나뭇가지나 풀 위를 재빠르게 오르락내리락하거나, 방향을 이리저리 바꾸며 돌아다니는 행동이 개미벌과 매우 닮았습니다. 생김새나 몸 색깔 또한 독을 지닌 개미벌과 매우 비슷합니다. 개미벌을 의태한 무리 말고도 어떤 무리는 딱정벌레목 반딧불이과와 홍반디과에 속한 종들을 의태하기도 합니다.

일부 개미붙이 무리는 숲속 해충을 방제하고 조절하는 역할을 하는데, 이들은 전나무나 소나무 같은 침엽수의 나무 속에 사는 나무좀이나 하늘소류 같은 천공성 곤충들을 잡아먹거나 활엽수 나무에 붙어 사는 곤충들을 잡아먹으면서 나무를 보호하는 역할을 합니다.

개미붙이상과 개미붙이과 불개미붙이

개미붙이상과 무늬의병벌레과 노랑무늬의병벌레

• 머리대장상과

머리대장상과에 속한 식구들은 숲에서 잘 발견됩니다. 대개 나무껍질 아래나 버섯에서 발견되고, 일부는 곡물에서 발견됩니다. 특히 밑빠진벌레과 일부, 버섯벌레과, 배줄벌레과 일부, 무당벌레붙이과, 둥근아기벌레과 들은 균이나 버섯에서 한살이를 마치는 균식성 무리입니다.

우리나라에는 둥근아기벌레과, 밑빠진벌레과, 허리머리대장과, 머리대장과, 곡식쑤시기과, 나무쑤시기과, 꽃알벌레과, 버섯벌레과, 배줄벌레과, 무당벌레과, 무당벌레붙이과, 고목둥근벌레과 들 21과가 분포합니다. 밑빠진벌레과, 버섯벌레과, 무당벌레과를 뺀 나머지 과들은 종 수가 적습니다.

종 수가 가장 많은 무당벌레과는 우리 둘레에서 흔히 볼 수 있습니다. 무당벌레

머리대장상과 무당벌레과 칠성무당벌레

머리대장상과 밑빠진벌레과 네눈박이밑빠진벌레

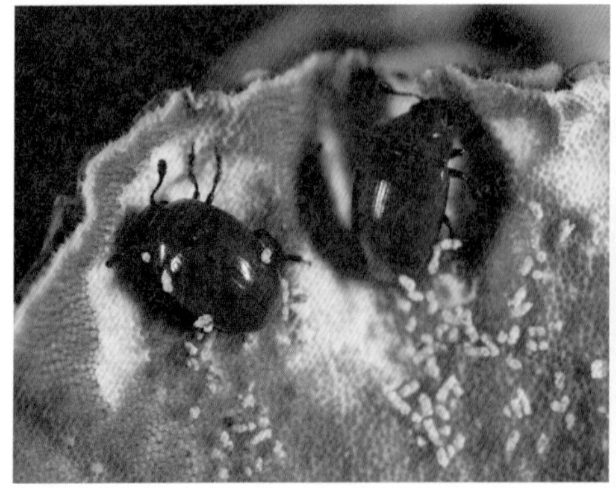
머리대장상과 버섯벌레과 산호버섯벌레

머리대장상과 무당벌레붙이과 우리무당벌레붙이

과 어른벌레는 바가지를 엎어 놓은 것 같은 반구 모양이고, 밝은색 점무늬가 있으며, 피부에 윤기가 흐릅니다. 어른벌레와 애벌레는 포식성으로 진딧물이나 깍지벌레의 천적으로 유명합니다. 하지만 어떤 무당벌레는 식물 잎을 먹고 삽니다.

밑빠진벌레과는 나무 주변에서 삽니다. 몸집은 작은 편이고, 생김새는 둥글고 납작합니다. 주로 나무 수액을 먹고 살고, 일부 종은 꽃에 날아와 꽃가루를 먹기도 합니다.

버섯벌레과는 주로 버섯에서 삽니다. 생김새는 타원형 또는 긴 타원형이며, 색깔은 화려한 색부터 거무칙칙한 색까지 다양합니다. 어떤 종들은 몸에 점무늬나 기하학 무늬가 있습니다. 피부는 매끈하고 윤기가 흐릅니다. 더듬이는 9~11번째 마디가 부풀어 있는 구간 모양입니다. 숙주 특이성이 강해 자기가 선호하는 버섯에서만 한살이를 이루어 나갑니다.

• 거저리상과

거저리상과는 세계적으로 딱정벌레목의 약 17퍼센트인 28과가 포함되었을 만큼 규모가 크고 다양합니다. 거저리상과 가운데 11과가 균에서 서식하는 균식성입니다. 우리나라의 거저리상과에는 거저리과, 애버섯벌레과, 긴썩덩벌레과, 꽃벼룩과, 왕꽃벼룩과, 혹거저리과, 하늘소붙이과, 가뢰과, 목대장과, 뿔벌레과, 홍날개과, 썩덩벌레붙이과 들 21과가 분포합니다. 종 수로 따지자면 거저리과가 4분의 3을 차지합니다. 특히 거저리과의 원시 무리는 담자균아강의 민주름버섯목(*Aphyllophorales*, 주로 나무에 나는 버섯)을 먹는 버섯벌레과의 조상형에서 진화한 것으로 추정합니다.

딱정벌레목 가운데 다섯 번째로 종 다양성이 높은 거저리과는 밤에 주로 활동하는 야행성으로, 날기보다 잘 걷는 특징 때문에 우리나라에서 '거저리'라는 이름이 붙은 것으로 여겨집니다.

어른벌레는 몸길이가 2.0~35밀리미터로 크기가 소형에서 대형까지 다양합니다. 피부는 매우 단단하게 경화되어 있고, 몸의 생김새는 매우 다양합니다. '어두운

(darkling)'을 뜻하는 'Tene-'로 시작되는 학명에서도 알 수 있듯이, 거저리 피부 색깔은 대부분 검은색 또는 어두운 갈색입니다. 하지만 때때로 무지갯빛이 나는 화려한 색을 띠기도 하고, 밝은색의 반점을 지니기도 합니다. 겹눈은 안쪽으로 패인 콩팥 모양입니다. 더듬이는 보통 열한 마디로 실 모양, 염주 모양, 톱니 모양, 구간 모양, 또는 약한 곤봉 모양처럼 다양합니다. 앞다리와 가운뎃다리의 발목마디는 다섯 마디인데, 뒷다리의 발목마디는 네 마디입니다.

한편, 애벌레는 대개 원통형으로 등면이 볼록하고 아랫면은 납작하게 생겼습니다. 더듬이가 두세 마디이고 마지막 마디에 감각기관이 빽빽하게 박혀 있습니다. 피부는 단단하게 경화되어 '가짜철사벌레(false wire worm)'라는 별명이 있습니다.

거저리과는 전 세계에 분포하지만 특히 열대 지역과 아열대 지역에 많이 서식하고, 습한 냉온대 지역에서 적게 분포합니다. 특히 외부 형태가 건조에 적응할 수 있게 발달하여 사막 지역이나 사막성 지역에서 많이 삽니다. 거저리과는 식성과 서식지에 따라 크게 네 개 무리로 나눕니다.

첫째는 저장 곡식성 무리로 저장 곡물을 가해하거나 저장 곡물에 있는 균을 먹고 살기 때문에, 경제적으로 사람에게 영향을 끼칩니다. 대표적으로는 갈색거저리, 쌀도둑거저리, 외미거저리 들이 있으며 무역의 여파로 전 세계에 분포합니다.

둘째는 토양성 무리로 식물의 뿌리나 식물의 뿌리에 공생하는 균류를 먹습니다. 특히 해안사구에 서식하는 종들은 육상에서는 발견되지 않을 정도로 서식지에 대한 선호도가 까다롭습니다. 대표적으로 모래거저리, 바닷가거저리, 작은모래거저리, 꼬마모래거저리, 홍다리거저리를 들 수 있습니다.

셋째는 산림성 무리로 애벌레 시기를 썩은 나무속에서 보내며, 어른벌레가 되면 서식지 밖으로 나와 나무껍질 아래나 주변에서 활동합니다. 또한 일부 종은 썩은 낙엽층에서 애벌레 시기를 보내고 어른벌레는 풀잎이나 나뭇잎 위에서 활동합니다. 대표적으로 산맴돌이거저리, 보라거저리, 호리병거저리, 털보잎벌레붙이 들을 들 수 있습니다.

넷째는 균식성 무리로 버섯에 살고 있습니다. 특히 나무에 나는 버섯을 주로 먹고 일생을 버섯에서 마칩니다. 대표적인 예로 무당거저리류와 진주거저리류를 들 수 있습니다.

긴썩덩벌레과는 이름처럼 몸 생김새가 길쭉하고 늘씬한 원통형입니다. 어른벌레의 몸 색깔은 검정색 또는 갈색을 띤 단일색이나, 때때로 검은색 바탕에 불그스름한 무늬가 있습니다. 머리는 매우 짧고 아래를 향하고 있어, 등 쪽에서 잘 보이지 않습니다. 더듬이는 모두 열한 마디로 이루어져 있습니다. 더듬이 모양은 마지막 7~11번째 마디가 부푼 곤봉 모양, 실 모양, 톱니 모양 들 다양합니다.

긴썩덩벌레과는 대체적으로 먹이 습성에 따라 두 무리, 즉 버섯을 먹고 사는 균식성과 썩은 나무를 먹고 사는 목식성으로 나눕니다. 목식성 무리는 썩은 나무와 나무에 붙어 있는 버섯까지 함께 먹는 것으로 알려져 있습니다. 어른벌레와 애벌레 모두 마른 나뭇가지, 건조된 버섯, 나무껍질 아래쪽에서 잘 볼 수 있으며 때로는 꽃 위에서도 발견됩니다. 어른벌레는 대개 야행성이라서 밤이 되면 죽은 나무 위나 버섯 위를 어슬렁어슬렁 기어 다니며 먹이를 먹고 짝을 찾습니다.

애버섯벌레붙이과는 대체적으로 버섯을 주식으로 삼는 균식성 곤충입니다. 어른벌레와 애벌레 모두 기본적으로 나무에 나는 딱딱한 민주름버섯류에서 서식합니다. 몸 생김새가 길쭉한 직사각형 모양이거나 길쭉한 타원형입니다. 등이 약간 또는 매우 볼록하며, 누워 있는 털들로 덮여 있습니다. 몸 색깔은 검은색이나 갈색을 띤 검은색으로 때때로 노란빛을 띠는 붉은색 무늬를 지닐 때도 있습니다.

가뢰과는 맹독성 방어 물질인 칸타리딘을 분비하는 것으로 유명합니다. 어른벌레의 생김새는 긴 원통형으로 유난히 배가 불룩하며 날개가 배 끝을 덮지 못합니다. 애벌레는 여러 모습을 하는 과변태를 합니다.

• 잎벌레상과

잎벌레과는 종 다양성이 매우 높아 5대 딱정벌레목에 속합니다. 3과뿐이나 종수는 많고, 대개 식식성입니다. 인간생활과 연관이 많아 연구가 잘되어 있습니다. 우리나라에는 잎벌레과, 수중다리잎벌레과, 하늘소과가 있습니다.

몸길이는 1밀리미터에서 27밀리미터에 이르기까지 크기가 다양합니다. 생김새 역시 하늘소처럼 길쭉한 종, 무당벌레처럼 반구형인 종, 타원형인 종, 온몸이 가시

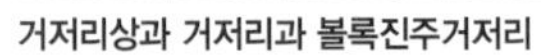

거저리상과 거저리과 볼록진주거저리

거저리상과 애버섯벌레과 검정애버섯벌레

거저리상과 거저리과 우리뿔거저리

거저리상과 가뢰과 먹가뢰

털로 덮여 있는 종까지 매우 다양합니다. 몸 색깔이 대개 화려한데, 특히 아름다운 무늬가 있는 종들이 많습니다.

주둥이는 씹는형이라 식물의 잎을 먹고 삽니다. 더듬이가 열한 마디로 이루어졌지만 가끔 열 마디로 이루어진 종도 있습니다. 또한 더듬이 생김새는 대개 가느다란 실 모양이지만, 드물게 곤봉 모양인 종도 있습니다. 어른벌레와 애벌레는 식물의 잎, 줄기, 뿌리 또는 열매를 먹습니다. 특이하게도 대부분 종들은 숙주특이성이 강해 특정한 식물을 골라 먹음으로써 먹이경쟁을 피합니다.

사람들에게 매우 친숙한 하늘소과는 전 세계에 분포합니다. 대개 다년생 식물에서 한살이를 이어 갑니다. 전 세계에 약 3,500종이 살고, 우리나라에도 무려 350종 넘게 살고 있습니다.

몸길이는 1.5밀리미터에서 120밀리미터에 이르기까지 크기가 다양합니다. 생김새는 길쭉한 원통형입니다. 더듬이는 11~12마디로 이루어졌으며 매우 긴 채찍 모양입니다. 종에 따라 더듬이의 길이가 다른데, 몸길이의 절반 정도 되는 종부터 다섯 배 이상 긴 종까지 다양합니다. 특이하게 앞가슴과 가운데가슴에 있는 발음기를 이용해 '찌익찌익' 소리를 냅니다.

어른벌레는 꽃, 나무줄기, 잎, 수액에 날아와 식사하며 짝을 찾습니다. 애벌레는 주로 식물의 줄기 속에서 타원형 터널을 파며 식물 조직을 먹으며 살아갑니다. 고운산하늘소처럼 일부 종은 흙 속에서 식물 뿌리를 먹으며 살아가기도 합니다.

• **바구미상과**

바구미상과는 동물계에서 매우 번성하였으며 현재 지구에 6만 종 이상(모든 동물 종의 5퍼센트)이 삽니다. 또한 딱정벌레목에서 바구미상과가 차지하는 비율은 18~30퍼센트 정도입니다. 주로 식물을 먹이로 하는 식식성입니다. 우리나라에는 거위벌레과, 주둥이거위벌레과, 바구미과, 소바구미과, 왕바구미과, 벼바구미과 들 12과가 속해 있습니다. 이들 가운데 바구미과 규모가 가장 큽니다.

바구미과 어른벌레의 몸길이는 1.0~30밀리미터입니다. 생김새는 원통 모양, 길쭉한 모양, 길고 납작한 모양, 육중하고 짧은 알 모양, 마름모 모양, 서양배 모양 들

잎벌레상과 잎벌레과 검정오이잎벌레

잎벌레상과 잎벌레과 주홍곱추잎벌레

잎벌레상과 하늘소과 열두점박이꽃하늘소

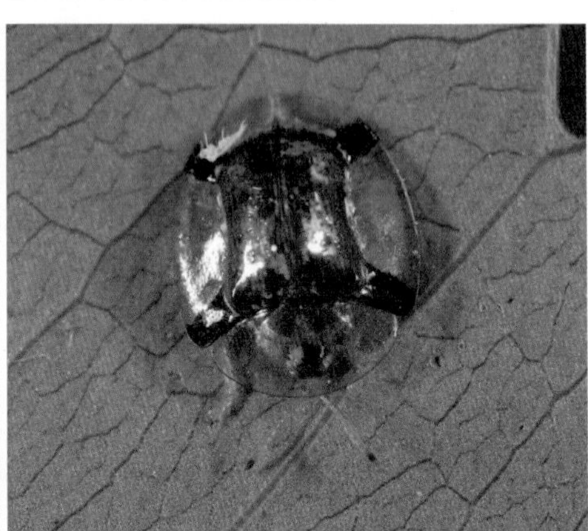

잎벌레상과 잎벌레과 모시금자라남생이잎벌레

잎벌레상과 하늘소과 알락수염붉은산꽃하늘소

다양합니다. 주둥이 부분은 코끼리의 코처럼 길게 늘어나 있는데, 실제로 입틀은 맨 끝에 있습니다. 더듬이는 9~12마디로 이루어졌으며, 엘(L)자 모양입니다. 애벌레는 다리가 퇴화되어 있습니다.

거위벌레과는 머리 뒷부분이 거위목처럼 길게 늘어나 있고, 애벌레를 위해 어른벌레가 잎을 접어 요람을 만드는 것으로 유명합니다.

바구미상과 바구미과 혹바구미

바구미상과 바구미과 왕바구미

바구미상과 거위벌레과 도토리거위벌레

바구미상과 거위벌레과 개암거위벌레

16. 파리목 Diptera

영어 이름 Flies, Gnats, Midges, Mosquitoes　우리나라 분포 2천4백여 종　탈바꿈 형태 완전변태

풍뎅이기생파리류

몸 크기가 아주 작은 미소형에서 약간 작은 소형이 있으며, 곤충계에서 몸집이 작은 축에 속합니다. 몸은 비교적 연약합니다. 머리는 잘 움직이며 겹눈이 선글라스를 쓴 것처럼 크고 홑눈은 보통 세 개입니다. 더듬이 생김새와 길이는 종마다 달라서 더듬이의 끝 부분에 센털이나 촉각자모(arista)가 있는 종이 있고, 더듬이가 6~39마디로 이루어진 염주 모양인 종도 있습니다. 주둥이는 흡수형으로 먹이를 핥아 먹습니다.

날개는 두 장으로 앞날개는 창호지처럼 얇은 막질이라 부드럽고 뒷날개는 퇴화되어 평균곤으로 변형되었습니다. 평균곤은 몸의 균형을 잡는 역할을 합니다. 애벌레는 구더기라 부르는데, 다리가 없으며 몸통이 원통 모양이거나 방추형입니다. 머리는 퇴화하거나 축소되었습니다. 애벌레는 육서성과 수서성으로 광범위한 지역에 살고 있습니다.

꽃등에류 애벌레 노랑원추리를 먹는 인도볼록진딧물을 사냥하고 있다.

파리목은 인간 생활에 많은 영향을 미칩니다. 이를테면 모기는 동물의 피를 빨아 먹으면서 학질, 수면증, 말라리아 같은 많은 질병을 매개합니다. 하지만 꽃등에류는 인간에게 이롭습니다. 어른벌레는 꽃가루 식사를 하면서 농작물의 꽃가루받이를 도와주는 화분매개자 역할을 하고, 애벌레는 진딧물을 잡아먹는 포식자로 농작물 생육에 도움을 줍니다. 또한 기생파리류는 다른 곤충을 먹고 사는 기생성으로 해충방제에 공헌합니다.

세계적으로 15만 종 넘게 기록되었으며, 우리나라에는 2천4백여 종이 분포합니다. 분류학적으로 모기아목, 등에아목, 가락지감침파리아목 들 3개 아목으로 구분하고 있으니 학자에 따라 이견이 많은 무리입니다.

(1) 모기아목

몸이 연약합니다. 여러 마디로 이루어진 긴 더듬이가 있으며, 다리도 깁니다. 동물의 피를 빨아 먹는 모기과가 대표적입니다. 모기과, 모기를 닮은 각다귀과,

모기아목 털파리류 애벌레

모기아목 털파리류 어른벌레

황나각다귀

깔다구과 들은 쉽게 발견되는 무리입니다. 특히 화장실이나 하수구같이 집 안에서 날아다니는 나방파리도 모기아목에 속합니다. 또한 여름에서 이듬해 봄에 걸쳐 땅바닥 낙엽더미에서 자주 발견되는 털파리과 애벌레, 식물의 혹에서 사는 혹파리과, 버섯에서 발견되는 버섯파리과, 동물의 피를 빠는 먹파리과도 있습니다.

(2) 등에아목

모기아목에 견주어 몸이 단단한 편입니다. 더듬이는 매우 짧아 가슴에 이르지 못합니다. 더듬이 모양은 다양하지만, 보통 세 마디로 이루어졌고 마지막 마디가 길며 촉각자모에 돌기물이 붙어 있습니다. 번데기에서 탈출하는 형태에 따라 크게 직봉군과 환봉군으로 나누며, 환봉군은 다시 이마주머니가 있고 없음에 따라 분열이마 무리와 원열이마 무리로 나눕니다. 직봉군은 어른벌레가 번데기에서 나올 때 고치를 똑바로 또는 세로로 찢고 나오는 무리를 일컫습니다. 소 피를 빠는 소등에, 파리매류와 춤파리가 대표적인 예입니다. 이에 견주어 환봉군은 어른벌레가 번데기를 뚫고 나올 때 고치 껍데기를 가락지처럼 둥글게 열고 나옵니다. 꽃등에류, 꽃파리류, 초파리류, 집파리류, 금파리류, 쉬파리류, 검정파리류, 똥파리류 같은 파리들은 대개 환봉군에 속합니다.

등에아목 초록파리류

등에아목 참대모꽃등에

등에아목 왕파리매 암컷이 벌류를 잡아먹으며 짝짓기 하고 있다.

17. 밑들이목 Mecoptera

영어 이름 Scorpion flies　우리나라 분포 15종　탈바꿈 형태 완전변태

밑들이류

밑들이목은 비교적 작은 분류군으로 '전갈파리'라는 별명을 가지고 있습니다. 수컷의 배꽁무니(생식기)가 전갈의 독침처럼 위쪽으로 구부러져 있기 때문입니다. 이에 견주어 암컷의 배꽁무니는 송곳처럼 생겼습니다.

밑들이목은 풀밭, 키작은나무들(관목)이 많은 숲 가장자리에서 서식합니다. 육식 곤충으로 주로 파리, 나방 애벌레 들 힘 약한 곤충을 사냥하고, 가끔 식물의 즙을 먹을 때도 있습니다. 수컷은 짝짓기 전에 먹잇감을 사냥해 암컷에게 혼인증정 하는 것으로 유명합니다. 짝짓기 자세는 엘(L)자 모양입니다.

밑들이 애벌레는 구더기 모양으로 퇴적물이나 썩은 낙엽 더미 속에서 생활합니다. 우리나라에는 15종이 분포합니다.

하구식 입틀인 밑들이류

밑들이류 수컷의 배꽁무니

밑들이류의 짝짓기 암컷은 수컷이 선물한 황다리독나방 앞번데기를 먹고 있다.

18. 날도래목 Trichoptera

영어 이름 Caddis Flies　우리나라 분포 25과 66속 218종　탈바꿈 형태 완전변태

띠무늬우묵날도래

어른벌레 생김새는 나방 생김새와 비슷해 곤충 입문자들이 헷갈리기 십상입니다. 가장 큰 특징 두 가지를 꼽으라면 날개와 더듬이를 들 수 있습니다. 나방 날개는 비늘로 덮여 있고 앉을 때 양옆으로 펼칩니다. 반면에 날도래 날개는 털로 덮여 있고 앉을 때 지붕 모양을 합니다. 그래서 날도래목 학명은 Tricoptera입니다. Trico는 털, -ptera는 날개, 말 그대로 '털 많은 날개를 가진 곤충'이란 뜻이지요. 또한 나방의 더듬이 길이는 제 몸의 절반 정도밖에 안되지만, 날도래 더듬이는 자기 몸길이보다 길고 철사처럼 길게 쭉 뻗은 실 모양입니다.

날도래는 애벌레와 어른벌레가 사는 곳과 습성이 완전히 다릅니다. 날도래는 세계적으로 만 종 넘게 알려져 있어 수적으로 보면 물속 터줏대감 축에 듭니다. 날도래 애벌레는 종마다 환경에 매우 예민해서 깨끗한 물에 살고, 물살

바수염날도래의 짝짓기

속도에 영향을 받습니다. 수생 생태계에서 물고기의 주요 먹이원 역할을 하는가 하면 지표종 역할도 합니다. 날도래목은 보통 1년에 한 세대가 돌아가고, 애벌레는 대개 다섯 번 정도의 허물을 벗으며 성장한 뒤 번데기가 됩니다.

애벌레는 물속에서 집을 짓고 삽니다. 애벌레의 생김새는 원통 모양입니다. 큰턱이 잘 발달해 있으며 배에는 호흡에 필요한 아가미가 달려 있습니다. 아가미로 물속에 녹아 있는 산소를 이용하는데, 아가미 다발을 살살 흔들면서 집 안으로 들어온 물에 작은 물살을 일으킵니다. 확산 작용으로 흡수된 산소(물에 녹아 있는 산소)는 아가미의 기관(공기의 통로)과 가느다란 기관지를 채우고, 곧이어 산소가 몸의 각 조직과 세포로 퍼져 나갑니다. 물론 몸속에 있던 이산화탄소 역시 몸 밖으로 나갑니다.

날도래목 애벌레들은 종에 따라 그물을 치거나, 집을 짓거나, 또는 아예 집 없이 떠돌아다니는 자유 생활을 합니다. 날도래목 애벌레는 보통 민물에서 살지만 종마다 사는 곳이 다릅니다. 차가운 숲속 계곡물, 급하게 흐르는 물, 여울, 물살이 적은 웅덩이, 평지에서 흐르는 차갑지 않은 물 들 여러 장소에 폭넓게 살아갑니다.

흐르는 계곡물에 있는 돌을 뒤집어 보면 여러 날도래목 애벌레 집을 발견할 수 있습니다. 모래를 실에 얼기설기 엮어 만든 집, 작디작은 모래알을 촘촘하게 엮어 지갑같이 만든 집, 고둥 껍데기 같은 집, 나뭇가지와 굵은 모래를 섞어 만든 기다란 집, 작은 바위와 바위 사이에 그물처럼 쳐 놓은 망사 그물 집처럼 가지가지입니다.

날도래목 애벌레를 서식지에 따라 다음과 같이 세 무리로 나눌 수 있습니다.

(1) 자유형(free-living species)

날도래목의 가장 큰 특징인 집을 짓지 않고 이리저리 옮겨 다니며 사는 종류입니다. '날도래목의 방랑자'인 셈이지요. 이들은 주로 바위 아래에서 사는데, 집도 없고 망사 그물도 치지 않으며 살아갑니다. 그래서 자유형에 속한 종은 다른 날도래 종보다 몸이 튼튼합니다. 주로 자기보다 작은 물속 생물을 잡아먹고 삽니다. 물날도래과가 이에 속합니다.

(2) 그물 치는 형

주로 계곡물이나 시냇물에서 사는 종류입니다. 이들은 물이 흘러내리는 바위 아랫면에 그물을 칩니다. 종에 따라 그물 모양이 다릅니다. 컵 모양, 나팔같이 윗부분이 넓어지는 모양, 야구장갑의 손가락 모양 들 다양합니다. 보통 이들은 자기가 숨을 수 있는 은신처 가까운 곳에 그물을 치는 경향이 있고, 그물에 걸려드는 조류나 미세한 유기물질을 먹습니다.

각날도래과, 자루 모양으로 그물 치는 입술날도래과, 느리게 흐르는 물에서 깔대기 모양으로 그물 치는 깃날도래과, 모래와 썩은 물질을 섞어 통나무 모양으로 그물 치는 통날도래과, 모래와 썩은 물질을 섞어 그물 치는 별날도래과, 흐르는 강물이나 시냇물에서 포획용 그물을 치는 줄날도래과 들이 이에 속합니다.

(3) 집 만드는 형

집을 만드는 형은 대개 식물을 먹고 삽니다. 모래 알갱이, 조약돌, 식물 조각들로 튜브 모양이나 원뿔 모양 또는 달팽이 모양의 집을 짓고 그 속에서 삽니다. 재미있게도 어떤 녀석들은 모래, 식물 조각, 달팽이 껍질 들 여러 재료를 모아 집을 짓기도 합니다. 이들은 거의 입에서 명주실을 토해 집 안쪽 벽에 붙여 실크주머니를 만듭니다. 그런 뒤 여러 나뭇가지나 모래 알갱이를 실크주머니에 덧대어 붙입니다.

애벌레는 보통 집 속에서 지내다가 먹이를 먹거나 다른 곳으로 옮겨 갈 때는 머리와 가슴을 집 밖으로 빼내어 두리번두리번하며 물 바닥을 느릿느릿 걸어 다닙니다.

띠무늬우묵날도래 애벌레와 집

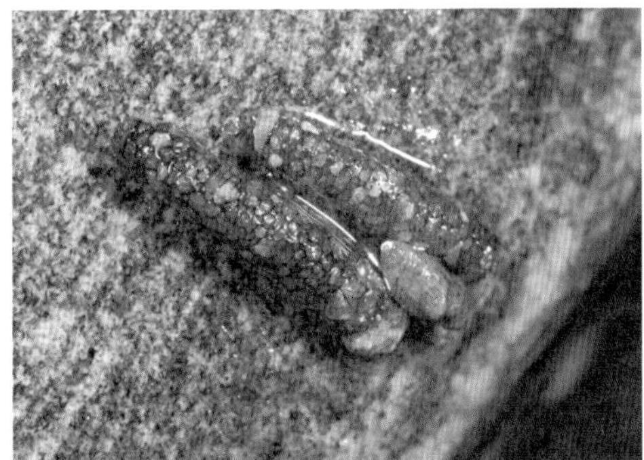

바수염날도래류 애벌레의 집

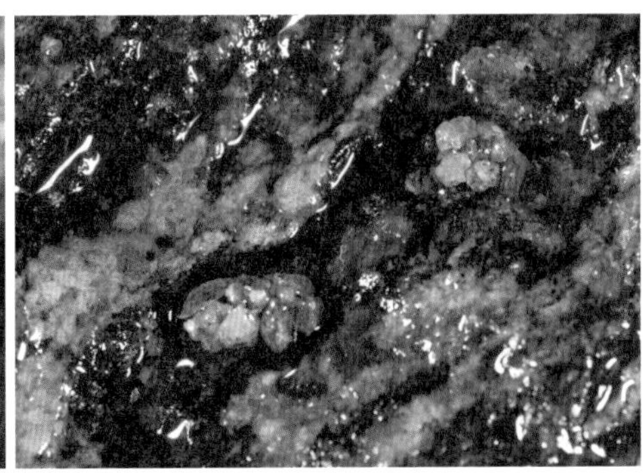

바위에 모래알을 붙여 만든 광택날도래류 애벌레의 집

① 튜브 모양 집을 짓는 형

날도래과, 둥근날개날도래과, 둥근얼굴날도래과, 우묵날도래과, 네모집날도래과, 털날도래과, 바수염날도래과, 날개날도래과, 달팽이날도래과, 나비날도래과가 이에 속합니다.

우묵날도래과는 식물과 모래 알갱이를 섞어 집을 짓고, 네모집날도래과는 나뭇잎이나 나무껍질로 기다랗고 네모난 모양 집을 짓고, 바수염날도래과는 아주 작은 모래 알갱이를 촘촘히 붙여 약간 구부러진 원통 모양 집을 짓고, 달팽이날도래과는 모래 알갱이로 달팽이 집처럼 나선형으로 집을 짓습니다.

② 안장 모양 집을 짓는 형

물이 흐르는 돌멩이나 바위 아랫면에 크고 작은 모래 알갱이를 붙여 거북 등 모양 집을 짓습니다. 바위에 달라붙은 규조류나 녹조류와 미세한 유기물 입자를 갉아 먹는 광택날도래과가 이에 속합니다.

③ 지갑 모양 집을 짓는 형

1~4령 애벌레 시기까지는 집을 짓지 않고 생활하다가 5령 애벌레가 되었을 때 지갑 모양이나 조개 모양 집을 짓습니다. 조류나 규조류를 갉아 먹는 애날도래과가 이에 속합니다.

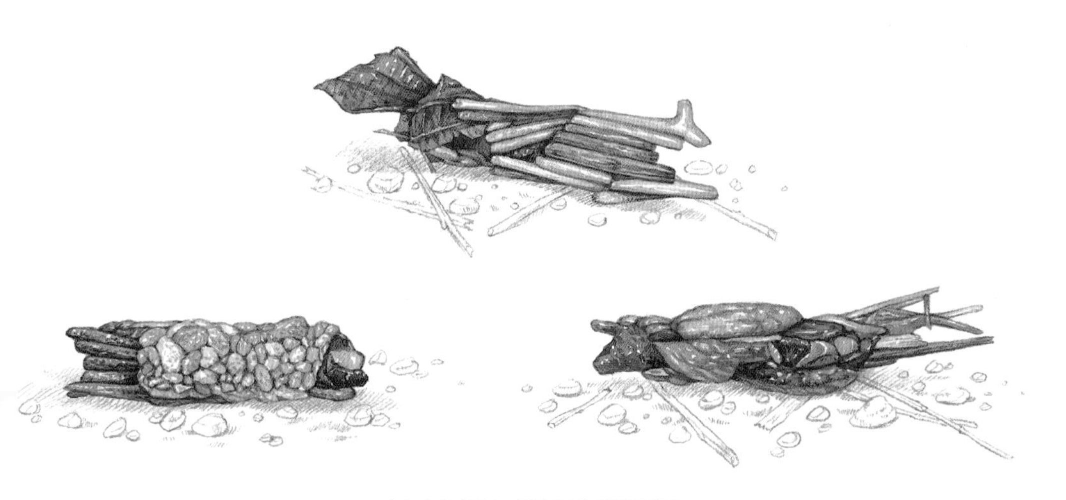

여러 가지 재료로 지은 날도래 애벌레의 집

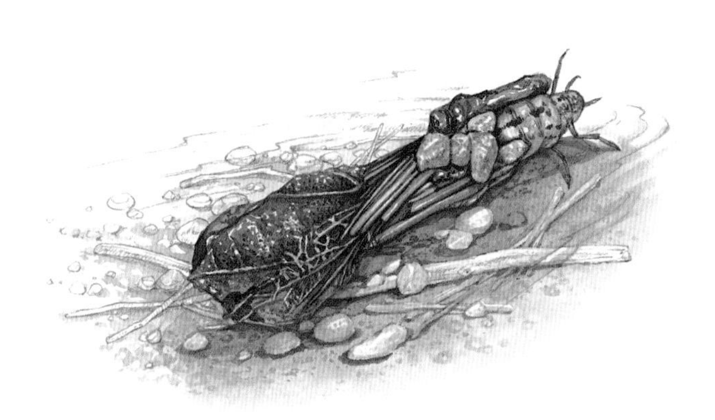

띠무늬우묵날도래 애벌레의 집

바수염날도래 애벌레의 집

19. 나비목 Lepidoptera

영어 이름 Moths, Butterflies 우리나라 분포 나비류 약 265종, 나방류 약 3,000종 탈바꿈 형태 완전변태

노랑나비

나비목 학명은 Lepidoptera입니다. lepidos는 비늘(scale)을 의미하고, pteros는 날개(wing)를 뜻합니다. 이름에서 알 수 있듯이 나비목의 가장 큰 특징은 날개에 비늘이 붙어 있다는 점입니다. 그래서 나비목을 한자어로 '인시목(鱗翅目)'이라고도 합니다. 날개에 온통 비늘 가루가 덮인 곤충이라는 뜻이지요. 날개에는 비늘이 기왓장 포개듯 차곡차곡 쌓여 있는데, 종마다 색깔과 구조가 다른 비늘이 쌓여서 무늬를 만들기도 합니다. 세파에 시달려 비늘이 떨어지기라도 하면 무늬가 거의 지워져 날개 색깔이 희미해집니다.

몸 크기는 미소형에서 대형에 이르기까지 매우 다양합니다. 매우 작은 종으로 꼬마굴나방과(Nepticulidae)를 들 수 있는데 날개를 편 길이가 2~3밀리미터에 불과합니다. 큰 종으로는 브라질에서 사는 *Thysania agrippina*를 들 수 있는데, 날개를 편 길이가 30센티미터나 됩니다. 또한 날개의 면적이 가장 넓은 종

은 대만 같은 동양구에서 사는 산누에나방의 일종인 *Attacus atlas*입니다.

나비목의 큰 특징으로 두 가지를 꼽을 수 있는데, 어른벌레와 애벌레가 특징이 저마다 다릅니다. 우선 어른벌레의 특징은 이미 언급한 것처럼 날개가 비늘로 덮여 있고, 주둥이는 빨대 모양이라는 점입니다. 반면 애벌레의 특징은 명주실샘에서 명주실을 토해 내고, 주둥이가 잎사귀 따위를 씹어 먹는 씹는형이라는 점입니다.

나비목 애벌레들은 대개 식물을 먹고 사는 식식성입니다. 하지만 좀나방과, 곡나방과 같은 일부 애벌레는 부식성으로 낙엽, 옷, 저장 곡물과 곤충 표본을 먹기도 합니다. 매미기생나방은 매미나 매미충에 기생하기도 합니다. 또한 바둑돌부전나비는 대나무류에 사는 진딧물을 잡아먹고, 어떤 자벌레는 파리를 사냥합니다.

나비목은 현화식물의 진화와 더불어 번성하여 지금에 이르렀습니다. 분류 방법에는 학자마다 이견이 있지만, 나비목은 크게 원시나방아목, 선조나방아목, 단문아목, 박쥐나방아목과 이문아목 들 다섯 아목으로 나눕니다. 아목마다 특징은 다음과 같습니다.

- 원시나방아목: 큰턱이 있다. 대표적으로 꽃가루를 먹는 잔날개나방과가 있다.
- 선조나방아목: 큰턱은 있지만 역할이 없다. 대표적으로 좀날개나방과가 있다.
- 단문아목: 암컷 생식구가 한 개이다. 대표적으로 곡나방과와 어리굴나방과 들이 있다.
- 박쥐나방아목: 앞뒤 날개의 맥이 같다. 애벌레는 나무뿌리나 조직을 먹는다. 대표적으로 박쥐나방과가 있다.
- 이문아목: 암컷 생식구가 두 개이다. 대표적으로 밤나방과, 쐐기나방과, 잎말이나방과, 알락나방과 들을 들 수 있는데, 나비목의 98퍼센트가 이에 속한다.

이 가운데 이문아목에는 나비목이 거의 다 포함되는데, 우리가 보통 이르는 나비류나 나방류도 다 여기에 들어갑니다. 강의하다 보면 '나비와 나방은 어떻게 다르냐'는 질문을 참 많이 받습니다. 관습적으로 사람들은 나방과 나비는 다르다고 생각해 왔기 때문입니다. 따지고 보면 나비와 나방은 같은 나비목 집안 식구로 곤충분류학에서도 나방과 나비를 나누는 게 큰 의미가 없습니다.

비록 과학적이지 않을지언정 일상생활에 스며든 문화를 바탕으로 여전히 나방과 나비를 나눕니다. 나방이란 말은 남한에서만 쓰고 있고, 북한에서는 나방을 밤나비, 나비를 낮나비로 부르는 것만 봐도 알 수 있지요. 하지만 나비와 나방을 구분하는 것이 과학적으로 의미 없다는 사실은 계통 연구를 통해 잘 나타납니다.

다만 나비류는 호랑나비상과와 팔랑나비상과에 속해 있어 족보가 한 조상에서 진화했고, 나방류는 박쥐나방상과, 굴나방상과, 밤나방상과 들 여러 조상에서 여러 갈래로 진화했을 뿐입니다. 그러다 보니 어떤 나방류는 나비류와 생김새나 습성이 비슷합니다. 이를테면 명나방과와 알락나방과 일부는 나방류이지만 낮에 날아다니고, 뿔나방은 날개를 접고 앉기도 합니다. 실제로 우리가 잘 알고 있는 나비류는 숫자로 따지면 나방류의 약 10분의 1밖에 안 됩니다.

나비와 나방의 차이

형태	나비류	나방류
더듬이 끝	끝이 곤봉 모양 또는 갈고리 모양이다.	빗살 모양이다.
날개에 견준 몸통 모양	가늘고 날씬하다.	대체로 크고 뚱뚱하다.
앉는 모습	대체로 날개를 세워서 앉는다.	날개를 쫙 펼치고 앉는다.
나는 시기	낮에 날아다닌다.	대체로 밤에 날아다닌다.

(1) 나비류

나비류 어른벌레는 주로 낮에 활동하고, 암수 모두 더듬이 끝부분이 부푼 곤봉 모양(팔랑나비과는 갈고리 모양)입니다. 몸은 가늘고 날씬한 편이고 몸통과 비율이 잘 맞는 날개가 붙어 있습니다. 주둥이는 빨대 모양으로 꽃꿀이나 과일

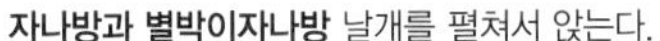

자나방과 별박이자나방 날개를 펼쳐서 앉는다.

부전나비과 쌍꼬리부전나비 날개를 세워서 앉는다.

즙 같은 액즙을 빨아 먹습니다. 날개와 몸통의 균형이 잘 잡혀 우아하게 나풀나풀 잘 납니다. 날개 겉면에는 비늘 가루가 기왓장 쌓아 놓듯이 빼곡히 포개어 있어 아름다운 색깔도 나고 물에 잘 젖지도 않습니다. 어른벌레는 다리가 여섯 개이며, 네발나비과는 앞다리가 퇴화하여 네 개만 보입니다.

애벌레는 씹는형 주둥이라서 주로 식물의 잎을 먹습니다. 모든 나비류 애벌레들이 아랫입술샘에서 명주실을 토해 냅니다. 애벌레들은 식성이 매우 까다로워 아무 식물이나 먹지 않고 자기가 좋아하는 먹이식물을 먹고 삽니다. 그러니 나비류 애벌레의 먹이식물만 알아도 녀석들의 습성이나 한살이를 조금이나마 엿볼 수 있습니다. 이를테면 작은홍띠점박이푸른부전나비 애벌레는 기린초나 돌나물 등을 먹고, 호랑나비 애벌레는 산초나무 같은 운향과 식물을 먹으며 멧팔랑나비 애벌레는 갈참나무처럼 참나무류 잎만 먹습니다.

우리나라에는 265종이 넘는 나비가 사는데, 남한 땅에만 212종이 넘게 삽니다. 이 녀석들은 거의가 우리 땅에서 나고 자라는 토종나비입니다. 여름철에만 중국 남부 지방과 타이완 같은 동남아시아 지역에서 우리 땅으로 우연히 날아들어오는 종이 10여 종 정도 있긴 하지만, 아직 우리나라에서 번식하지 못하는 것으로 보입니다. 이런 나비를 길 잃은 나비, 즉 '미접(迷蝶)'이라고 합니다.

나비 무리는 크게 호랑나비상과(Papilionoidea)와 팔랑나비상과(Hesperoidea)로 나누는데, 우리나라에 사는 나비는 대부분 호랑나비상에 속하며 호랑나비과(Papilionidae), 흰나비과(Pieridae), 부전나비과(Lycaenidae)와 네발나비과

(Nymphalidae)가 있고, 팔랑나비상과에는 팔랑나비과(Hesperiidae)가 있습니다.

① 호랑나비과

몸집이 큰 편으로 세계에서 550종쯤 삽니다. 어른벌레는 암컷과 수컷 모두 앞다리가 잘 발달해서 앉거나 걸어 다닐 수 있습니다. 애벌레 몸에는 아주 짧은 털이 나 있고 피부는 매끈합니다. 건드리기라도 하면 머리와 앞가슴 사이에 숨어 있는 냄새뿔(취각)이 불쑥 튀어나와 천적을 놀라게 합니다. 냄새뿔을 만져 보면 물기가 많고 끈적거리는데, 스스로를 지키려고 냄새뿔에서 화학 물질을 분비하기 때문입니다. 독 물질의 원료는 먹이식물에서 얻기 때문에, 호랑나비 애벌레의 냄새뿔에서는 운향과 식물 특유의 냄새가 납니다.

애벌레 시기는 5령까지이며, 대부분 번데기 모습으로 겨울잠을 자지만, 붉은점모시나비처럼 알로 겨울을 나는 종이 간혹 있습니다. 호랑나비류 애벌레는 어떤 식물을 먹을까요? 우리 둘레에서 흔하게 보는 호랑나비류 애벌레의 먹이식물은 다음과 같습니다.

흔히 만나는 호랑나비과 애벌레의 먹이식물

나비 이름	먹이식물	겨우살이 형태	한살이 주기(년)
애호랑나비	쥐방울덩굴과(족도리풀, 개족도리풀, 각시족도리풀, 무늬족도리풀)	번데기	1회
모시나비	현호색과(산괴불주머니, 선괴불주머니, 자주괴불주머니, 왜현호색, 현호색, 들현호색)	알 (알 속 1령 애벌레)	1회
붉은점모시나비 (멸종위기종)	돌나물과(기린초)	알 (알 속 1령 애벌레)	1회
꼬리명주나비	쥐방울덩굴과(쥐방울덩굴, 등칡)	번데기	2~3회
호랑나비	운향과(산초나무, 초피나무, 탱자나무, 머귀나무, 황벽나무 들)	번데기	2~4회
긴꼬리제비나비	운향과(산초나무, 초피나무, 탱자나무, 머귀나무, 황벽나무 들)	번데기	2~3회

제비나비	운향과(산초나무, 초피나무, 탱자나무, 머귀나무, 황벽나무 등)	번데기	2~3회
산호랑나비	산형화과(당귀, 개당귀, 사상자, 당근, 미나리 등)	번데기	2회
청띠제비나비	녹나무과(녹나무, 후박나무)	번데기	2~3회

호랑나비과 애호랑나비
산괴불주머니 꽃에 날아와 꽃꿀을 먹고 있다.

호랑나비과 꼬리명주나비
짝짓기 하고 있다.

호랑나비과 호랑나비의 알 갓 낳은 알이다.

호랑나비과 청띠제비나비

호랑나비과 사향제비나비 애벌레
등칡과 쥐방울덩굴이 먹이식물이다.

호랑나비과 사향제비나비 어른벌레

호랑나비과 제비나비 갓 날개돋이 한 어른벌레이다.

② 흰나비과

흰나비과의 특징은 날개 색깔이 노랗거나 하얗습니다. 세계적으로 1,000종쯤 살고 있는데, 주로 풀밭이나 들판에서 천천히 날아다니는 모습을 볼 수 있습니다. 바람이 세게 불면 바람을 타고 멀리 날아가기도 합니다. 알 모양이 길쭉하고, 알 표면에 보통 가로줄과 세로줄이 얽힌 그물 무늬가 있지만, 매끈할 때도 있습니다. 알에서 깨어난 애벌레는 송충이형으로 가늘고 늘씬하며, 색깔은 대개 초록색을 띱니다. 흰나비과 애벌레는 대부분 5령까지 살면서 십자화과 식물과 콩과 식물을 즐겨 먹습니다. 보통 번데기로 겨울을 나지만 멧노랑나비와 각시멧노랑나비는 어른벌레로 겨울을 나고, 추운 북쪽 지방에서 사는 상제나비는 애벌레로 겨울을 납니다. 우리 둘레에 흔한 흰나비과 애벌레의 먹이식물은 다음과 같습니다.

흔히 만나는 흰나비과 애벌레의 먹이식물

나비 이름	먹이식물	겨울나기 형태	한살이 주기(년)
기생나비	콩과(갈퀴나물, 등갈퀴나물, 벌노랑이, 넓은잎갈퀴 들)	번데기	3회
멧노랑나비	갈매나무과(갈매나무, 털갈매나무, 참갈매나무)	어른벌레	1회
각시멧노랑나비	갈매나무과(갈매나무, 털갈매나무, 참갈매나무)	어른벌레	1회
남방노랑나비	콩과(비수리, 자귀나무, 차풀, 괭이싸리 들)	어른벌레	3~4회
노랑나비	콩과(벌노랑이, 자운영, 고삼, 아까시나무, 비수리, 토끼풀, 결명자, 붉은토끼풀 들)	어른벌레	3~5회
줄흰나비	십자화과(바위장대, 섬바위장대, 나도냉이, 황새냉이 들)	번데기	2~3회
큰줄흰나비	십자화과(배추, 무, 냉이, 황새냉이, 양배추, 갓, 속속이풀, 큰산장대 들)	번데기	3~4회
대만흰나비	십자화과(나도냉이, 속속이풀 들)	번데기	3~4회
배추흰나비	십자화과(냉이류, 유채, 배추, 무, 양배추, 케일 들)	번데기	3~4회
풀흰나비	십자화과(꽃장대, 다닥냉이, 개갓냉이, 갓)	번데기	3~4회
갈고리흰나비	십자화과(나도냉이, 냉이, 장대나물, 는쟁이냉이, 꽃다지 들)	번데기	1회

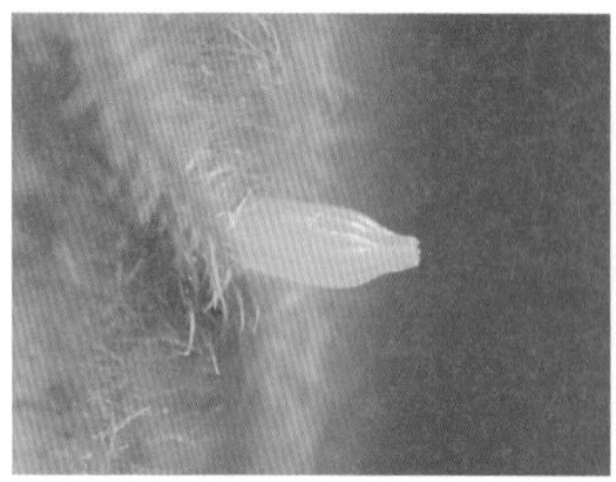

흰나비과 큰줄흰나비의 알

흰나비과 큰줄흰나비 애벌레

흰나비과 큰줄흰나비 짝짓기 하고 있다.

흰나비과 남방노랑나비

흰나비과 각시멧노랑나비

③ 부전나비과

부전나비과는 몸집이 작습니다. 전 세계에 6천 종쯤 살지만 우리나라에는 56종 정도 삽니다.

어른벌레는 날개 윗면 색깔이 금속성이 섞인 푸른색, 초록색, 주홍색 들을 띠고 있어 매우 신비롭습니다. 더구나 뒷날개 끝에 꼬리돌기가 튀어나와 있어 천적 눈에는 머리가 꼬리 뒤쪽에 있는 것처럼 보일 수 있습니다. 부전나비과 알은 동그랗고 납작한데 크기가 작아 눈에 잘 띄지 않습니다.

애벌레는 몸이 작은 편이고 납작한 타원형입니다. 애벌레들 거의가 자기가 좋아하는 식물을 정해 놓고 먹지만 어떤 애벌레는 다른 곤충을 잡아먹고 살기도 합니다. 이를테면 바둑돌부전나비는 대나무 잎사귀에서 사는 일본납작진딧물을 잡아먹고 사는 육식 곤충이고, 쌍꼬리부전나비 같은 일부 종은 개미와 공생하기도 합니다. 번데기는 오뚝이 모양이고, 대개 알로 겨울을 나지만, 드물게 애벌레나 번데기 모습으로 겨울을 나는 종도 있습니다. 우리 둘레에 흔한 부전나비과 애벌레의 먹이식물은 다음과 같습니다.

흔히 만나는 부전나비과 애벌레의 먹이식물

나비 이름	먹이식물	겨울나기 형태	한살이 주기(년)
바둑돌부전나비	벼과 식물에 사는 일본납작진딧물	애벌레	3~4회
쌍꼬리부전나비	마쓰무라밑드리개미 (*Crematogaster matsumurai*)와 공생	애벌레	1회
선녀부전나비	물푸레나무과(쥐똥나무, 개회나무 들)	알	1회
암고운부전나비	장미과(옥매, 복사나무, 자두나무, 앵두나무, 벚나무, 살구나무, 매실나무 들)	알	1회
깊은산부전나비	버드나무과(사시나무)	알	1회
긴꼬리부전나비	가래나무과(가래나무)	알	1회
시가도귤빛부전나비	참나무과(갈참나무, 떡갈나무 들)	알	1회
귤빛부전나비	참나무과(상수리나무, 갈참나무, 떡갈나무 들)	알	1회

물빛긴꼬리부전나비	참나무과(상수리나무, 졸참나무, 굴참나무 등)	알	1회
참나무부전나비	참나무과(신갈나무, 갈참나무 등)	알	1회
작은녹색부전나비	자작나무과(오리나무, 물오리나무 등)	알	1회
큰녹색부전나비	참나무과(신갈나무, 갈참나무 등)	알	1회
암붉은점녹색부전나비	장미과(산벚나무, 귀룽나무 등)	알	1회
넓은띠녹색부전나비	참나무과(신갈나무, 갈참나무 등)	알	1회
산녹색부전나비	참나무과(신갈나무, 졸참나무 등)	알	1회
꼬마까마귀부전나비	장미과(조팝나무류)	알	1회
참까마귀부전나비	갈매나무과(갈매나무 등)	알	1회
쇳빛부전나비	장미과(조팝나무, 꼬리조팝나무), 진달래과(진달래, 철쭉)	번데기	1회
북방쇳빛부전나비	장미과(조팝나무, 꼬리조팝나무 등)	번데기	1회
범부전나비	콩과(고삼, 조록싸리, 아까시나무, 족제비싸리 등), 갈매나무과(갈매나무)	알	2회
큰주홍부전나비	마디풀과(소리쟁이, 참소리쟁이 등)	애벌레	3~4회
작은주홍부전나비	마디풀과(애기수영, 수영, 소리쟁이 등)	애벌레	5회
물결부전나비	콩과(편두)	모름	여러 번 추정
암먹부전나비	콩과(매듭풀, 갈퀴나물, 등갈퀴나물 등)	애벌레	2~3회
부전나비	콩과(낭아땅비싸리, 갈퀴나물 등)	알로 추정	2~3회
먹부전나비	돌나물과(땅채송화, 바위솔, 꿩의비름, 돌나물 등)	애벌레	2~3회
남방부전나비	괭이밥과(괭이밥)	애벌레	4~5회
푸른부전나비	콩과(고삼, 싸리, 칡, 땅비싸리, 아까시나무, 족제비싸리 등)	번데기	3~5회
작은홍띠점박이푸른부전 나비	돌나물과(기린초, 돌나물 등)	번데기	2~3회
큰홍띠점박이푸른전나비	콩과(고삼)	번데기	1회

부전나비과 담색긴꼬리부전나비 애벌레

부전나비과 작은홍띠점박이푸른부전나비 번데기

부전나비과 담색긴꼬리부전나비

부전나비과 범부전나비

부전나비과 쌍꼬리부전나비

부전나비과 시가도귤빛부전나비

부전나비과 암고운부전나비 애벌레가 개미와 공생한다.

④ 네발나비과

네발나비과는 우리 둘레에서 흔히 볼 수 있습니다. 전 세계에 6천 종쯤 삽니다. 이름에서 알 수 있듯이 어른벌레의 다리 여섯 개 가운데 앞다리 두 개가 퇴화되어 아주 짧거나 흔적만 남아 있습니다. 어른벌레의 경우, 날개 윗면은 알록달록 화려하지만, 아랫면은 칙칙한 색이라 날개를 접고 있으면 나뭇잎으로 착각합니다. 네발나비과에는 여러 나비류가 있습니다. 표범나비류는 윗날개 무늬가 표범 무늬를 닮았고, 줄나비류의 날개 윗면은 검은 바탕에 흰 점이 쭉쭉 찍혀 있습니다. 또 뱀눈나비류는 날개 아랫면에 눈알 모양의 동그란 무늬가 있고, 오색나비류의 날개 윗면은 금속성이 강한 여러 색깔을 띠며, 신선나비류 날개에 있는 가장자리 선은 신선이 입는 도포 자락을 닮았습니다.

어른벌레는 보통 꽃꿀을 먹지만 동물의 배설물, 진흙물, 시체 즙 따위를 먹을 때도 있습니다. 네발나비과의 애벌레들은 대체로 길쭉한 편인데, 종마다 생김새나 습성이 조금씩 다릅니다. 왕오색나비나 수노랑나비같이 팽나무 잎을 먹는 애벌레의 머리에는 뿔처럼 생긴 돌기가 붙어 있습니다. 표범나비류와 줄나비류 애벌레는 몸에 털돌기가 줄지어 나 있습니다. 작은멋쟁이나비나 큰멋쟁이나비는 잎을 접어 그 안에서 살기도 합니다.

애벌레 기간은 대개 5령까지이지만 어떤 종은 6령, 7령까지 자랄 때도 있습니다. 배 끝을 나무줄기나 바위 따위에 고정한 뒤 거꾸로 매달려 번데기를 만듭니다.

네발나비과 애벌레가 즐겨 먹는 먹이식물은 다음과 같습니다.

흔히 만나는 네발나비과 애벌레의 먹이식물

나비 이름	먹이식물	겨울나기 형태	한살이 주기(년)
뿔나비	느릅나무과(풍게나무, 팽나무 들)	어른벌레	1회
왕오색나비	느릅나무과(풍게나무, 팽나무 들)	애벌레	1회
수노랑나비	느릅나무과(풍게나무, 팽나무 들)	애벌레	1회

홍점알락나비	느릅나무과(풍게나무, 팽나무 등)	애벌레	1회
흑백알락나비	느릅나무과(풍게나무, 팽나무 등)	애벌레	1회
유리창나비	느릅나무과(풍게나무, 팽나무 등)	번데기	1회
은판나비	느릅나무과(느릅나무, 느티나무 등)	애벌레	1회
대왕나비	참나무과(신갈나무, 졸참나무, 상수리나무 등)	애벌레	1회
어리세줄나비	느릅나무과(느릅나무 등)	애벌레	1회
먹그림나비	나도밤나무과(나도밤나무, 합다리나무 등)	애벌레	1회
오색나비	버드나무과(황철나무, 호랑버들 등)	애벌레	1회
황오색나비	버드나무과(호랑버들, 키버들, 버드나무 등)	애벌레	1~3회
봄처녀나비	벼과(억새, 보리), 사초과(괭이사초)	애벌레	1회
시골처녀나비	벼과(강아지풀), 사초과(방동사니)	애벌레	1회
도시처녀나비	벼과(김의털), 사초과(층실사초)	애벌레	1회
부처사촌나비	벼과(실새풀, 주름조개풀, 참억새, 바랭이 등)	애벌레	1회
부처나비	벼과(억새, 벼, 바랭이, 주름조개풀 등)	애벌레	2~3회
먹그늘나비	벼과(조릿대, 제주조릿대, 이대, 참억새, 달뿌리풀 등)	애벌레	1회
흰뱀눈나비	벼과(억새, 김의털 등)	애벌레	1회
조흰뱀눈나비	벼과(억새, 김의털 등)	애벌레	1회
굴뚝나비	벼과(억새 등), 사초과(무산사초 등)	애벌레	1회
애물결나비	벼과(강아지풀, 주름조개풀, 잔디, 바랭이 등)	애벌레	2~3회
은줄표범나비	제비꽃과	애벌레	1회
산은줄표범나비	제비꽃과	애벌레	1회
암끝검은표범나비	제비꽃과	애벌레	1회
흰줄표범나비	제비꽃과	애벌레	1회
큰흰줄표범나비	제비꽃과	알 또는 애벌레	1회
은점표범나비	제비꽃과	애벌레	1회
왕은점표범나비	제비꽃과	애벌레	1회

봄어리표범나비	쥐오줌풀	애벌레 추정	1회 추정
줄나비	인동과(올괴불나무, 각시괴불나무 들)	애벌레	2~3회
제이줄나비	인동과(올괴불나무, 각시괴불나무, 병꽃나무 들)	애벌레	1~3회
제일줄나비	인동과(올괴불나무, 각시괴불나무, 병꽃나무 들)	애벌레	2회
굵은줄나비	장미과(조팝나무, 꼬리조팝나무 들)	애벌레	1~2회
두줄나비	장미과(조팝나무, 둥근잎조팝나무 들)	애벌레	1~2회
왕줄나비	버드나무과(황철나무)	애벌레	1회
홍줄나비	소나무과(잣나무, 손나무)	애벌레	1회
애기세줄나비	콩과(싸리, 넓은잎갈퀴, 아까시나무, 칡, 비수리 들), 벽오동과	애벌레	3회
세줄나비	단풍나무과(고로쇠, 단풍나무 들), 벽오동과	애벌레	1회
별박이세줄나비	장미과(조팝나무, 꼬리조팝나무 들)	애벌레	2~3회
황세줄나비	참나무과(신갈나무, 졸참나무 들)	애벌레	1회
거꾸로여덟팔나비	쐐기풀과(거북꼬리 들)	번데기	2회
작은멋쟁이나비	국화과(참쑥, 쑥 들)	어른벌레	여러 번
큰멋쟁이나비	느릅나무과, 쐐기풀과(거북꼬리, 개모시풀 들)	번데기	2~4회
네발나비	환삼덩굴	어른벌레	2~4회
청띠신선나비	백합과(청미래덩굴, 청가시덩굴 들)	어른벌레	1~3회

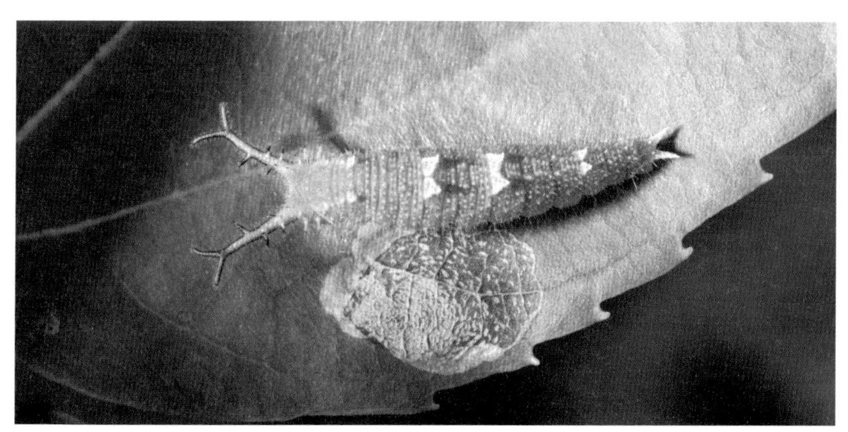

네발나비과 홍점알락나비 애벌레

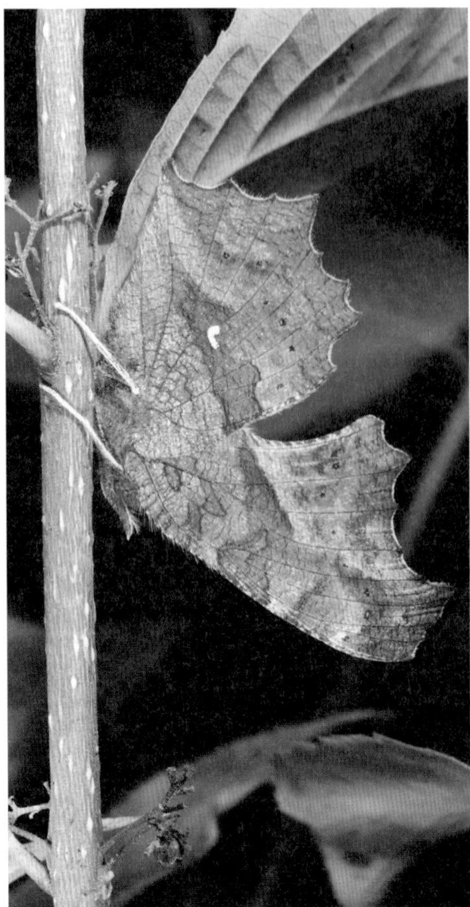

네발나비과 네발나비 다리 네 개만 볼 수 있다.

네발나비과 먹그림나비

네발나비과 긴은점표범나비

네발나비과 부처사촌나비

네발나비과 대왕나비

⑤ 팔랑나비과

어른벌레가 팔랑거리며 난다고 해서 팔랑나비라 이름이 붙었습니다. 팔랑나비과는 세계적으로 3천5백 종이 살고, 우리나라에는 28종 정도가 살고 있습니다. 네발나비과나 부전나비과에 견주어 종 수가 약간 적지요.

팔랑나비 어른벌레의 가장 큰 특징은 더듬이입니다. 더듬이 끝이 뾰족한 갈고리 모양을 하고 있어 다른 과 나비들과 쉽게 구분할 수 있습니다. 대체로 몸통이 굵고, 날개는 몸통에 견주어 작은 편이라서 균형을 잡으며 날려면 날갯짓을 빨리 해야 합니다. 그러다 보니 나는 모습이 무척 소란스럽습니다. 북한에서는 그렇게 나는 모습이 희롱하는 것 같다고 '희롱나비'라고도 부릅니다.

애벌레가 즐겨 먹는 식물은 대부분 벼과 식물이지만 완전히 다 밝혀지지는 않았습니다. 애벌레 생김새는 긴 원통 모양인데다 머리는 동그란 게 마치 검은 콩이 붙어 있는 것 같습니다. 애벌레는 잎사귀를 접어 집을 만들고 그 안에 들어가 삽니다.

팔랑나비과 애벌레가 즐겨 먹는 먹이식물은 다음과 같습니다.

흔히 만나는 팔랑나비과 애벌레의 먹이식물

나비 이름	먹이식물	겨울나기 형태	한살이 주기(년)
푸른큰수리팔랑나비	나도밤나무과(나도밤나무, 합다리나무 들)	번데기	1~2회
독수리팔랑나비	두릅나무과(음나무, 땃두릅나무)	애벌레	1회
대왕팔랑나비	운향과(황벽나무)	애벌레	1회
왕팔랑나비	콩과(싸리, 칡, 아까시나무 들)	애벌레	1회
왕자팔랑나비	마과(마, 단풍마, 참마 들)	애벌레	2~3회
멧팔랑나비	참나무과(떡갈나무, 졸참나무, 신갈나무 들)	애벌레	1회
흰점팔랑나비	장미과(양지꽃, 세잎양지꽃, 딱지꽃 들)	번데기	1~2회
수풀알락팔랑나비	벼과(기름새 들)	애벌레	1회
돈무늬팔랑나비	벼과(기름새 들)	애벌레	1~2회

줄꼬마팔랑나비	벼과(강아지풀, 큰조아재비 들)	애벌레	1회
수풀꼬마팔랑나비	벼과(기름새 들)	애벌레	1회
유리창떠들썩팔랑나비	벼과(기름새 들)	애벌레	1회
줄점팔랑나비	벼과(참억새, 큰기름새, 강아지풀 들)	애벌레	1회

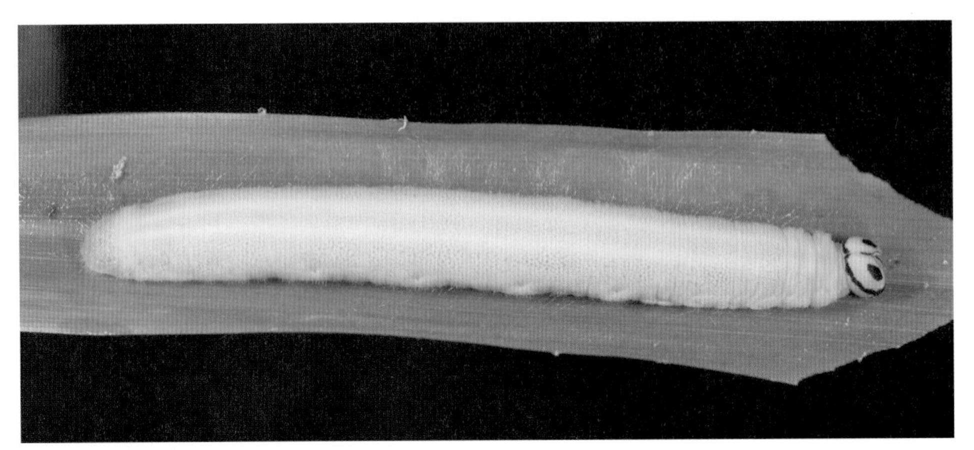

팔랑나비과 팔랑나비류 애벌레

팔랑나비과 멧팔랑나비 더듬이 끝이 갈고리 모양이다.

팔랑나비과 수풀꼬마팔랑나비

팔랑나비과 왕자팔랑나비

팔랑나비과 수풀알락팔랑나비 수컷

팔랑나비과 유리창떠들썩팔랑나비

(2) 나방류

나방은 나비목의 90퍼센트를 차지합니다. 낮에 활동하는 나비류랑 달리 나방류는 대개 밤에 활동합니다. 하지만 명나방류나 알락나방류처럼 낮에도 활동하는 나방류가 어쩌다가 한 번씩 있습니다. 지금까지 우리나라에 사는 나방류는 3,000종쯤인데, 활발한 연구 덕에 해마다 새로운 종들이 발견되고 있습니다.

나방류는 몸매가 뚱뚱한 편입니다. 게다가 날개까지 작아, 둔하게 푸드덕거리며 납니다. 특히 몸통과 이어지는 날개 부분에 앞날개와 뒷날개를 연결하는 날개걸이가 있습니다. 대개 밤에 활동하기 때문에 보호색을 띠느라 몸빛이 칙칙하고 거무스름합니다. 더듬이는 나비류와 달라서 암컷은 단순한 실 모양인데, 수컷은 빗살 모양입니다.

나방류 애벌레는 길쭉한 원통 모양으로 생겼습니다. 종마다 부드러운 털을 가진 녀석부터 돌기를 가진 녀석까지 다양합니다. 특히 애벌레는 그 유명한 명주실을 뽑아 내는 실샘을 가지고 있습니다. 명주실을 뽑아 자기 몸을 잎이나 줄기에서 떨어지지 않게 동여매기도 하고, 잎사귀를 명주실로 엮어 집을 만들기도 하고, 위험할 때 실에 매달린 채 아래로 뚝 떨어지기도 하고, 번데기 방을 만들기도 합니다.

나방류 애벌레 역시 자기가 좋아하는 식물을 정해 놓고 먹고 삽니다. 많은 애벌레의 먹이식물, 한살이 정보, 애벌레와 어른벌레의 선 긋기 같은 연구를 아

털알락나방과 노랑털알락나방

자나방과 고운날개가지나방

마추어 전문가가 진행하고 있지만, 아직은 역부족이라 많은 나방류 애벌레들이 비밀에 쌓여 있습니다. 앞으로 더 많은 관찰과 연구가 이루어지면 많은 녀석들의 사생활이 밝혀질 것입니다.

① 집을 짓지 않는 나방류 애벌레

애벌레들 가운데 은신처를 만들지 않고 잎사귀 위에서 버젓이 앉아 식사하는 대담한 녀석들이 있습니다. 물론 명주실을 아랫입술샘에서 토해 내 몸을 잎에 살짝 고정하기 때문에 잎사귀에서 떨어지지 않습니다.

집을 짓기 않고 사는 나방류 애벌레는 꽤 많습니다. 자나방과, 밤나방과 일부(꽃꼬마밤나방아과, 뒷날개밤나방아과, 수염나방아과, 은무늬밤나방아과, 짤름나방아과), 알락나방과 일부, 뾰족날개나방과 일부, 왕물결나방과, 산누에나방과 일부, 재주나방과 일부, 갈고리나방과, 누에나방과, 박각시과 들이 있습니다.

② 집을 짓는 나방류 애벌레

어떤 애벌레는 아랫입술샘에서 만들어진 명주실을 뽑아 은신처를 만듭니다. 자기를 보호할 '명주실 텐트'도 치고, 잎을 오려서 명주실로 붙인 뒤 집을 만들어 그 안에 들어가 삽니다. 위험할 때는 명주실을 나뭇가지에 걸어 놓은 채 공중으로 뚝 떨어져 천적을 피하고, 번데기 방을 만들기도 하지요.

은신처를 만드는 애벌레들은 잎말이나방과, 집나방과, 뭉뚝날개나방과, 원뿔나방과 일부, 뿔나방과, 포충나방과, 명나방과 일부(집명나방아과), 갈고리나방과 일부, 뾰족날개나방과 일부, 밤나방과 일부, 주머니나방과, 통나방과, 집나방과, 애기비단나방과, 박쥐나방과, 유리나방과, 자나방과 일부, 창나방과입니다.

은신처를 만드는 방법은 여러 가지입니다. 황다리독나방 애벌레는 잎을 접어 집을 만들고는 그 안에 들어가 몸을 숨기고 삽니다. 황다리독나방은 층층나무 잎사귀만 먹고 사는데, 층층나무에서 새잎이 돋아날 무렵 알에서 애벌레가 깨어나 잎으로 집을 짓습니다. 잎을 얼마나 정교하게 접었는지 마치 반달 같습니다.

어떤 나방류 애벌레는 잎을 반으로 접는 게 아니라 잎을 김밥 말듯이 돌돌 말거나 잎사귀 여러 장을 겹쳐서 집을 만들고 그 안에서 삽니다. 잎을 만다고 해서 이름 붙은 잎말이나방류가 대표적인 예입니다. 봄에는 참나무류나 개암나무 잎을 여러 장 붙인 뒤 그 안에서 숨어 사는 번개무늬잎말이나방이 자주 보이고, 개암나무나 벚나무 잎을 여러 장 붙여 집을 만드는 귀룽큰애기잎말이나방도 흔한 편입니다.

명나방과 가운데 목화명나방은 먹이식물인 목화 잎을 말아서 그 안에 들어가 온 애벌레 시기를 삽니다. 집 안에서 밥도 먹고, 똥도 싸고, 잠도 자고, 허물도 벗고…… 모든 일을 집에서 다 합니다. 어릴 때는 잎을 반으로 접어 집을 만들어 그 안에서 살다가 어느 정도 자라 몸집이 커지면 잎을 말고 그 안에서 삽니다. 잎으로 만든 집에 살면 무엇보다도 천적을 따돌릴 수 있어 참 좋습니다. 대놓고 잎 위에서 살다간 천적한테 잡아먹히기 딱 좋은데 잎 안에 있으면 잘 들키지 않기 때문이지요. 목화밭 주변에는 거미, 침노린재, 쌍살벌, 새같이 녀석을 노리는 천적이 많습니다.

명주실은 나방류 애벌레의 안식처가 되기도 합니다. 천막벌레나방 애벌레, 별박이자나방 애벌레, 미국흰불나방 애벌레들은 수십 마리가 함께 모여 삽니다. 이들 애벌레는 먹이식물인 잎사귀에 모이면 입에서 명주실을 술술 뽑아 내 잎사귀와 잎사귀, 잎사귀와 줄기, 줄기와 줄기 사이를 엮습니다. 정신없이 불규칙하게 엮어 놓은 게 마치 '텐트'를 쳐 놓은 것 같습니다. 그 텐트 안에서 녀석들은 마음 놓고 살아갑니다.

한일무늬밤나방 애벌레나 줄점불나방 애벌레는 잎사귀 한가운데에 자리 잡고 입에서 명주실을 토해 내지요. 머리를 옆으로 수백 번도 넘게 왔다 갔다 하면서 자기 몸에 명주실을 두르는 모습이 마치 명주실로 만든 이불을 덮는 것 같습니다. 한일무늬밤나방 애벌레는 이불 속에서 제이(J) 모양으로 몸을 구부리고 쉽니다. 종령이 되면 잎을 반으로 접거나 다른 잎을 덧대어 놓고 그 안에서 생활합니다.

집을 잘 짓는 나방 건축가는 뭐니 뭐니 해도 주머니나방류 애벌레입니다. 주

풀명나방과 작은복숭아명나방

머니나방류 애벌레가 지은 집이 옛사람들이 입던 비옷인 도롱이를 닮았다 해서 녀석들을 '도롱이벌레'라고도 합니다. 녀석은 풀, 나뭇잎, 나무껍질 같은 부스러기로 집을 만들고, 평생 그 주머니 집에서 삽니다. 알에서 깨어나자마자 자루 같은 집을 짓는데, 재료는 풀잎이나 나뭇잎 부스러기와 명주실뿐입니다.

우선 실샘에서 명주실을 뽑아내 몸 크기에 맞는 '실크 주머니'를 만듭니다. 그다음 그 위에 풀잎이나 나뭇잎 들을 큰턱으로 오려다 붙이면 주머니 집 완성! 재미있게도 애벌레는 허물을 벗을 때마다 몸집이 커지는데, 그에 맞게 집을 넓힙니다. 주머니 집 위쪽을 넓히고, 또다시 그 위에 식물 부스러기를 끌어다 붙입니다. 집 안에서 꼼짝 않고 있다가 배가 고프면 몸만 집 입구로 쭉 빼내 식사하고, 위험하다 싶으면 부리나케 집 안으로 쏙 들어갑니다.

식성은 까다롭지 않아 아무 나뭇잎이나 가리지 않고 먹습니다. 먹이가 부족하면 주머니 집을 가지고 이사를 하는데, 이때도 집 입구 밖으로 몸 윗부분만 내밀고 다리 여섯 개를 움직여서 옮겨 다닙니다. 주머니나방류는 곡식나방 가족으로 검정주머니나방, 유리주머니나방, 차주머니나방, 남방차주머니나방, 왕주머니나방 들이 있습니다.

태극나방과 흰제비불나방

태극나방과 노랑테불나방

태극나방과 줄점불나방

태극나방과 톱날무늬노랑불나방

재주나방과 꽃술재주나방

박각시과 검정황나꼬리박각시 애벌레

박각시과 검정황나꼬리박각시 어른벌레 짝짓기 하고 있다.

자나방과 큰노랑물결자나방

자나방과 가을노랑가지나방

굴벌레나방과 털보다리유리나방

20. 벌목 Hymenoptera

영어 이름 Sawflies, Ichneumons, Braconids, Wasps, Ants, Bees　우리나라 분포 67과 1,137속 4,223종
탈바꿈 형태 완전변태

삽포로뒤영벌

몸 크기는 기생벌 같은 미소종부터 말벌 같은 대형종에 이르기까지 다양합니다. 겹눈이 잘 발달되어 있고 홑눈도 있습니다. 더듬이는 종에 따라 9~70마디로 저마다 다릅니다. 주둥이 모양은 씹는형부터 꿀벌처럼 핥거나 빨아들이는 흡수형에 이르기까지 다양합니다.

날개는 네 장으로 앞날개는 뒷날개보다 큽니다. 날개의 가장자리에 있는 작은 갈고리가 앞날개와 뒷날개를 연결하고 있어, 날 때 마치 한 장의 날개로 나는 것처럼 보입니다. 날개맥은 비교적 단순한 편으로 크고 뚜렷한 날개맥 방이 있는데, 날개맥 방 생김새에 따라 종을 구분합니다. 날개맥이 전혀 없는 종도 있습니다. 다리가 가는 편으로 꽃꿀이나 꽃가루를 수집하는 벌의 뒷다리 종아리마디는 꽃가루경단을 달고 다닐 수 있도록 변형되었습니다.

'벌' 하면 침이 가장 먼저 떠오를 것입니다. 따지고 보면 침은 일부 종의 암

컷 산란관이 변한 것이기 때문에 수컷에게는 침이 없습니다. 다시 말하면 암컷만 쏠 수 있습니다. 침은 육아하는 데 쓰입니다. 자기 애벌레가 먹을 먹잇감(숙주)에 독을 주입해 마취시키는 것이지요. 그래야 애벌레가 숙주를 안전하게 먹을 수 있기 때문입니다. 그렇다고 모든 벌이 침을 가지고 있는 것은 아닙니다. 나나니벌이나 대모벌 같은 사냥벌류, 꽃가루를 모으는 꿀벌과 식구, 다른 곤충의 몸에서 기생하는 기생벌류에게는 침이 있지만, 잎벌류나 나무벌류 같은 원시적인 벌들에게는 침이 없습니다.

벌의 행동은 매우 진화되어 기생성에서 사회성에 이르기까지 다양합니다. 자식을 안전하게 키우기 위해 집을 짓는 건축가로도 유명합니다. 예컨대 땅구멍을 파는 나나니벌, 흙으로 집을 짓는 호리병벌, 나무 섬유질로 집 짓는 말벌류, 몸에서 분비하는 밀랍 물질로 집을 짓는 꿀벌류를 들 수 있습니다.

벌목은 분류학적으로 크게 두 부류로 나눕니다. '허리가 굵은' 잎벌아목(넓적허리벌아목)과 '허리가 잘록한' 벌아목(또는 호리허리벌아목)이 그들입니다. 잎벌아목은 원시형입니다.

우리나라에는 말벌과, 꿀벌과 등 67과 1,137속 4,223종이 살고 있습니다.

(1) 잎벌아목

잎벌아목은 벌 가운데 가장 원시적입니다. 어른벌레의 '허리(실제로 곤충에게는 허리가 없음)'는 절구통 같은데, 가슴과 첫째 배마디 폭이 같기 때문입니다. 잎벌의 영어 이름은 소플라이(sawfly)로, '톱 달린 파리'라는 뜻입니다. 암컷 산란관이 식물을 잘게 썰 수 있게 톱처럼 생겨서 붙은 이름입니다. 우리나라에서는 말 그대로 잎을 먹고 산다고 '잎벌'이라 부릅니다. 그런데 잎벌이라 해서 다 식물 잎을 먹지는 않습니다. 잎벌 어른벌레는 대개 육식을 합니다. 잎벌아목 애벌레는 식물 잎사귀, 열매, 나무속 따위를 먹고 사는데, 대부분 식물의 잎을 먹는 식식성이고, 어떤 종들은 식물 조직에 구멍을 뚫고 삽니다.

실제로 야외에 나가면 잎을 먹는 놈들을 셀 수 없이 많이 만나게 됩니다. 나

잎벌아목 끝루리등에잎벌 애벌레 떼로 모여서 은사시나무 잎을 먹고 있다.

방 애벌레, 나비 애벌레, 잎벌 애벌레, 등에잎벌 애벌레 들 많습니다. 언뜻 보면 잎벌류 애벌레와 나비류 애벌레 생김새가 거의 비슷해서 곤충 관찰 초보자는 헷갈릴 수 있습니다. 하지만 자세히 들여다보면 좀 다릅니다. 잎벌류 애벌레 눈은 여덟 개인데, 한 개가 굉장히 커서 맨눈으로도 잘 보입니다. 하지만 나비류 애벌레 눈은 한쪽에 여섯 개가 있으며 아주 작아서 맨눈으로는 안 보입니다. 또 다른 점은 다리 수입니다. 둘 다 가슴에 가슴다리가 세 쌍이 있는데, 배다리 수는 다릅니다. 잎벌류 애벌레는 적게는 여섯 쌍을 가지고 있지만 나비 애벌레나 나방 애벌레는 많게는 다섯 쌍을 가지고 있습니다. 다시 말해 나비목 애벌레의 다리 수는 여덟 쌍, 잎벌아목 애벌레의 다리 수는 아홉 쌍이 넘습니다.

식식성인 잎벌아목의 암컷은 잎이나 줄기에 알을 낳습니다. 톱처럼 생긴 산란관을 먹이식물 줄기나 잎사귀에 꽂은 다음 식물 조직을 잘게 썰어서 그 속에

잎벌아목 개나리잎벌 애벌레 물 셀 틈도 없이 줄 맞춰 개나리 잎을 먹고 있다.

알을 낳습니다. 그러면 그 식물 조직은 점점 부풀어 오르고, 색깔이 칙칙하게 바뀝니다.

잎벌류 애벌레도 나비류 애벌레나 딱정벌레목 잎벌레과처럼 좋아하는 식물 잎사귀만 골라 먹습니다. 이를테면 장미등에잎벌 애벌레는 장미과 잎사귀를 즐겨 먹고, 극동등에잎벌 애벌레는 철쭉류 잎사귀를 즐겨 먹고, 개나리잎벌 애벌레는 개나리속 잎사귀를 즐겨 먹습니다. 린네잎벌 애벌레는 버드나무류와 오리나무류와 별꽃 잎사귀를 즐겨 먹고, 황호리병벌 애벌레는 별꽃 꽃봉오리와 잎사귀를 즐겨 먹고, 왜무잎벌 애벌레는 십자화과 잎사귀를 즐겨 먹고, 검정날개잎벌 애벌레는 소리쟁이 같은 마디풀류 잎사귀를 즐겨 먹습니다.

잎벌아목에는 잎벌과, 등에잎벌과, 송곳벌과, 나무벌과가 있습니다. 이 가운데 벌레살이송곳벌은 기생성이라서 비단벌레 애벌레를 먹고 자랍니다. 특히 잎벌과와 등에잎벌과 애벌레는 잎사귀 전문가입니다.

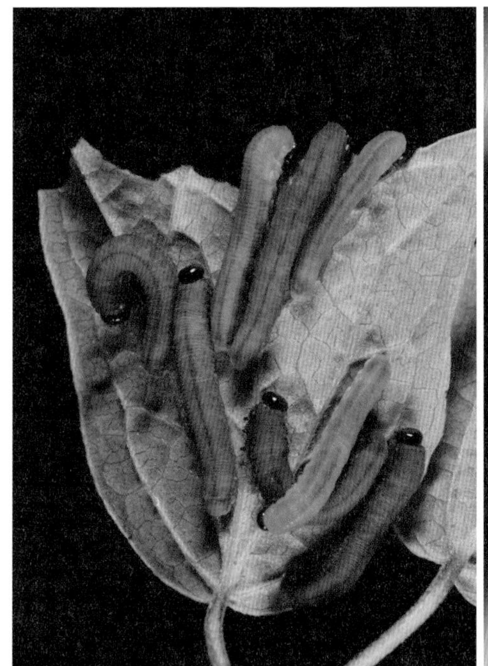

잎벌아목 잎벌류 애벌레 사위질빵 잎을 먹고 있다.

잎벌아목 장미등에잎벌의 산란

잎벌아목 극동등에잎벌

말벌과 어리별쌍살벌 여왕벌

(2) 벌아목

벌아목은 매우 다양하고 특수하게 분화된 무리이며 종 수도 많습니다. 꿀벌같이 흔한 벌의 허리는 철사처럼 잘록합니다. 첫째 배마디와 가슴 끝이 달라붙다 보니 둘째 배마디가 철사처럼 가늘게 변했기 때문이지요. 벌목 곤충들 거의가 이 무리에 해당됩니다. 식성은 기생성, 또는 포식성이거나 꿀을 먹는 종도 있습니다. 애벌레는 다리가 없습니다.

벌아목은 기생벌 무리와 쏘는 벌 무리로 나눕니다. 기생벌은 다른 절지동물의 몸속에 기생하며, 대부분의 숙주는 나비목 애벌레, 딱정벌레목 애벌레, 파리목 애벌레입니다. 어른벌레는 대개 꽃가루와 꽃꿀을 먹는데, 많은 종들은 꽃 속에 깊게 감추어진 꿀샘에 도달하기 위해 입틀이 길게 늘어나 있습니다. 많은 종류의 개미들은 진딧물이 누는 꿀똥을 먹습니다. 식물이나 벌을 유혹하기 위해 꽃꿀을 만들어 냅니다.

보통 1년에 한 번 한살이가 돌아갑니다. 많은 종들은 종령 애벌레 상태로 월동하지만, 어떤 종들은 나무껍질 속 또는 덤불 속에서 어른벌레 모습으로 겨울을 납니다.

벌아목에는 말벌상과, 꿀벌상과, 구멍벌상과, 맵시벌상과, 좀벌상과, 혹벌상과가 속해 있습니다.

꿀벌과 서양꿀벌(양봉꿀벌)

맵시벌과 맵시벌류

구멍벌과 나나니

말벌과 두눈박이쌍살벌 매미나방을 경단으로 만들고 있다.

말벌과 장수말벌

말벌과 꼬마쌍살벌의 집 여왕벌, 일벌, 애벌레, 번데기가 보인다.

청벌과 청벌류

대모벌과 대모벌류의 왕거미 사냥

배벌과 어리줄배벌

말벌과 황테감탕벌(황슭감탕벌) 진흙으로 건물 틈에 집을 짓고 있다.

말벌과 뱀허물쌍살벌

부록 우리나라 곤충 분류 체계 목록

* 이 목록은 《정부희 곤충학 강의》에 나온 곤충 종을 기준으로 정리하였으며, 2021 국가생물종목록(©국립생물자원관 2022)을 참고했습니다.
* 이 목록에 나온 곤충들은 모두 절지동물문(Arthropoda)>곤충강(Insecta)에 속합니다.

No.	국명	학명	목(Order)	과(Family)	속(Genus)
1	돌좀	*Pedetontus (Verhoeffilis) nipponicus*	돌좀목(Archaeognatha)	돌좀과(Machilidae)	장수돌좀속(*Pedetontus*)
2	좀	*Ctenolepisma longicaudata*	좀목(Zygentoma)	좀과(Lepismatidae)	*Ctenolepisma*
3	동양하루살이	*Ephemera orientalis*	하루살이목(Ephemeroptera)	하루살이과(Ephemeridae)	하루살이속(*Ephemera*)
4	먹줄왕잠자리	*Anax nigrofasciatus*	잠자리목(Odonata)	왕잠자리과(Aeshnidae)	왕잠자리속(*Anax*)
5	노란실잠자리	*Ceriagrion melanurum*	잠자리목(Odonata)	실잠자리과(Coenagrionidae)	노란실잠자리속(*Ceriagrion*)
6	쇠측범잠자리	*Davidius lunatus*	잠자리목(Odonata)	측범잠자리과(Gomphidae)	쇠측범잠자리속(*Davidius*)
7	묵은실잠자리	*Sympecma paedisca*	잠자리목(Odonata)	청실잠자리과(Lestidae)	묵은실잠자리속(*Sympecma*)
8	밀잠자리	*Orthetrum albistylum*	잠자리목(Odonata)	잠자리과(Libellulidae)	밀잠자리속(*Orthetrum*)
9	고추좀잠자리	*Sympetrum frequens*	잠자리목(Odonata)	잠자리과(Libellulidae)	좀잠자리속(*Sympetrum*)
10	날개띠좀잠자리	*Sympetrum pedemontanum elatum*	잠자리목(Odonata)	잠자리과(Libellulidae)	좀잠자리속(*Sympetrum*)
11	하나잠자리	*Sympetrum speciosum*	잠자리목(Odonata)	잠자리과(Libellulidae)	좀잠자리속(*Sympetrum*)
12	산잠자리	*Epophthalmia elegans*	잠자리목(Odonata)	잔산잠자리과(Macromiidae)	산잠자리속(*Epophthalmia*)
13	방울실잠자리	*Platycnemis phyllopoda*	잠자리목(Odonata)	방울실잠자리과(Platycnemididae)	방울실잠자리속(*Platycnemis*)
14	집게강도래	*Leuctra fusca tergostyla*	강도래목(Plecoptera)	꼬마강도래과(Leuctridae)	집게강도래속(*Leuctra*)
15	무늬강도래	*Kiotina decorata*	강도래목(Plecoptera)	강도래과(Perlidae)	무늬강도래속(*Kiotina*)
16	진강도래	*Oyamia nigribasis*	강도래목(Plecoptera)	강도래과(Perlidae)	진강도래속(*Oyamia*)
17	점등그물강도래	*Perlodes kippenhani*	강도래목(Plecoptera)	그물강도래과(Perlodidae)	점등그물강도래속
18	큰그물강도래	*Pteronarcys sachalina*	강도래목(Plecoptera)	큰그물강도래과(Pteronarcidae)	큰그물강도래속(*Pteronarcys*)
19	이질바퀴	*Periplaneta americana*	바퀴목(Blattodea)	왕바퀴과(Blattidae)	*Periplaneta*
20	먹바퀴	*Periplaneta fuliginosa*	바퀴목(Blattodea)	왕바퀴과(Blattidae)	*Periplaneta*
21	독일바퀴	*Blattella germanica*	바퀴목(Blattodea)	바퀴과(Ectobiidae)	바퀴속(*Blattella*)
22	산바퀴	*Blattella nipponica*	바퀴목(Blattodea)	바퀴과(Ectobiidae)	바퀴속(*Blattella*)
23	줄바퀴	*Symploce striata*	바퀴목(Blattodea)	바퀴과(Ectobiidae)	*Symploce*
24	흰개미	*Reticulitermes speratus kyushuensis*	바퀴목(Blattodea)	흰개미과(Rhinotermitidae)	*Reticulitermes*
25	넓적배사마귀	*Hierodula patellifera*	사마귀목(Mantodea)	사마귀과(Mantidae)	*Hierodula*
26	항라사마귀	*Mantis religiosa sinica*	사마귀목(Mantodea)	사마귀과(Mantidae)	*Mantis*
27	좀사마귀	*Statilia maculata*	사마귀목(Mantodea)	사마귀과(Mantidae)	좀사마귀속(*Statilia*)
28	사마귀	*Tenodera angustipennis*	사마귀목(Mantodea)	사마귀과(Mantidae)	사마귀속(*Tenodera*)
29	왕사마귀	*Tenodera sinensis*	사마귀목(Mantodea)	사마귀과(Mantidae)	사마귀속(*Tenodera*)
30	민집게벌레	*Anisolabis maritima*	집게벌레목(Dermaptera)	민집게벌레과(Anisolabididae)	민집게벌레속(*Anisolabis*)
31	애흰수염집게벌레	*Euborellia annulipes*	집게벌레목(Dermaptera)	민집게벌레과(Anisolabididae)	노란다리민집게벌레속(*Euborellia*)
32	고마로브집게벌레	*Timomenus komarowi*	집게벌레목(Dermaptera)	집게벌레과(Forficulidae)	세장집게벌레속(*Timomenus*)
33	큰집게벌레	*Labidura riparia japonica*	집게벌레목(Dermaptera)	큰집게벌레과(Labiduridae)	큰집게벌레속(*Labidura*)
34	방아깨비	*Acrida cinerea*	메뚜기목(Orthoptera)	메뚜기과(Acrididae)	방아깨비속(*Acrida*)
35	청분홍메뚜기	*Aiolopus thalassinus tamulus*	메뚜기목(Orthoptera)	메뚜기과(Acrididae)	청분홍메뚜기속(*Aiolopus*)
36	팔공산밑들이메뚜기	*Anapodisma beybienkoi*	메뚜기목(Orthoptera)	메뚜기과(Acrididae)	밑들이메뚜기속(*Anapodisma*)

No.	국명	학명	목(Order)	과(Family)	속(Genus)
37	밑들이메뚜기	*Anapodisma miramae*	메뚜기목(Orthoptera)	메뚜기과(Acrididae)	밑들이메뚜기속(*Anapodisma*)
38	검정수염메뚜기	*Ceracris nigricornis laeta*	메뚜기목(Orthoptera)	메뚜기과(Acrididae)	검정수염메뚜기속(*Ceracris*)
39	해변메뚜기	*Epacromius japonicus*	메뚜기목(Orthoptera)	메뚜기과(Acrididae)	발톱메뚜기속(*Epacromius*)
40	콩중이	*Gastrimargus marmoratus*	메뚜기목(Orthoptera)	메뚜기과(Acrididae)	콩중이속(*Gastrimargus*)
41	딱따기	*Gonista bicolor*	메뚜기목(Orthoptera)	메뚜기과(Acrididae)	딱따기속(*Gonista*)
42	풀무치	*Locusta migratoria migratoria*	메뚜기목(Orthoptera)	메뚜기과(Acrididae)	풀무치속(*Locusta*)
43	벼메뚜기붙이	*Mecostethus parapleurus parapleurus*	메뚜기목(Orthoptera)	메뚜기과(Acrididae)	벼메뚜기붙이속(*Mecostethus*)
44	청날개애메뚜기	*Megaulacobothrus aethalinus*	메뚜기목(Orthoptera)	메뚜기과(Acrididae)	날개애메뚜기속(*Megaulacobothrus*)
45	삽사리	*Mongolotettix japonicus*	메뚜기목(Orthoptera)	메뚜기과(Acrididae)	삽사리속(*Mongolotettix*)
46	팥중이	*Oedaleus infernalis*	메뚜기목(Orthoptera)	메뚜기과(Acrididae)	팥중이속(*Oedaleus*)
47	제주밑들이메뚜기	*Parapodisma setouchiensis*	메뚜기목(Orthoptera)	메뚜기과(Acrididae)	제주밑들이메뚜기속(*Parapodisma*)
48	각시메뚜기	*Patanga japonica*	메뚜기목(Orthoptera)	메뚜기과(Acrididae)	각시메뚜기속(*Patanga*)
49	등검은메뚜기	*Shirakiacris shirakii*	메뚜기목(Orthoptera)	메뚜기과(Acrididae)	등검은메뚜기속(*Shirakiacris*)
50	두꺼비메뚜기	*Trilophidia annulata*	메뚜기목(Orthoptera)	메뚜기과(Acrididae)	두꺼비메뚜기속(*Trilophidia*)
51	알락방울벌레	*Dianemobius nigrofasciatus*	메뚜기목(Orthoptera)	귀뚜라미과(Gryllidae)	알락방울벌레속(*Dianemobius*)
52	똥보귀뚜라미	*Duolandrevus (Eulandrevus) ivani*	메뚜기목(Orthoptera)	귀뚜라미과(Gryllidae)	똥보귀뚜라미속(*Duolandrevus*)
53	홀쭉귀뚜라미	*Euscyrtus (Osus) japonicus*	메뚜기목(Orthoptera)	귀뚜라미과(Gryllidae)	홀쭉귀뚜라미속(*Euscyrtus*)
54	알락귀뚜라미	*Loxoblemmus arietulus*	메뚜기목(Orthoptera)	귀뚜라미과(Gryllidae)	알락귀뚜라미속(*Loxoblemmus*)
55	모대가리귀뚜라미	*Loxoblemmus doenitzi*	메뚜기목(Orthoptera)	귀뚜라미과(Gryllidae)	알락귀뚜라미속(*Loxoblemmus*)
56	방울벌레	*Meloimorpha japonica japonica*	메뚜기목(Orthoptera)	귀뚜라미과(Gryllidae)	방울벌레속(*Meloimorpha*)
57	먹종다리	*Metioche japonica*	메뚜기목(Orthoptera)	귀뚜라미과(Gryllidae)	먹종다리속(*Metioche*)
58	긴꼬리	*Oecanthus longicauda*	메뚜기목(Orthoptera)	귀뚜라미과(Gryllidae)	긴꼬리속(*Oecanthus*)
59	풀종다리	*Svistella bifasciata*	메뚜기목(Orthoptera)	귀뚜라미과(Gryllidae)	풀종다리속(*Svistella*)
60	왕귀뚜라미	*Teleogryllus (Brachyteleogryllus) emma*	메뚜기목(Orthoptera)	귀뚜라미과(Gryllidae)	왕귀뚜라미속(*Teleogryllus*)
61	극동귀뚜라미	*Velarifictorus (Velarifictorus) micado*	메뚜기목(Orthoptera)	귀뚜라미과(Gryllidae)	극동귀뚜라미속(*Velarifictorus*)
62	땅강아지	*Gryllotalpa orientalis*	메뚜기목(Orthoptera)	땅강아지과(Gryllotalpidae)	땅강아지속(*Gryllotalpa*)
63	섬서구메뚜기	*Atractomorpha lata*	메뚜기목(Orthoptera)	섬서구메뚜기과(Pyrgomorphidae)	섬서구메뚜기속(*Atractomorpha*)
64	분홍날개섬서구메뚜기	*Atractomorpha sinensis sinensis*	메뚜기목(Orthoptera)	섬서구메뚜기과(Pyrgomorphidae)	섬서구메뚜기속(*Atractomorpha*)
65	산꼽등이	*Anoplophilus koreanus*	메뚜기목(Orthoptera)	꼽등이과(Rhaphidophoridae)	산꼽등이속(*Anoplophilus*)
66	장수꼽등이	*Diestrammena (Diestrammena) unicolor*	메뚜기목(Orthoptera)	꼽등이과(Rhaphidophoridae)	장수꼽등이속(*Diestrammena*)
67	굴꼽등이	*Paratachycines (Hemitachycines) boldyrevi*	메뚜기목(Orthoptera)	꼽등이과(Rhaphidophoridae)	검정꼽등이속(*Paratachycines*)
68	검정꼽등이	*Paratachycines (Paratachycines) ussuriensis*	메뚜기목(Orthoptera)	꼽등이과(Rhaphidophoridae)	검정꼽등이속(*Paratachycines*)
69	알락꼽등이	*Tachycines (Tachycines) asynamorus*	메뚜기목(Orthoptera)	꼽등이과(Rhaphidophoridae)	알락꼽등이속(*Tachycines*)
70	꼽등이	*Tachycines (Tachycines) coreanus*	메뚜기목(Orthoptera)	꼽등이과(Rhaphidophoridae)	알락꼽등이속(*Tachycines*)
71	가시모메뚜기	*Criotettix japonicus*	메뚜기목(Orthoptera)	모메뚜기과(Tetrigidae)	가시모메뚜기(*Criotettix*)
72	장삼모메뚜기	*Euparatettix insularis*	메뚜기목(Orthoptera)	모메뚜기과(Tetrigidae)	장삼모메뚜기속(*Euparatettix*)
73	참볼록모메뚜기	*Formosatettix robustus*	메뚜기목(Orthoptera)	모메뚜기과(Tetrigidae)	볼록모메뚜기속(*Formosatettix*)
74	모메뚜기	*Tetrix japonica*	메뚜기목(Orthoptera)	모메뚜기과(Tetrigidae)	모메뚜기속(*Tetrix*)
75	야산모메뚜기	*Tetrix silvicultrix*	메뚜기목(Orthoptera)	모메뚜기과(Tetrigidae)	모메뚜기속(*Tetrix*)

No.	국명	학명	목(Order)	과(Family)	속(Genus)
76	쌕쌔기	*Conocephalus (Amurocephalus) chinensis*	메뚜기목(Orthoptera)	여치과(Tettigoniidae)	쌕쌔기속(*Conocephalus*)
77	긴꼬리쌕쌔기	*Conocephalus (Anisoptera) exemptus*	메뚜기목(Orthoptera)	여치과(Tettigoniidae)	쌕쌔기속(*Conocephalus*)
78	좀매부리	*Euconocephalus nasutus*	메뚜기목(Orthoptera)	여치과(Tettigoniidae)	좀매부리속(*Euconocephalus*)
79	긴날개여치	*Gampsocleis ussuriensis*	메뚜기목(Orthoptera)	여치과(Tettigoniidae)	여치속(*Gampsocleis*)
80	베짱이	*Hexacentrus japonicus*	메뚜기목(Orthoptera)	여치과(Tettigoniidae)	베짱이속(*Hexacentrus*)
81	갈색여치	*Paratlanticus ussuriensis*	메뚜기목(Orthoptera)	여치과(Tettigoniidae)	갈색여치속(*Paratlanticus*)
82	실베짱이	*Phaneroptera falcata*	메뚜기목(Orthoptera)	여치과(Tettigoniidae)	실베짱이속(*Phaneroptera*)
83	검은다리실베짱이	*Phaneroptera nigroantennata*	메뚜기목(Orthoptera)	여치과(Tettigoniidae)	실베짱이속(*Phaneroptera*)
84	매부리	*Ruspolia lineosa*	메뚜기목(Orthoptera)	여치과(Tettigoniidae)	매부리속(*Ruspolia*)
85	날베짱이	*Sinochlora longifissa*	메뚜기목(Orthoptera)	여치과(Tettigoniidae)	날베짱이속(*Sinochlora*)
86	꼬마여치베짱이	*Xestophrys javanicus javanicus*	메뚜기목(Orthoptera)	여치과(Tettigoniidae)	꼬마여치베짱이속(*Xestophrys*)
87	좁쌀메뚜기	*Xya japonica*	메뚜기목(Orthoptera)	좁쌀메뚜기과 (Tridactylidae)	좁쌀메뚜기속(*Xya*)
88	분홍날개대벌레	*Micadina phluctainoides*	대벌레목(Phasmida)	날개대벌레과 (Diapheromeridae)	*Micadina*
89	날개대벌레	*Micadina yasumatsui*	대벌레목(Phasmida)	날개대벌레과 (Diapheromeridae)	*Micadina*
90	긴수염대벌레	*Phraortes elongatus*	대벌레목(Phasmida)	날개대벌레과 (Diapheromeridae)	긴수염대벌레속(*Phraortes*)
91	우리대벌레	*Ramulus koreanus*	대벌레목(Phasmida)	대벌레과(Phasmatidae)	대벌레속(*Ramulus*)
92	대벌레	*Ramulus mikado*	대벌레목(Phasmida)	대벌레과(Phasmatidae)	대벌레속(*Ramulus*)
93	에사키뿔노린재	*Sastragala esakii*	노린재목(Hemiptera)	뿔노린재과 (Acanthosomatidae)	무늬뿔노린재속(*Sastragala*)
94	딱총나무진딧물	*Aphis (Aphis) horii*	노린재목(Hemiptera)	진딧물과(Aphididae)	진딧물속(*Aphis*)
95	박주가리진딧물	*Aphis (Aphis) nerii*	노린재목(Hemiptera)	진딧물과(Aphididae)	진딧물속(*Aphis*)
96	인도볼록진딧물	*Indomegoura indica*	노린재목(Hemiptera)	진딧물과(Aphididae)	인도볼록진딧물속 (*Indomegoura*)
97	복숭아혹진딧물	*Myzus (Nectarosiphon) persicae*	노린재목(Hemiptera)	진딧물과(Aphididae)	혹진딧물속(*Myzus*)
98	오배자면충	*Schlechtendalia chinensis*	노린재목(Hemiptera)	진딧물과(Aphididae)	오배자면충속(*Schlechtendalia*)
99	갈잎거품벌레	*Petaphora maritima*	노린재목(Hemiptera)	거품벌레과 (Aphrophoridae)	*Petaphora*
100	물자라	*Appasus japonicus*	노린재목(Hemiptera)	물장군과(Belostomatidae)	물자라속(*Appasus*)
101	물장군	*Lethocerus deyrolli*	노린재목(Hemiptera)	물장군과(Belostomatidae)	물장군속(*Lethocerus*)
102	끝검은말매미충	*Bothrogonia ferruginea*	노린재목(Hemiptera)	매미충과(Cicadellidae)	끝검은말매미충속 (*Bothrogonia*)
103	말매미	*Cryptotympana atrata*	노린재목(Hemiptera)	매미과(Cicadidae)	말매미속(*Cryptotympana*)
104	유지매미	*Graptopsaltria nigrofuscata*	노린재목(Hemiptera)	매미과(Cicadidae)	유지매미속(*Graptopsaltria*)
105	참매미	*Hyalessa maculaticollis*	노린재목(Hemiptera)	매미과(Cicadidae)	참매미속(*Hyalessa*)
106	소요산매미	*Leptosemia takanonis*	노린재목(Hemiptera)	매미과(Cicadidae)	소요산매미속(*Leptosemia*)
107	쓰름매미	*Meimuna mongolica*	노린재목(Hemiptera)	매미과(Cicadidae)	애매미속(*Meimuna*)
108	애매미	*Meimuna opalifera*	노린재목(Hemiptera)	매미과(Cicadidae)	애매미속(*Meimuna*)
109	털매미	*Platypleura kaempferi*	노린재목(Hemiptera)	매미과(Cicadidae)	털매미속(*Platypleura*)
110	늦털매미	*Suisha coreana*	노린재목(Hemiptera)	매미과(Cicadidae)	늦털매미속(*Suisha*)
111	넓적배허리노린재	*Homoeocerus (Tliponius) dilatatus*	노린재목(Hemiptera)	허리노린재과(Coreidae)	배허리노린재속(*Homoeocerus*)
112	노랑배허리노린재	*Plinachtus bicoloripes*	노린재목(Hemiptera)	허리노린재과(Coreidae)	노랑배허리노린재속 (*Plinachtus*)
113	톱날노린재	*Megymenum gracilicorne*	노린재목(Hemiptera)	톱날노린재과(Dinidoridae)	톱날노린재속(*Megymenum*)
114	미국선녀벌레	*Metcalfa pruinosa*	노린재목(Hemiptera)	선녀벌레과(Flatidae)	*Metcalfa*
115	꽃매미	*Limois emelianovi*	노린재목(Hemiptera)	꽃매미과(Fulgoridae)	꽃매미속(*Limois*)
116	흰점빨간긴노린재	*Lygaeus equestris*	노린재목(Hemiptera)	긴노린재과(Lygaeidae)	긴노린재속(*Lygaeus*)
117	빨간긴쐐기노린재	*Gorpis brevilineatus*	노린재목(Hemiptera)	쐐기노린재과(Nabidae)	긴쐐기노린재속(*Gorpis*)
118	장구애비	*Laccotrephes japonensis*	노린재목(Hemiptera)	장구애비과(Nepidae)	장구애비속(*Laccotrephes*)

No.	국명	학명	목(Order)	과(Family)	속(Genus)
119	게아재비	*Ranatra chinensis*	노린재목(Hemiptera)	장구애비과(Nepidae)	게아재비속(*Ranatra*)
120	애송장헤엄치게	*Anisops ogasawarensis*	노린재목(Hemiptera)	송장헤엄치게과 (Notonectidae)	애송상헤엄치게속(*Anisops*)
121	송장헤엄치게	*Notonecta (Paranecta) triguttata*	노린재목(Hemiptera)	송장헤엄치게과 (Notonectidae)	송장헤엄치게속(*Notonecta*)
122	알락수염노린재	*Dolycoris baccarum*	노린재목(Hemiptera)	노린재과(Pentatomidae)	알락수염노린재속(*Dolycoris*)
123	썩덩나무노린재	*Halyomorpha halys*	노린재목(Hemiptera)	노린재과(Pentatomidae)	썩덩나무노린재속 (*Halyomorpha*)
124	깜보라노린재	*Menida violacea*	노린재목(Hemiptera)	노린재과(Pentatomidae)	깜보라노린재속(*Menida*)
125	북방풀노린재	*Palomena angulosa*	노린재목(Hemiptera)	노린재과(Pentatomidae)	풀노린재속(*Palomena*)
126	갈색날개노린재	*Plautia stali*	노린재목(Hemiptera)	노린재과(Pentatomidae)	꼬마갈색노린재속(*Plautia*)
127	무당알노린재	*Megacopta punctatissima*	노린재목(Hemiptera)	알노린재과(Plataspididae)	무당알노린재속(*Megacopta*)
128	고추침노린재	*Cydnocoris russatus*	노린재목(Hemiptera)	침노린재과(Reduviidae)	고추침노린재속(*Cydnocoris*)
129	극동왕침노린재	*Epidaus tuberosus*	노린재목(Hemiptera)	침노린재과(Reduviidae)	극동왕침노린재속(*Epidaus*)
130	다리무늬침노린재	*Sphedanolestes (Sphedanolestes) impressicollis*	노린재목(Hemiptera)	침노린재과(Reduviidae)	다리무늬침노린재속 (*Sphedanolestes*)
131	긴잡초노린재	*Rhopalus (Aeschyntelus) latus*	노린재목(Hemiptera)	잡초노린재과(Rhopalidae)	잡초노린재속(*Rhopalus*)
132	신부날개매미충	*Euricania clara*	노린재목(Hemiptera)	큰날개매미충과(Ricaniidae)	부채날개매미충속(*Euricania*)
133	갈색날개매미충	*Pochazia shantungensis*	노린재목(Hemiptera)	큰날개매미충과(Ricaniidae)	먹날개매미충속(*Pochazia*)
134	방패광대노린재	*Cantao ocellatus*	노린재목(Hemiptera)	광대노린재과 (Scutelleridae)	방패광대노린재속(*Cantao*)
135	광대노린재	*Poecilocoris lewisi*	노린재목(Hemiptera)	광대노린재과 (Scutelleridae)	광대노린재속(*Poecilocoris*)
136	큰광대노린재	*Poecilocoris splendidulus*	노린재목(Hemiptera)	광대노린재과 (Scutelleridae)	광대노린재속(*Poecilocoris*)
137	노랑뿔잠자리	*Libelloides sibiricus sibiricus*	풀잠자리목(Neuroptera)	뿔잠자리과(Ascalaphidae)	*Libelloides*
138	명주잠자리	*Baliga micans*	풀잠자리목(Neuroptera)	명주잠자리과 (Myrmeleontidae)	*Baliga*
139	왕명주잠자리	*Synclisis japonica*	풀잠자리목(Neuroptera)	명주잠자리과 (Myrmeleontidae)	*Synclisis*
140	약대벌레	*Inocellia japonica*	약대벌레목(Raphidioptera)	약대벌레과(Inocelliidae)	*Inocellia*
141	노란뱀잠자리	*Protohermes xanthodes*	뱀잠자리목(Megaloptera)	뱀잠자리과(Corydalidae)	뱀잠자리속(*Protohermes*)
142	소나무비단벌레	*Chalcophora japonica japonica*	딱정벌레목(Coleoptera)	비단벌레과(Buprestidae)	*Chalcophora*
143	서울병대벌레	*Cantharis (Cantharis) soeulensis*	딱정벌레목(Coleoptera)	병대벌레과(Cantharidae	병대벌레속(*Cantharis*)
144	등점목가는병대벌레	*Hatchiana glochidiata*	딱정벌레목(Coleoptera)	병대벌레과(Cantharidae	등점목가는병대벌레속 (*Hatchiana*)
145	길앞잡이	*Cicindela (Sophiodela) chinensis*	딱정벌레목(Coleoptera)	딱정벌레과(Carabidae)	길앞잡이속(*Cicindela*)
146	폭탄먼지벌레	*Pheropsophus (Stenaptinus) jessoensis*	딱정벌레목(Coleoptera)	딱정벌레과(Carabidae)	*Pheropsophus*
147	무늬소주홍하늘소	*Amarysius altajensis coreanus*	딱정벌레목(Coleoptera)	하늘소과(Cerambycidae)	소주홍하늘소속(*Amarysius*)
148	뽕나무하늘소	*Apriona (Apriona) germari*	딱정벌레목(Coleoptera)	하늘소과(Cerambycidae)	뽕나무하늘소속(*Apriona*)
149	장수하늘소	*Callipogon (Eoxenus) relictus*	딱정벌레목(Coleoptera)	하늘소과(Cerambycidae)	장수하늘소속(*Callipogon*)
150	벌호랑하늘소	*Cyrtoclytus capra*	딱정벌레목(Coleoptera)	하늘소과(Cerambycidae)	벌호랑하늘소속(*Cyrtoclytus*)
151	목하늘소	*Lamia textor*	딱정벌레목(Coleoptera)	하늘소과(Cerambycidae)	목하늘소속(*Lamia*)
152	긴알락꽃하늘소	*Leptura annularis annularis*	딱정벌레목(Coleoptera)	하늘소과(Cerambycidae)	꽃하늘소속(*Leptura*)
153	열두점박이꽃하늘소	*Leptura duodecimguttata duodecimguttata*	딱정벌레목(Coleoptera)	하늘소과(Cerambycidae)	꽃하늘소속(*Leptura*)
154	털두꺼비하늘소	*Moechotypa diphysis*	딱정벌레목(Coleoptera)	하늘소과(Cerambycidae)	털두꺼비하늘소속 (*Moechotypa*)
155	알통다리꽃하늘소	*Oedecnema gebleri*	딱정벌레목(Coleoptera)	하늘소과(Cerambycidae)	알통다리꽃하늘소속 (*Oedecnema*)
156	노랑각시하늘소	*Pidonia (Mumon) debilis*	딱정벌레목(Coleoptera)	하늘소과(Cerambycidae)	각시하늘소속(*Pidonia*)
157	산줄각시하늘소	*Pidonia (Pidonia) similis*	딱정벌레목(Coleoptera)	하늘소과(Cerambycidae)	각시하늘소속(*Pidonia*)

No.	국명	학명	목(Order)	과(Family)	속(Genus)
158	새똥하늘소	*Pogonocherus seminiveus*	딱정벌레목(Coleoptera)	하늘소과(Cerambycidae)	새똥하늘소속(*Pogonocherus*)
159	향나무하늘소	*Semanotus bifasciatus*	딱정벌레목(Coleoptera)	하늘소과(Cerambycidae)	향나무하늘소속(*Semanotus*)
160	붉은산꽃하늘소	*Stictoleptura (Aredolpona) rubra*	딱정벌레목(Coleoptera)	하늘소과(Cerambycidae)	*Stictoleptura*
161	알락수염붉은산꽃하늘소	*Stictoleptura (Stictoleptura) variicornis*	딱정벌레목(Coleoptera)	하늘소과(Cerambycidae)	*Stictoleptura*
162	호랑하늘소	*Xylotrechus (Xyloclytus) chinensis*	딱정벌레목(Coleoptera)	하늘소과(Cerambycidae)	호랑하늘소속(*Xylotrechus*)
163	세줄호랑하늘소	*Xylotrechus (Xylotrechus) cuneipennis*	딱정벌레목(Coleoptera)	하늘소과(Cerambycidae)	호랑하늘소속(*Xylotrechus*)
164	별가슴호랑하늘소	*Xylotrechus (Xylotrechus) grayii grayii*	딱정벌레목(Coleoptera)	하늘소과(Cerambycidae)	호랑하늘소속(*Xylotrechus*)
165	홍가슴호랑하늘소	*Xylotrechus (Xylotrechus) rufilius rufilius*	딱정벌레목(Coleoptera)	하늘소과(Cerambycidae)	호랑하늘소속(*Xylotrechus*)
166	사슴풍뎅이	*Dicronocephalus adamsi*	딱정벌레목(Coleoptera)	꽃무지과(Cetoniidae)	사슴풍뎅이속 (*Dicronocephalus*)
167	풀색꽃무지	*Gametis jucunda*	딱정벌레목(Coleoptera)	꽃무지과(Cetoniidae)	풀색꽃무지속(*Gametis*)
168	검정꽃무지	*Glycyphana fulvistemma*	딱정벌레목(Coleoptera)	꽃무지과(Cetoniidae)	검정꽃무지속(*Glycyphana*)
169	호랑꽃무지	*Lasiotrichius succinctus*	딱정벌레목(Coleoptera)	꽃무지과(Cetoniidae)	호랑꽃무지속(*Lasiotrichius*)
170	풍이	*Pseudotorynorrhina japonica*	딱정벌레목(Coleoptera)	꽃무지과(Cetoniidae)	풍이속(*Pseudotorynorrhina*)
171	주홍꼽추잎벌레	*Acrothinium gaschkevitchii gaschkevitchii*	딱정벌레목(Coleoptera)	잎벌레과(Chrysomelidae)	*Acrothinium*
172	오리나무잎벌레	*Agelastica coerulea*	딱정벌레목(Coleoptera)	잎벌레과(Chrysomelidae)	오리나무잎벌레속(*Agelastica*)
173	두점알벼룩잎벌레	*Argopistes biplagiatus*	딱정벌레목(Coleoptera)	잎벌레과(Chrysomelidae)	알벼룩잎벌레속(*Argopistes*)
174	검정오이잎벌레	*Aulacophora nigripennis nigripennis*	딱정벌레목(Coleoptera)	잎벌레과(Chrysomelidae)	오이잎벌레속(*Aulacophora*)
175	버들잎벌레	*Chrysomela vigintipunctata vigintipunctata*	딱정벌레목(Coleoptera)	잎벌레과(Chrysomelidae)	잎벌레속(*Chrysomela*)
176	아스파라가스잎벌레	*Crioceris quatuordecimpunctata*	딱정벌레목(Coleoptera)	잎벌레과(Chrysomelidae)	*Crioceris*
177	좀남색잎벌레	*Gastrophysa (Gastrophysa) atrocyanea*	딱정벌레목(Coleoptera)	잎벌레과(Chrysomelidae)	가시다리잎벌레속 (*Gastrophysa*)
178	배노랑긴가슴잎벌레	*Lema (Lema) concinnipennis*	딱정벌레목(Coleoptera)	잎벌레과(Chrysomelidae)	닮은벼잎벌레속(*Lema*)
179	열점박이잎벌레	*Lema (Lema) decempunctata*	딱정벌레목(Coleoptera)	잎벌레과(Chrysomelidae)	닮은벼잎벌레속(*Lema*)
180	적갈색긴가슴잎벌레	*Lema (Lema) diversa*	딱정벌레목(Coleoptera)	잎벌레과(Chrysomelidae)	닮은벼잎벌레속(*Lema*)
181	주홍배큰벼잎벌레	*Lema (Petauristes) fortunei*	딱정벌레목(Coleoptera)	잎벌레과(Chrysomelidae)	닮은벼잎벌레속(*Lema*)
182	백합긴가슴잎벌레	*Lilioceris merdigera*	딱정벌레목(Coleoptera)	잎벌레과(Chrysomelidae)	긴가슴잎벌레속(*Lilioceris*)
183	열점박이별잎벌레	*Oides decempunctatus*	딱정벌레목(Coleoptera)	잎벌레과(Chrysomelidae)	별잎벌레속(*Oides*)
184	왕벼룩잎벌레	*Ophrida spectabilis*	딱정벌레목(Coleoptera)	잎벌레과(Chrysomelidae)	왕벼룩잎벌레속(*Ophrida*)
185	십이점박이잎벌레	*Paropsides soriculata*	딱정벌레목(Coleoptera)	잎벌레과(Chrysomelidae)	점박이잎벌레속(*Paropsides*)
186	곰보가슴벼룩잎벌레	*Sangariola punctatostriata*	딱정벌레목(Coleoptera)	잎벌레과(Chrysomelidae)	곰보가슴벼룩잎벌레속 (*Sangariola*)
187	띠가슴개미붙이	*Tilloidea notata*	딱정벌레목(Coleoptera)	개미붙이과(Cleridae)	띠가슴개미붙이속(*Tilloidea*)
188	불개미붙이	*Trichodes sinae*	딱정벌레목(Coleoptera)	개미붙이과(Cleridae)	불개미붙이속(*Trichodes*)
189	남생이무당벌레	*Aiolocaria hexaspilota*	딱정벌레목(Coleoptera)	무당벌레과(Coccinellidae)	남생이무당벌레속(*Aiolocaria*)
190	칠성무당벌레	*Coccinella (Coccinella) septempunctata*	딱정벌레목(Coleoptera)	무당벌레과(Coccinellidae)	*Coccinella*
191	무당벌레	*Harmonia axyridis*	딱정벌레목(Coleoptera)	무당벌레과(Coccinellidae)	무당벌레속(*Harmonia*)
192	큰이십팔점박이무당벌레	*Henosepilachna vigintioctomaculata*	딱정벌레목(Coleoptera)	무당벌레과(Coccinellidae)	*Henosepilachna*
193	홍테무당벌레	*Rodolia limbata*	딱정벌레목(Coleoptera)	무당벌레과(Coccinellidae)	*Rodolia*
194	곰보벌레	*Tenomerga anguliscutus*	딱정벌레목(Coleoptera)	곰보벌레과(Cupedidae)	*Tenomerga*
195	밤바구미	*Curculio sikkimensis*	딱정벌레목(Coleoptera)	바구미과(Curculionidae)	밤바구미속(*Curculio*)
196	혹바구미	*Episomus turritus*	딱정벌레목(Coleoptera)	바구미과(Curculionidae)	혹바구미속(*Episomus*)
197	들메나무외발톱바구미	*Stereorynchus thoracicus*	딱정벌레목(Coleoptera)	바구미과(Curculionidae)	들메외발톱바구미속 (*Stereorynchus*)

No.	국명	학명	목(Order)	과(Family)	속(Genus)
198	배사바구미	*Sternuchopsis (Mesalcidodes) trifidus*	딱정벌레목(Coleoptera)	바구미과(Curculionidae)	배자바구미속(*Sternuchopsis*)
199	왕바구미	*Sipalinus gigas*	딱정벌레목(Coleoptera)	왕바구미과 (Dryophthoridae)	왕바구미속(*Sipalinus*)
200	장수풍뎅이	*Allomyrina dichotoma*	딱정벌레목(Coleoptera)	장수풍뎅이과(Dynastidae)	장수풍뎅이속(*Allomyrina*)
201	큰땅콩물방개	*Agabus (Acatodes) regimbarti*	딱정벌레목(Coleoptera)	물방개과(Dytiscidae)	땅콩물방개속(*Agabus*)
202	물방개	*Cybister (Cybister) chinensis*	딱정벌레목(Coleoptera)	물방개과(Dytiscidae)	물방개속(*Cybister*)
203	호랑물방개	*Sandracottus mixtus*	딱정벌레목(Coleoptera)	물방개과(Dytiscidae)	호랑물방개속(*Sandracottus*)
204	대유동방아벌레	*Agrypnus argillaceus argillaceus*	딱정벌레목(Coleoptera)	방아벌레과(Elateridae)	녹슬은방아벌레속(*Agrypnus*)
205	진홍색방아벌레	*Ampedus (Parelater) puniceus*	딱정벌레목(Coleoptera)	방아벌레과(Elateridae)	색방아벌레속(*Ampedus*)
206	왕빗살방아벌레	*Pectocera fortunei*	딱정벌레목(Coleoptera)	방아벌레과(Elateridae)	왕빗살방아벌레속(*Pectocera*)
207	무당벌레붙이	*Ancylopus pictus asiaticus*	딱정벌레목(Coleoptera)	무당벌레붙이과 (Endomychidae)	무당벌레붙이속(*Ancylopus*)
208	우리무당벌레붙이	*Cymbachus koreanus*	딱정벌레목(Coleoptera)	무당벌레붙이과 (Endomychidae)	우리무당벌레붙이속 (*Cymbachus*)
209	방귀무당벌레붙이	*Lycoperdina castaneipennis*	딱정벌레목(Coleoptera)	무당벌레붙이과 (Endomychidae)	방귀무당벌레붙이속 (*Lycoperdina*)
210	노랑줄왕버섯벌레	*Episcapha flavofasciata flavofasciata*	딱정벌레목(Coleoptera)	버섯벌레과(Erotylidae)	왕버섯벌레속(*Episcapha*)
211	고오람왕버섯벌레	*Episcapha gorhami*	딱정벌레목(Coleoptera)	버섯벌레과(Erotylidae)	왕버섯벌레속(*Episcapha*)
212	산호버섯벌레	*Neotriplax lewisii*	딱정벌레목(Coleoptera)	버섯벌레과(Erotylidae)	산호버섯벌레속(*Neotriplax*)
213	아무르납작풍뎅이붙이	*Hololepta amurensis*	딱정벌레목(Coleoptera)	풍뎅이붙이과(Histeridae)	납작풍뎅이붙이속(*Hololepta*)
214	물땡땡이	*Hydrophilus (Hydrophilus) acuminatus*	딱정벌레목(Coleoptera)	물땡땡이과(Hydrophilidae)	물땡땡이속(*Hydrophilus*)
215	늦반딧불이	*Pyrocoelia rufa*	딱정벌레목(Coleoptera)	반딧불이과(Lampyridae)	늦반딧불이속(*Pyrocoelia*)
216	두점박이사슴벌레	*Prosopocoilus astacoides blanchardi*	딱정벌레목(Coleoptera)	사슴벌레과(Lucanidae)	톱사슴벌레속(*Prosopocoilus*)
217	톱사슴벌레	*Prosopocoilus inclinatus inclinatus*	딱정벌레목(Coleoptera)	사슴벌레과(Lucanidae)	톱사슴벌레속(*Prosopocoilus*)
218	주홍홍반디	*Dictyoptera aurora*	딱정벌레목(Coleoptera)	홍반디과(Lycidae)	주홍홍반디속(*Dictyoptera*)
219	노랑무늬의병벌레	*Malachius (Malachius) prolongatus*	딱정벌레목(Coleoptera)	무늬의병벌레과 (Malachiidae)	*Malachius*
220	등노랑긴썩덩벌레	*Phryganophilus (Phryganophilus) ruficollis*	딱정벌레목(Coleoptera)	긴썩덩벌레과 (Melandryidae)	*Phryganophilus*
221	청가뢰	*Lytta (Lytta) caraganae*	딱정벌레목(Coleoptera)	가뢰과(Meloidae)	청가뢰속(*Lytta*)
222	남가뢰	*Meloe (Meloe) proscarabaeus proscarabaeus*	딱정벌레목(Coleoptera)	가뢰과(Meloidae)	남가뢰속(*Meloe*)
223	황가뢰	*Zonitoschema japonica*	딱정벌레목(Coleoptera)	가뢰과(Meloidae)	*Zonitoschema*
224	수염풍뎅이	*Polyphylla laticollis manchurica*	딱정벌레목(Coleoptera)	검정풍뎅이과 (Melolonthidae)	수염풍뎅이속(*Polyphylla*)
225	검정애버섯벌레	*Mycetophagus (Mycetophagus) ater*	딱정벌레목(Coleoptera)	애버섯벌레과 (Mycetophagidae)	애버섯벌레속(*Mycetophagus*)
226	네눈박이밑빠진벌레	*Glischrochilus (Librodor) japonicus*	딱정벌레목(Coleoptera)	밑빠진벌레과(Nitidulidae)	*Glischrochilus*
227	하늘소붙이	*Oedemera (Oedemera) lurida lurida*	딱정벌레목(Coleoptera)	하늘소붙이과 (Oedemeridae)	하늘소붙이속(*Oedemera*)
228	홍날개	*Pseudopyrochroa rufula*	딱정벌레목(Coleoptera)	홍날개과(Pyrochroidae)	*Pseudopyrochroa*
229	도토리거위벌레	*Cyllorhynchites (Cyllorhynchites) ursulus quercuphillus*	딱정벌레목(Coleoptera)	주둥이거위벌레과 (Rhynchitidae)	*Cyllorhynchites*
230	카멜레온줄풍뎅이	*Anomala chamaeleon*	딱정벌레목(Coleoptera)	풍뎅이과(Rutelidae)	청동풍뎅이속(*Anomala*)
231	등얼룩풍뎅이	*Blitopertha orientalis*	딱정벌레목(Coleoptera)	풍뎅이과(Rutelidae)	연노랑풍뎅이속(*Blitopertha*)
232	풍뎅이	*Mimela splendens*	딱정벌레목(Coleoptera)	풍뎅이과(Rutelidae)	금줄풍뎅이속(*Mimela*)
233	넓적송장벌레	*Silpha (Silpha) perforata*	딱정벌레목(Coleoptera)	송장벌레과(Silphidae)	넓적송장벌레속(*Silpha*)
234	머리대장가는납작벌레	*Oryzaephilus surinamensis*	딱정벌레목(Coleoptera)	가는납작벌레과(Silvanidae)	*Oryzaephilus*
235	외미거저리	*Alphitobius diaperinus*	딱정벌레목(Coleoptera)	거저리과(Tenebrionidae)	외미거저리속(*Alphitobius*)

No.	국명	학명	목(Order)	과(Family)	속(Genus)
236	구슬무당거저리	*Ceropria induta induta*	딱정벌레목(Coleoptera)	거저리과(Tenebrionidae)	무당거저리속(*Ceropria*)
237	무지개무당거저리	*Ceropria sulcifrons*	딱정벌레목(Coleoptera)	거저리과(Tenebrionidae)	무당거저리속(*Ceropria*)
238	홍다리거저리	*Cneocnemis laminipes*	딱정벌레목(Coleoptera)	거저리과(Tenebrionidae)	홍다리거저리속(*Cneocnemis*)
239	우리뿔거저리	*Cryphaeus rotundicollis*	딱정벌레목(Coleoptera)	거저리과(Tenebrionidae)	뿔거저리속(*Cryphaeus*)
240	노랑썩덩벌레	*Cteniopinus hypocrita*	딱정벌레목(Coleoptera)	거저리과(Tenebrionidae)	노랑썩덩벌레속(*Cteniopinus*)
241	보라거저리	*Derosphaerus subviolaceus*	딱정벌레목(Coleoptera)	거저리과(Tenebrionidae)	보라거저리속(*Derosphaerus*)
242	꼬마모래거저리	*Gonocephalum persimile*	딱정벌레목(Coleoptera)	거저리과(Tenebrionidae)	모래거저리속(*Gonocephalum*)
243	모래거저리	*Gonocephalum pubens*	딱정벌레목(Coleoptera)	거저리과(Tenebrionidae)	모래거저리속(*Gonocephalum*)
244	바닷가거저리	*Idisia ornata*	딱정벌레목(Coleoptera)	거저리과(Tenebrionidae)	바닷가거저리속(*Idisia*)
245	털보잎벌레붙이	*Luprops orientalis*	딱정벌레목(Coleoptera)	거저리과(Tenebrionidae)	잎벌레붙이속(*Luprops*)
246	호리병거저리	*Misolampidius tentyrioides*	딱정벌레목(Coleoptera)	거저리과(Tenebrionidae)	호리병거저리속 (*Misolampidius*)
247	작은모래거저리	*Opatrum subaratum*	딱정벌레목(Coleoptera)	거저리과(Tenebrionidae)	작은모래거저리속(*Opatrum*)
248	볼록진주거저리	*Platydema higonium*	딱정벌레목(Coleoptera)	거저리과(Tenebrionidae)	진주거저리속(*Platydema*)
249	흑진주거저리	*Platydema nigroaeneum*	딱정벌레목(Coleoptera)	거저리과(Tenebrionidae)	진주거저리속(*Platydema*)
250	제주진주거저리	*Platydema takeii*	딱정벌레목(Coleoptera)	거저리과(Tenebrionidae)	진주거저리속(*Platydema*)
251	산맴돌이거저리	*Plesiophthalmus davidis*	딱정벌레목(Coleoptera)	거저리과(Tenebrionidae)	맴돌이거저리속 (*Plesiophthalmus*)
252	갈색거저리	*Tenebrio molitor*	딱정벌레목(Coleoptera)	거저리과(Tenebrionidae)	곡물거저리속(*Tenebrio*)
253	모기파리	*Sylvicola japonicus*	파리목(Diptera)	모기파리과(Anisopodidae)	*Sylvicola*
254	왕파리매	*Cophinopoda chinensis*	파리목(Diptera)	파리매과(Asilidae)	*Cophinopoda*
255	춤파리	*Empis (Euempis) flavobasalis*	파리목(Diptera)	춤파리과(Empididae)	*Empis*
256	호리꽃등에	*Episyrphus balteatus*	파리목(Diptera)	꽃등에과(Syrphidae)	*Episyrphus*
257	광붙이꽃등에	*Melanostoma mellinum*	파리목(Diptera)	꽃등에과(Syrphidae)	*Melanostoma*
258	참대모꽃등에	*Volucella coreana*	파리목(Diptera)	꽃등에과(Syrphidae)	대모꽃등에속(*Volucella*)
259	소등에	*Tabanus trigonus*	파리목(Diptera)	등에과(Tabanidae)	*Tabanus*
260	뚱보기생파리	*Gymnosoma rotundata*	파리목(Diptera)	기생파리과(Tachinidae)	*Gymnosoma*
261	노랑털기생파리	*Tachina luteola*	파리목(Diptera)	기생파리과(Tachinidae)	기생파리속(*Tachina*)
262	등줄기생파리	*Tachina nupta*	파리목(Diptera)	기생파리과(Tachinidae)	기생파리속(*Tachina*)
263	황나각다귀	*Nephrotoma cornicina cornicina*	파리목(Diptera)	각다귀과(Tipulidae)	황나각다귀속(*Nephrotoma*)
264	밑들이	*Panorpa cornigera*	밑들이목(Mecoptera)	밑들이과(Panorpidae)	밑들이속(*Panorpa*)
265	띠무늬우묵날도래	*Hydatophylax nigrovittatus*	날도래목(Trichoptera)	우묵날도래과 (Limnephilidae)	띠무늬우묵날도래속 (*Hydatophylax*)
266	바수염날도래	*Psilotreta kisoensis*	날도래목(Trichoptera)	바수염날도래과 (Odontoceridae)	바수염날도래속(*Psilotreta*)
267	독수리팔랑나비	*Bibasis aquilina*	나비목(Lepidoptera)	팔랑나비과(Hesperiidae)	수리팔랑나비속(*Bibasis*)
268	수풀알락팔랑나비	*Carterocephalus silvicola*	나비목(Lepidoptera)	팔랑나비과(Hesperiidae)	알락팔랑나비속 (*Carterocephalus*)
269	푸른큰수리팔랑나비	*Choaspes benjaminii*	나비목(Lepidoptera)	팔랑나비과(Hesperiidae)	푸른큰수리팔랑나비속 (*Choaspes*)
270	왕자팔랑나비	*Daimio tethys*	나비목(Lepidoptera)	팔랑나비과(Hesperiidae)	왕자팔랑나비속(*Daimio*)
271	멧팔랑나비	*Erynnis montana*	나비목(Lepidoptera)	팔랑나비과(Hesperiidae)	멧팔랑나비속(*Erynnis*)
272	돈무늬팔랑나비	*Heteropterus morpheus*	나비목(Lepidoptera)	팔랑나비과(Hesperiidae)	*Heteropterus*
273	왕팔랑나비	*Lobocla bifasciata*	나비목(Lepidoptera)	팔랑나비과(Hesperiidae)	왕팔랑나비속(*Lobocla*)
274	유리창떠들썩팔랑나비	*Ochlodes subhyalinus*	나비목(Lepidoptera)	팔랑나비과(Hesperiidae)	떠들썩팔랑나비속(*Ochlodes*)
275	줄점팔랑나비	*Parnara guttata*	나비목(Lepidoptera)	팔랑나비과(Hesperiidae)	줄점팔랑나비속(*Parnara*)
276	흰점팔랑나비	*Pyrgus maculatus*	나비목(Lepidoptera)	팔랑나비과(Hesperiidae)	흰점팔랑나비속(*Pyrgus*)
277	대왕팔랑나비	*Satarupa nymphalis*	나비목(Lepidoptera)	팔랑나비과(Hesperiidae)	대왕팔랑나비속(*Satarupa*)
278	줄꼬마팔랑나비	*Thymelicus leoninus*	나비목(Lepidoptera)	팔랑나비과(Hesperiidae)	꼬마팔랑나비속(*Thymelicus*)
279	수풀꼬마팔랑나비	*Thymelicus sylvaticus*	나비목(Lepidoptera)	팔랑나비과(Hesperiidae)	꼬마팔랑나비속(*Thymelicus*)
280	물빛긴꼬리부전나비	*Antigius attilia*	나비목(Lepidoptera)	부전나비과(Lycaenidae)	물빛긴꼬리부전나비속 (*Antigius*)
281	담색긴꼬리부전나비	*Antigius butleri*	나비목(Lepidoptera)	부전나비과(Lycaenidae)	물빛긴꼬리부전나비속 (*Antigius*)

No.	국명	학명	목(Order)	과(Family)	속(Genus)
282	긴꼬리부전나비	*Araragi enthea*	나비목(Lepidoptera)	부전나비과(Lycaenidae)	긴꼬리부전나비속(*Araragi*)
283	선녀부전나비	*Artopoetes pryeri*	나비목(Lepidoptera)	부전나비과(Lycaenidae)	선녀부전나비속(*Artopoetes*)
284	쇳빛부전나비	*Callophrys ferrea*	나비목(Lepidoptera)	부전나비과(Lycaenidae)	쇳빛부전나비속(*Callophrys*)
285	북방쇳빛부전나비	*Callophrys frivaldszkyi*	나비목(Lepidoptera)	부전나비과(Lycaenidae)	쇳빛부전나비속(*Callophrys*)
286	푸른부전나비	*Celastrina argiolus*	나비목(Lepidoptera)	부전나비과(Lycaenidae)	푸른부전나비속(*Celastrina*)
287	암붉은점녹색부전나비	*Chrysozephyrus smaragdinus*	나비목(Lepidoptera)	부전나비과(Lycaenidae)	북방녹색부전나비속 (*Chrysozephyrus*)
288	쌍꼬리부전나비	*Cigaritis takanonis*	나비목(Lepidoptera)	부전나비과(Lycaenidae)	쌍꼬리부전나비속(*Cigaritis*)
289	암먹부전나비	*Cupido argiades*	나비목(Lepidoptera)	부전나비과(Lycaenidae)	꼬마부전나비속(*Cupido*)
290	넓은띠녹색부전나비	*Favonius cognatus*	나비목(Lepidoptera)	부전나비과(Lycaenidae)	녹색부전나비속(*Favonius*)
291	큰녹색부전나비	*Favonius orientalis*	나비목(Lepidoptera)	부전나비과(Lycaenidae)	녹색부전나비속(*Favonius*)
292	산녹색부전나비	*Favonius taxila*	나비목(Lepidoptera)	부전나비과(Lycaenidae)	녹색부전나비속(*Favonius*)
293	귤빛부전나비	*Japonica lutea*	나비목(Lepidoptera)	부전나비과(Lycaenidae)	귤빛부전나비속(*Japonica*)
294	시가도귤빛부전나비	*Japonica saepestriata*	나비목(Lepidoptera)	부전나비과(Lycaenidae)	귤빛부전나비속(*Japonica*)
295	물결부전나비	*Lampides boeticus*	나비목(Lepidoptera)	부전나비과(Lycaenidae)	물결부전나비속(*Lampides*)
296	큰주홍부전나비	*Lycaena dispar*	나비목(Lepidoptera)	부전나비과(Lycaenidae)	주홍부전나비속(*Lycaena*)
297	작은주홍부전나비	*Lycaena phlaeas*	나비목(Lepidoptera)	부전나비과(Lycaenidae)	주홍부전나비속(*Lycaena*)
298	작은녹색부전나비	*Neozephyrus japonicus*	나비목(Lepidoptera)	부전나비과(Lycaenidae)	작은녹색부전나비속 (*Neozephyrus*)
299	부전나비	*Plebejus argyrognomon*	나비목(Lepidoptera)	부전나비과(Lycaenidae)	부전나비속(*Plebejus*)
300	깊은산부전나비	*Protantigius superans*	나비목(Lepidoptera)	부전나비과(Lycaenidae)	깊은산부전나비속 (*Protantigius*)
301	범부전나비	*Rapala caerulea*	나비목(Lepidoptera)	부전나비과(Lycaenidae)	범부전나비속(*Rapala*)
302	참까마귀부전나비	*Satyrium eximia*	나비목(Lepidoptera)	부전나비과(Lycaenidae)	까마귀부전나비속(*Satyrium*)
303	꼬마까마귀부전나비	*Satyrium prunoides*	나비목(Lepidoptera)	부전나비과(Lycaenidae)	까마귀부전나비속(*Satyrium*)
304	작은홍띠점박이푸른부전나비	*Scolitantides orion*	나비목(Lepidoptera)	부전나비과(Lycaenidae)	작은홍띠점박이푸른부전나비속 (*Scolitantides*)
305	큰홍띠점박이푸른부전나비	*Sinia divina*	나비목(Lepidoptera)	부전나비과(Lycaenidae)	큰홍띠점박이푸른부전나비속 (*Sinia*)
306	바둑돌부전나비	*Taraka hamada*	나비목(Lepidoptera)	부전나비과(Lycaenidae)	바둑돌부전나비속(*Taraka*)
307	암고운부전나비	*Thecla betulae*	나비목(Lepidoptera)	부전나비과(Lycaenidae)	암고운부전나비속(*Thecla*)
308	먹부전나비	*Tongeia fischeri*	나비목(Lepidoptera)	부전나비과(Lycaenidae)	먹부전나비속(*Tongeia*)
309	참나무부전나비	*Wagimo signatus*	나비목(Lepidoptera)	부전나비과(Lycaenidae)	참나무부전나비속(*Wagimo*)
310	남방부전나비	*Zizeeria maha*	나비목(Lepidoptera)	부전나비과(Lycaenidae)	남방부전나비속(*Zizeeria*)
311	오색나비	*Apatura ilia*	나비목(Lepidoptera)	네발나비과(Nymphalidae)	오색나비속(*Apatura*)
312	황오색나비	*Apatura metis*	나비목(Lepidoptera)	네발나비과(Nymphalidae)	오색나비속(*Apatura*)
313	거꾸로여덟팔나비	*Araschnia burejana*	나비목(Lepidoptera)	네발나비과(Nymphalidae)	거꾸로여덟팔나비속 (*Araschnia*)
314	흰줄표범나비	*Argynnis laodice*	나비목(Lepidoptera)	네발나비과(Nymphalidae)	은점표범나비속(*Argynnis*)
315	왕은점표범나비	*Argynnis nerippe*	나비목(Lepidoptera)	네발나비과(Nymphalidae)	은점표범나비속(*Argynnis*)
316	은점표범나비	*Argynnis niobe*	나비목(Lepidoptera)	네발나비과(Nymphalidae)	은점표범나비속(*Argynnis*)
317	은줄표범나비	*Argynnis paphia*	나비목(Lepidoptera)	네발나비과(Nymphalidae)	은점표범나비속(*Argynnis*)
318	큰흰줄표범나비	*Argynnis ruslana*	나비목(Lepidoptera)	네발나비과(Nymphalidae)	은점표범나비속(*Argynnis*)
319	긴은점표범나비	*Argynnis vorax*	나비목(Lepidoptera)	네발나비과(Nymphalidae)	은점표범나비속(*Argynnis*)
320	산은줄표범나비	*Argynnis zenobia*	나비목(Lepidoptera)	네발나비과(Nymphalidae)	은점표범나비속(*Argynnis*)
321	암끝검은표범나비	*Argyreus hyperbius*	나비목(Lepidoptera)	네발나비과(Nymphalidae)	암끝검은표범나비속(*Argyreus*)
322	홍줄나비	*Chalinga pratti*	나비목(Lepidoptera)	네발나비과(Nymphalidae)	홍줄나비속(*Chalinga*)
323	수노랑나비	*Chitoria ulupi*	나비목(Lepidoptera)	네발나비과(Nymphalidae)	수노랑나비속(*Chitoria*)
324	시골처녀나비	*Coenonympha amaryllis*	나비목(Lepidoptera)	네발나비과(Nymphalidae)	처녀나비속(*Coenonympha*)
325	봄처녀나비	*Coenonympha oedippus*	나비목(Lepidoptera)	네발나비과(Nymphalidae)	처녀나비속(*Coenonympha*)
326	먹그림나비	*Dichorragia nesimachus*	나비목(Lepidoptera)	네발나비과(Nymphalidae)	먹그림나비속(*Dichorragia*)
327	유리창나비	*Dilipa fenestra*	나비목(Lepidoptera)	네발나비과(Nymphalidae)	유리창나비속(*Dilipa*)
328	홍점알락나비	*Hestina assimilis*	나비목(Lepidoptera)	네발나비과(Nymphalidae)	홍점알락나비속(*Hestina*)
329	흑백알락나비	*Hestina persimilis*	나비목(Lepidoptera)	네발나비과(Nymphalidae)	홍점알락나비속(*Hestina*)
330	청띠신선나비	*Kaniska canace*	나비목(Lepidoptera)	네발나비과(Nymphalidae)	청띠신선나비속(*Kaniska*)

No.	국명	학명	목(Order)	과(Family)	속(Genus)
331	먹그늘나비	*Lethe diana*	나비목(Lepidoptera)	네발나비과(Nymphalidae)	먹그늘나비속(*Lethe*)
332	뿔나비	*Libythea lepita*	나비목(Lepidoptera)	네발나비과(Nymphalidae)	뿔나비속(*Libythea*)
333	줄나비	*Limenitis camilla*	나비목(Lepidoptera)	네발나비과(Nymphalidae)	줄나비속(*Limenitis*)
334	제이줄나비	*Limenitis doerriesi*	나비목(Lepidoptera)	네발나비과(Nymphalidae)	줄나비속(*Limenitis*)
335	제일줄나비	*Limenitis helmanni*	나비목(Lepidoptera)	네발나비과(Nymphalidae)	줄나비속(*Limenitis*)
336	왕줄나비	*Limenitis populi*	나비목(Lepidoptera)	네발나비과(Nymphalidae)	줄나비속(*Limenitis*)
337	굵은줄나비	*Limenitis sydyi*	나비목(Lepidoptera)	네발나비과(Nymphalidae)	줄나비속(*Limenitis*)
338	조흰뱀눈나비	*Melanargia epimede*	나비목(Lepidoptera)	네발나비과(Nymphalidae)	흰뱀눈나비속(*Melanargia*)
339	흰뱀눈나비	*Melanargia halimede*	나비목(Lepidoptera)	네발나비과(Nymphalidae)	흰뱀눈나비속(*Melanargia*)
340	봄어리표범나비	*Melitaea latefascia*	나비목(Lepidoptera)	네발나비과(Nymphalidae)	어리표범나비속(*Melitaea*)
341	은판나비	*Mimathyma schrenckii*	나비목(Lepidoptera)	네발나비과(Nymphalidae)	은판나비속(*Mimathyma*)
342	굴뚝나비	*Minois dryas*	나비목(Lepidoptera)	네발나비과(Nymphalidae)	굴뚝나비속(*Minois*)
343	부처사촌나비	*Mycalesis francisca*	나비목(Lepidoptera)	네발나비과(Nymphalidae)	부처나비속(*Mycalesis*)
344	부처나비	*Mycalesis gotama*	나비목(Lepidoptera)	네발나비과(Nymphalidae)	부처나비속(*Mycalesis*)
345	세줄나비	*Neptis philyra*	나비목(Lepidoptera)	네발나비과(Nymphalidae)	세줄나비속(*Neptis*)
346	별박이세줄나비	*Neptis pryeri*	나비목(Lepidoptera)	네발나비과(Nymphalidae)	세줄나비속(*Neptis*)
347	어리세줄나비	*Neptis raddei*	나비목(Lepidoptera)	네발나비과(Nymphalidae)	세줄나비속(*Neptis*)
348	두줄나비	*Neptis rivularis*	나비목(Lepidoptera)	네발나비과(Nymphalidae)	세줄나비속(*Neptis*)
349	애기세줄나비	*Neptis sappho*	나비목(Lepidoptera)	네발나비과(Nymphalidae)	세줄나비속(*Neptis*)
350	황세줄나비	*Neptis thisbe*	나비목(Lepidoptera)	네발나비과(Nymphalidae)	세줄나비속(*Neptis*)
351	네발나비	*Polygonia c-aureum*	나비목(Lepidoptera)	네발나비과(Nymphalidae)	네발나비속(*Polygonia*)
352	왕오색나비	*Sasakia charonda*	나비목(Lepidoptera)	네발나비과(Nymphalidae)	왕오색나비속(*Sasakia*)
353	대왕나비	*Sephisa princeps*	나비목(Lepidoptera)	네발나비과(Nymphalidae)	대왕나비속(*Sephisa*)
354	작은멋쟁이나비	*Vanessa cardui*	나비목(Lepidoptera)	네발나비과(Nymphalidae)	멋쟁이나비속(*Vanessa*)
355	큰멋쟁이나비	*Vanessa indica*	나비목(Lepidoptera)	네발나비과(Nymphalidae)	멋쟁이나비속(*Vanessa*)
356	애물결나비	*Ypthima argus*	나비목(Lepidoptera)	네발나비과(Nymphalidae)	물결나비속(*Ypthima*)
357	사향제비나비	*Atrophaneura alcinous*	나비목(Lepidoptera)	호랑나비과(Papilionidae)	사향제비나비속(*Atrophaneura*)
358	청띠제비나비	*Graphium sarpedon*	나비목(Lepidoptera)	호랑나비과(Papilionidae)	청띠제비나비속(*Graphium*)
359	애호랑나비	*Luehdorfia puziloi*	나비목(Lepidoptera)	호랑나비과(Papilionidae)	애호랑나비속(*Luehdorfia*)
360	제비나비	*Papilio bianor*	나비목(Lepidoptera)	호랑나비과(Papilionidae)	호랑나비속(*Papilio*)
361	무늬박이제비나비	*Papilio helenus*	나비목(Lepidoptera)	호랑나비과(Papilionidae)	호랑나비속(*Papilio*)
362	산호랑나비	*Papilio machaon*	나비목(Lepidoptera)	호랑나비과(Papilionidae)	호랑나비속(*Papilio*)
363	긴꼬리제비나비	*Papilio macilentus*	나비목(Lepidoptera)	호랑나비과(Papilionidae)	호랑나비속(*Papilio*)
364	남방제비나비	*Papilio protenor*	나비목(Lepidoptera)	호랑나비과(Papilionidae)	호랑나비속(*Papilio*)
365	호랑나비	*Papilio xuthus*	나비목(Lepidoptera)	호랑나비과(Papilionidae)	호랑나비속(*Papilio*)
366	붉은점모시나비	*Parnassius bremeri*	나비목(Lepidoptera)	호랑나비과(Papilionidae)	모시나비속(*Parnassius*)
367	모시나비	*Parnassius stubbendorfii*	나비목(Lepidoptera)	호랑나비과(Papilionidae)	모시나비속(*Parnassius*)
368	꼬리명주나비	*Sericinus montela*	나비목(Lepidoptera)	호랑나비과(Papilionidae)	꼬리명주나비속(*Sericinus*)
369	갈고리흰나비	*Anthocharis scolymus*	나비목(Lepidoptera)	흰나비과(Pieridae)	갈고리흰나비속(*Anthocharis*)
370	노랑나비	*Colias erate*	나비목(Lepidoptera)	흰나비과(Pieridae)	노랑나비속(*Colias*)
371	남방노랑나비	*Eurema mandarina*	나비목(Lepidoptera)	흰나비과(Pieridae)	남방노랑나비속(*Eurema*)
372	각시멧노랑나비	*Gonepteryx aspasia*	나비목(Lepidoptera)	흰나비과(Pieridae)	멧노랑나비속(*Gonepteryx*)
373	멧노랑나비	*Gonepteryx maxima*	나비목(Lepidoptera)	흰나비과(Pieridae)	멧노랑나비속(*Gonepteryx*)
374	기생나비	*Leptidea amurensis*	나비목(Lepidoptera)	흰나비과(Pieridae)	기생나비속(*Leptidea*)
375	대만흰나비	*Pieris canidia*	나비목(Lepidoptera)	흰나비과(Pieridae)	흰나비속(*Pieris*)
376	큰줄흰나비	*Pieris melete*	나비목(Lepidoptera)	흰나비과(Pieridae)	흰나비속(*Pieris*)
377	줄흰나비	*Pieris napi*	나비목(Lepidoptera)	흰나비과(Pieridae)	흰나비속(*Pieris*)
378	배추흰나비	*Pieris rapae*	나비목(Lepidoptera)	흰나비과(Pieridae)	흰나비속(*Pieris*)
379	풀흰나비	*Pontia daplidice*	나비목(Lepidoptera)	흰나비과(Pieridae)	풀흰나비속(*Pontia*)
380	왕물결나방	*Brahmaea certhia*	나비목(Lepidoptera)	왕물결나방과(Brahmaeidae)	왕물결나방속(*Brahmaea*)
381	털보다리유리나방	*Melittia inouei*	나비목(Lepidoptera)	굴벌레나방과(Cossidae)	*Melittia*
382	목화명나방	*Haritalodes derogata*	나비목(Lepidoptera)	풀명나방과(Crambidae)	*Haritalodes*

No.	국명	학명	목(Order)	과(Family)	속(Genus)
383	금빛갈고리나방	*Callidrepana patrana palleolus*	나비목(Lepidoptera)	갈고리나방과(Drepanidae)	금빛갈고리나방속 (*Callidrepana*)
384	북방갈고리큰나방	*Calyptra hokkaida*	나비목(Lepidoptera)	태극나방과(Erebidae)	*Calyptra*
385	흰제비불나방	*Chionarctia nivea*	나비목(Lepidoptera)	태극나방과(Erebidae)	*Chionarctia*
386	노랑테불나방	*Collita griseola*	나비목(Lepidoptera)	태극나방과(Erebidae)	*Collita*
387	애으름큰나방	*Eudocima phalonia*	나비목(Lepidoptera)	태극나방과(Erebidae)	*Eudocima*
388	으름큰나방	*Eudocima tyrannus*	나비목(Lepidoptera)	태극나방과(Erebidae)	*Eudocima*
389	갈색독나방	*Ilema jankowskii*	나비목(Lepidoptera)	태극나방과(Erebidae)	*Ilema*
390	황다리독나방	*Ivela auripes*	나비목(Lepidoptera)	태극나방과(Erebidae)	*Ivela*
391	수검은줄점불나방	*Lemyra imparilis*	나비목(Lepidoptera)	태극나방과(Erebidae)	*Lemyra*
392	톱날무늬노랑불나방	*Miltochrista ziczac*	나비목(Lepidoptera)	태극나방과(Erebidae)	*Miltochrista*
393	줄점불나방	*Spilarctia seriatopunctata*	나비목(Lepidoptera)	태극나방과(Erebidae)	*Spilarctia*
394	가시가지나방	*Apochima juglansiaria*	나비목(Lepidoptera)	자나방과(Geometridae)	*Apochima*
395	큰노랑물결자나방	*Gandaritis fixseni*	나비목(Lepidoptera)	자나방과(Geometridae)	*Gandaritis*
396	별박이자나방	*Naxa seriaria*	나비목(Lepidoptera)	자나방과(Geometridae)	*Naxa*
397	고운날개가지나방	*Oxymacaria normata*	나비목(Lepidoptera)	자나방과(Geometridae)	*Oxymacaria*
398	가을노랑가지나방	*Pseudepione magnaria*	나비목(Lepidoptera)	자나방과(Geometridae)	*Pseudepione*
399	벼슬집명나방	*Locastra muscosalis*	나비목(Lepidoptera)	명나방과(Pyralidae)	*Locastra*
400	솔나방	*Dendrolimus spectabilis*	나비목(Lepidoptera)	솔나방과(Lasiocampidae)	*Dendrolimus*
401	천막벌레나방	*Malacosoma neustria testacea*	나비목(Lepidoptera)	솔나방과(Lasiocampidae)	*Malacosoma*
402	한일무늬밤나방	*Orthosia carnipennis*	나비목(Lepidoptera)	밤나방과(Noctuidae)	*Orthosia*
403	가중나무껍질나방	*Eligma narcissus*	나비목(Lepidoptera)	혹나방과(Nolidae)	*Eligma*
404	노랑털알락나방	*Pryeria sinica*	나비목(Lepidoptera)	털알락나방과(Phaudidae)	*Pryeria*
405	꽃술재주나방	*Dudusa sphingiformis*	나비목(Lepidoptera)	재주나방과(Notodontidae)	꽃술재주나방속(*Dudusa*)
406	검은띠나무결재주나방	*Furcula furcula*	나비목(Lepidoptera)	재주나방과(Notodontidae)	흰그물재주나방속(*Furcula*)
407	산누에나방	*Antheraea pernyi*	나비목(Lepidoptera)	산누에나방과(Saturniidae)	*Antheraea*
408	참나무산누에나방	*Antheraea yamamai*	나비목(Lepidoptera)	산누에나방과(Saturniidae)	*Antheraea*
409	밤나무산누에나방	*Caligula japonica*	나비목(Lepidoptera)	산누에나방과(Saturniidae)	*Caligula*
410	유리산누에나방	*Rhodinia fugax*	나비목(Lepidoptera)	산누에나방과(Saturniidae)	*Rhodinia*
411	주홍박각시	*Deilephila elpenor*	나비목(Lepidoptera)	박각시과(Sphingidae)	주홍박각시속(*Deilephila*)
412	검정황나꼬리박각시	*Hemaris affinis*	나비목(Lepidoptera)	박각시과(Sphingidae)	황나꼬리박각시속(*Hemaris*)
413	우단박각시	*Rhagastis mongoliana*	나비목(Lepidoptera)	박각시과(Sphingidae)	*Rhagastis*
414	뱀눈박각시	*Smerinthus planus*	나비목(Lepidoptera)	박각시과(Sphingidae)	*Smerinthus*
415	줄박각시	*Theretra japonica*	나비목(Lepidoptera)	박각시과(Sphingidae)	*Theretra*
416	번개무늬잎말이나방	*Archips viola*	나비목(Lepidoptera)	잎말이나방과(Tortricidae)	*Archips*
417	귀룽큰애기잎말이나방	*Eudemis brevisetosa*	나비목(Lepidoptera)	잎말이나방과(Tortricidae)	큰애기잎말이나방속(*Eudemis*)
418	개나리잎벌	*Apareophora forsythiae*	벌목(Hymenoptera)	잎벌과(Tenthredinidae)	고려잎벌속(*Apareophora*)
419	끝루리등에잎벌	*Arge enodis*	벌목(Hymenoptera)	등에잎벌과(Argidae)	등에잎벌속(*Arge*)
420	장미등에잎벌	*Arge pagana pagana*	벌목(Hymenoptera)	등에잎벌과(Argidae)	등에잎벌속(*Arge*)
421	극동등에잎벌	*Arge similis*	벌목(Hymenoptera)	등에잎벌과(Argidae)	등에잎벌속(*Arge*)
422	양봉꿀벌	*Apis mellifera*	벌목(Hymenoptera)	꿀벌과(Apidae)	꿀벌속(*Apis*)
423	삽포로뒤영벌	*Bombus (Bombus) hypocrita sapporoensis*	벌목(Hymenoptera)	꿀벌과(Apidae)	뒤영벌속(*Bombus*)
424	말총벌	*Euurobracon yokahamae*	벌목(Hymenoptera)	고치벌과(Braconidae)	말총벌속(*Euurobracon*)
425	어리줄배벌	*Scolia nobilis*	벌목(Hymenoptera)	배벌과(Scoliidae)	*Scolia*
426	나나니	*Ammophila infesta*	벌목(Hymenoptera)	구멍벌과(Sphecidae)	나나니속(*Ammophila*)
427	뱀허물쌍살벌	*Parapolybia varia*	벌목(Hymenoptera)	말벌과(Vespidae)	뱀허물쌍살벌속(*Parapolybia*)
428	두눈박이쌍살벌	*Polistes chinensis antennalis*	벌목(Hymenoptera)	말벌과(Vespidae)	쌍살벌속(*Polistes*)
429	꼬마별쌍살벌	*Polistes japonicus japonicus*	벌목(Hymenoptera)	말벌과(Vespidae)	쌍살벌속(Polistes)
430	어리별쌍살벌	*Polistes mandarinus*	벌목(Hymenoptera)	말벌과(Vespidae)	쌍살벌속(Polistes)
431	장수말벌	*Vespa mandarinia*	벌목(Hymenoptera)	말벌과(Vespidae)	말벌속(Vespa)

가나다차례로 찾아보기

ㄱ

ㄴ

ㄷ

ㅁ

ㅂ

ㅅ

ㅇ

ㅈ

ㅊ

ㅋ

ㅌ

ㅍ

ㅎ

참고 문헌

국내 자료

강전유, 김철웅, 박형기, 이상길, 이용규 정호성, 2008. 나무 해충 도감. 소담출판사, 328pp.

강창수, 김진일, 김학렬, 류재혁, 문명진, 박상옥,여성문, 이봉희, 이종욱, 이해풍, 2005. 일반곤충학. 정문각, 631pp.

국립생물자원관, 2019. 국가생물종목록. III. 곤충. 디자인집, 988pp.

김상수, 백문기, 2020. 한국 나방 도감. 자연과 생태, 781pp.

김성수, 2003. 나비 · 나방. 교학사, 335pp.

김성수, 2006. 우리 나비 백 가지. 현암사, 476pp.

김성수, 2012. 한국나비생태도감. 사계절, 539pp.

김성수, 김정규, 김태우, 박해철, 손재천, 유정선, 이영준(번역 감수), 2003. 자연학습 도감 곤충. 은하수미디어, 208pp.

김종길, 박해철, 이종은, 진병래, 2004. 한국의 반딧불이. 한국반딧불이연구회. 94pp.

김종선, 1996. 한국산 강도래목(Plecotera, Insecta)의 분류 및 생태학적 연구. 전남대학교 대학원

김준호, 2007. 한국 생태학 100년. 서울대학교출판부, 569pp.

김진일, 1998. 한국곤충생태도감, 딱정벌레목 III. 고려대학교 곤충연구소, 255pp.

김진일, 2000. 풍뎅이상과(상), 한국경제곤충 4. 농업과학기술원, 149pp.

김진일, 2001. 풍뎅이상과(하), 한국경제곤충 10. 농업과학기술원, 197pp.

김진일, 2002. 우리가 정말 알아야 할 우리 곤충 백가지. 현암사, 399pp.

김창환, 남상호, 이승모, 1982. 한국동식물 도감 제 26권 동물편(곤충류 VIII), 문교부

김태우, 2010. 곤충, 크게 보고 색다르게 찾자! 자연과 생태, 295pp.

김태우, 2013. 메뚜기 생태도감. 지오북, 381pp.

남상호, 1996. 한국의 곤충. 교학사, 서울. 519pp.

리고프 M. 지음, 황적준 옮김, 2002. 파리가 잡은 범인, 해바라기, 255pp.

메이 R. 베렌바움 지음, 윤소영 옮김, 2005. 살아있는 모든 것의 정복자 곤충. 다른세상, 461pp.

박규택 등, 2001. 자원곤충학. 아카데미서적, 334pp.

박규택, 1999. 한국의 나방(I). 곤충자원편람 IV, 생명공학연구소 · 곤충분류연구회, 358pp.

박영하, 2005. 우리나라 나무 이야기. 이비락, 381pp.

박정규, 김용균, 김길하, 김동순, 박종균, 변봉규, 2013. 곤충학용어집. 아카데미서적, 548pp.

박종균, 백종철, 2001. 딱정벌레과(딱정벌레목). 한국경제곤충 12, 농업과학기술원, 169pp.

박진영, 2004. 한국산 거위벌레과(딱정벌레목)의 계통분류 및 생태학적 연구. 안동대학교(학위논문)

박해철, 2003. 푸른아이 시리즈 29. 반딧불이. 웅진닷컴, 57pp.

박해철, 2006. 딱정벌레, 자연의 거대한 영웅 딱정벌레에 관한 모든 것. 다른세상, 559pp.

박해철, 2007. 이름으로 풀어보는 우리나라 곤충 이야기. 북피아주니어, 231pp.

박해철, 김성수, 이영보, 이영준. 2006, 딱정벌레. 교학사, 358pp.

박해철, 심하식, 황정훈, 강태화, 이희아, 이영보, 김미애, 김종길, 홍성진, 설광열, 김남정, 김성현, 안난희, 오치경, 우리 농촌에서 쉽게 찾는 물살이 곤충. 논총진흥청 농업과학기술원, 349pp.

백문기, 2012. 한국 밤 곤충 도감. 자연과 생태, 448pp.

백유현, 권밀철, 김현우, 2009. 주머니 속 나비 도감. 황소걸음, 344pp,

백종철, 정세호, 변봉규, 이봉우, 2010. 한국산 산림서식 메뚜기 도감. 국립수목원, 175pp.

부경생, 2012. 곤충생리학. 집현사, 618pp.

부경생, 김용균, 박계청, 최만연, 2005. 농생명과학연구원 학술총서 9, 곤충의 호르몬과 생리학. 서울대학교출판부, 875pp.

손재천, 2006. 주머니 속 애벌레 도감. 황소걸음, 455pp.

신유항, 1991. 한국나비도감. 아카데미서적, 364pp.

신유항, 2001. 원색한국나방도감. 아카데미서적, 551pp.

심하식, 2001. 한국산 Hotaria속 반딧불이의 분류 및 파파리반딧불이, Hotaria papariensis(Doi)의 생태학적 연구. 강원대학교.

심하식, 2001. 한국산 파파리반딧불이(Hotaria papariensis Doi)의 생태학적 연구. 한국동굴학회 2001년도 하계학술발표대회 2001 발표자료.

심하식, 권오길, 조동현, 최준길, 1999. 한국산 파파리반딧불이의 발광양상. 한국생태학회지 22(5): 271-276.

안수정, 2010. 노린재 도감. 자연과 생태, 294pp.

안수정, 김원근, 김상수, 박정규, 2018. 한국 육서 노린재. 자연과 생태, 631pp.

여상덕, 박중성, 1998. 한국산 박각시살이고치벌속(고치벌과, 밤나방살이고치벌아과)의 미기록종에 대하여. Korean Journal of Entomology, 28(3): 243-255.

오홍식, 강영국, 남상호, 2009. 애반딧불이(Luciola lateralis) 유충의 상륙에 미치는 수온의 영향. 한국응용곤충학회지 48(2): 203-209.

올리히 슈미트 지음, 장혜경 옮김, 2008. 동물들의 비밀신호. 해나무, 207pp.

우건석, 2002. 곤충분류학. 집현사, 483pp

원두희, 권순직, 전영철, 2005. 한국의 수서곤충. (주)생태조사단, 415pp.

윤일병, 1995, 수서곤충검색도설. 정행사. 262p.

이승모, 1987. 한반도 하늘소과 갑충지. 국립과학관, 287pp.

이영준, 2005. 매미박사 이영준의 우리 매미 탐구. 지오북. 191p.

이종욱. 1998. 한국곤충생태도감 IV. 벌, 파리, 밑들이, 풀잠자리, 집게벌레목. 고려대학교 한국곤충연구소, 246pp.

이종은, 안승락, 2001. 잎벌레과(딱정벌레목). 한국경제곤충 14호, 농업과학기술원, 229pp.

이종은, 조희욱, 2006. 한국경제곤충 27, 농작물에 발생하는 잎벌레류. 농업과학기술원, 127pp.

이한일, 2007. 위생곤충학(의용절지동물학) 제 4판. 고문사, 467pp.

장현규, 이승현, 최웅, 2015. 하늘소 생태도감. 399pp.

정계준, 2018. 야생벌의 세계. 경상대학교 출판부, 449pp.

정광수, 2007. 한국의 잠자리 생태도감. 일공육사, 512pp.

정부희, 2010. 곤충의 밥상. 상상의 숲, 479pp.
정부희, 2011. 곤충의 유토피아. 상상의 숲, 463pp.
정부희, 2012. 곤충 마음 야생화 마음. 상상의 숲, 479pp.
정부희, 2013. 나무와 곤충의 오랜 동행. 상상의 숲, 431pp.
정부희, 2013. 버섯살이 곤충의 사생활. 지성사, 323pp.
정부희, 2013. 생물학 미리 보기. 길벗스쿨, 147pp
정부희, 2014. 곤충의 빨간 옷. 상상의 숲, 351pp.
정부희, 2014. 대한민국 생물지 한국의 곤충, 개미붙이과. 국립생물자원관, 66pp.
정부희, 2015. 사계절 우리 숲에서 만나는 곤충. 지성사, 335pp.
정부희, 2016. 갈참나무의 죽음과 곤충왕국. 상상의 숲, 287pp.
정부희, 2018. 대한민국 생물지 한국의 곤충, 버섯벌레과. 국립생물자원관, 104pp.
정부희, 2019. 대한민국 생물지 한국의 곤충, 거저리상과. 국립생물자원관, 95pp.
정부희, 2019. 먹이식물로 찾는 곤충도감. 상상의 숲, 447pp.
정부희, 2020. 대한민국 생물지 한국의 곤충, 무당벌레붙이과, 머리대장과, 허리머리대장과, 꽃알벌레과. 국립생물자원관, 87pp.
정부희, 2021. 곤충의 밥상. 보리(재출간), 799pp.
조영복, 안기정, 2001. 송장벌레과, 반날개과(딱정벌레목). 한국경제곤충 11호, 농업과학기술원, 167pp.
주흥재, 김성수, 손정달, 1997. 한국의 나비. 교학사, 437pp.
최광식, 최원일, 신상철, 최광식, 최원일, 정영진, 이상길, 김철수, 2007. 신산림병해충도감. 웃고문화사, 402pp.
토마스 아이스너 지음, 김소정 옮김, 2006. 전략의 귀재들 곤충. 삼인, 568pp.
Thomas M. Smith and Robert Leo Smith 지음, 강혜순, 오인혜, 정근, 이우신 옮김, 2007. 생태학 6판. 라이프사이언스, 622pp.
한국응용곤충학회, 한국곤충학회, 1998. 곤충용어집. 정행사, 366pp.
한민수, 나영은, 방혜선, 김명현, 강기경, 홍혜경, 이정택, 고병구, 2008. 논 생태계 수서무척추동물 도감(증보판). 농촌진흥청, 416pp
한호연, 권용정, 2001. 과실파리과(파리목). 한국경제곤충지 3호. 농업과학기술원, 113pp.
한호연, 최득수, 2001. 꽃등에과(파리목). 한국경제곤충지 15호. 농업과학기술원, 223pp.
함순아, 2000. Systematics of the Nemouridae(Plecoptera, Insecta) in Korea = 한국산 민강도래과(강도래목,곤충강)의 계통분류학적 연구. 전남대학교.
허운홍, 2012. 나방 애벌레 도감. 자연과 생태, 520pp.
허운홍, 2016. 나방 애벌레 도감 2. 자연과 생태, 392pp.
현재선, 2007. 식물과 곤충의 공존전략. 아카데미서적, 298pp.
현재선, 2009. 곤충의 진화와 생활사전략. 아카데미서적, 298pp.
홍기정, 박상욱, 우건석, 2001. 바구미상과(딱정벌레목). 한국경제곤충 13호. 농업과학기술원, 180pp.

영문 자료

Bae, Y.S., 2001. Family Pyraloidea: Pyraustinae & Pyralinae. Economic Insects of Korea 9. Ins. Koreana, Suppl. 16, 252pp.

Bae, Y.S., 2004. Superfamily Pyraloidea II (Phycitinae & Crambinae etc.). Economic Insects of Korea 22. Ins. Koreana, Suppl. 29, 205pp.

Booth, R.G., Cox M.L. and Madge, R.B., 1990. IIE guides to insects of importance to man 3. Coleoptera. International Institute of Entomology, Natural History Museum and University Press, 384pp.

Burrows, M. et al., 2008. Resilin and cuticle form a composite structure for energy storage in jumping by froghopper insects. BMC Biology, 6: 41.

Borden J.H., McClaren M, Horta M.A., 1969. Fecal filaments produced by fungus-infesting larvae of Platydema oregonense. Annals of the Entomological Society of America 62: 444-456.

Byun, B.K., Y.S. Bae, and K.T. Park, 1998. Illustrated Catalogue of Tortricidae in Korea (Lepidoptera). In Park, K.T.(eds): Insects of Korea [2], 317pp.

Crowson, R.A., 1981 The biology of the Coleoptera. Academic Press, New York, 802pp.

Eisner, T. and J. Meinwald, 1966. Defensive secretion of arthropods. Science 153: 1341-1350.

Gilbert Waldbauer, 1999. The Handy Bug Answer Book. Visible Ink Press, U.S.A., 308pp.

Gilbert Waldbauer, 2003. What good are bugs? Harvard University press.

Graves R.C., 1960. Ecologial observations on the insects and other inhabitants of woody shelf fungi (Basidiomycetes: Polyporaceae) in the Chicago area. Annals of the Entomological Society of America 53: 61-78.

Grimaldi, D. and M. S. Engel 2005 Coleoptera and Strepsiptera. 357-406pp. In: Evolution of the Insects. Cambridge University Press, New York. 1-755pp.

Gullan P.J. and Cranston, P.S., 2000. The Insects. An outline of Entomology (second edition). Blackwell science, 470pp.

Jin Woo Choi and Kyung Saeng Boo, 1991. Effects of Juvenile Hormone and Molting Hormone on Diapausing Adults of the Alder Leaf Beetle. Agelastica coerulea Baly. Korean J. Appl. Entomol. 30(4): 258-264.

Jolevet, P., 1995 Host-plants of Chrysomelidae of the world. Bachhuys Publishers Leiden. pp. 1-281.

Jung B.H., 2008. A Taxonomy of Korean Tenebrionidae and Ecology of Fungivorous Tenebrionids. 301pp. Sungshin Women's University, Seoul. (Thesis).

Jung, B.H. and J.I. Kim, 2008. Biology of Platydema nigroaeneum Motschulsky (Coleoptera: Tenebrionidae) from Korea: Life History and Fungal Hosts. J. Ecol. Field Biol. 31(3): 249-253.

Jung B.H., 2012. Insect fauna of Korea 12, 5. Darkling beetles (Coleoptera: Tenebrionidae: Tenebrioninae). pp 123. Flora and Fauna of Korea, National Institute of Biological Resources Press, Korea.

Jung B.H., 2013. Insect fauna of Korea 12, 12. Darkling beetles (Coleoptera: Tenebrionidae: Lagriinae, Stenochiinae, Pimeliinae). pp 73. Flora and Fauna of Korea, National Institute of Biological Resources Press, Korea.

Jung B.H., 2013. Taxonomic Study of Laemophloeidae Ganglbauer (Insecta: Cucujoidea) in Korea, with Three Unrecorded Species. Entomological Research Bulletin 29(2): 111-115.

Jung B.H., 2013. Taxonomic Study of Cucujidae Latreille (Insecta: Cucujoidea) in Korea, with One Unrecorded Species Entomological Research Bulletin 29(2): 107-110.

Jung B.H., 2014. Insect fauna of Korea 12, 19. Cleridae (Coleoptera: Cleroidea). pp 59. Flora and Fauna of Korea, National Institute of Biological Resources Press, Korea.

Kawanabe, M., 1999. List of the host fungi of the Japanese Ciidae (Coleoptera). IV. Elytra 27: 404.

Kim J.I., Kwon Y.J., Paik J.C., Lee S.M., Ahn S.L., Park H.C., Chu H.Y., 1994. Order 23. Coleoptera. In: The Entomological Society of Korea and Korean Society of Applied Entomology (eds.), Check List of Insects from Korea, pp. 117-214. Kon-Kuk University Press, Seoul.

Kim, J.I. and B.H. Jung, 2005. A Taxonomic Review of the Genus Platydema Laporte & Brulle in Korea (Coleoptera, Tenebrionidae, Diaperinae). Entomological Research, 35 (1): 9-15.

Kimoto, S. and H. Takizawa, 1994. Leaf beetles (Chrysomelidae) of Japan. Tokai University Press. pp. 539. Knutson, R. M., 1974. Heat production and temerature regulation in eastern skunk cabbage. Science, 186: 746-747.

Krasutskiy BV., 2007. Beetles (Coleoptera) Associated with the Polypore Daedaleopsis congragosa (Bolton: Fr.) J. Schrot (Casidiomycetes, Aphyllophorales) in Forests of the Urals and Transurals. Entomological Review 87(5): 512-523.

Kurosawa, Y., Hisamatsu, S. and Sasaji, H., 1985. The Coleoptera of Japan in Color Vol. III. Hiokusha publishing co., Ltd. Japan. 500pp.

Majer, K., 1994. A review of the classification of the Melyridae and related families(Coleoptera; Cleroidea). Entomologica Basiliensia 17: 319-390.

Matthewman, R.H. and D.P. Pielow, 1971. Arthropods inhabiting the sporophores of Fomes fomentarius (Polyporaceae) in Gatineau Park, Quebec. The Canadian entomologist, 103: 775-847.

Ougushi, T., 2005. Indirect interaction webs: Herbivore movement, and insect-transmitted disease of maize. Ecology, 68: 1658-1669.

Park, C.H. and Lee B.Y., 1993. Life History of the Forsythia Sawfly, Apareophora forsythiae Sato (Hymenoptera: Tenthredinidae). Korean J. Appl. Entomol. 32(4): 457-459.

White, R.E., 1983. A field Guide to the Beetles of North America. Houghton mifflin company, pp. 368.

정부희

저자는 부여에서 나고 자랐다. 이화여자대학교 영어교육과를 졸업하고, 성신여자대학교 생물학과에서 곤충학 박사 학위를 받았다.

대학에 들어가기 전까지 전기조차 들어오지 않던 산골 오지, 산 아래 시골집에서 어린 시절과 사춘기 시절을 보내며 자연 속에 묻혀 살았다. 세월이 흘렀어도 자연은 저자의 '정신적 원형(archetype)'이 되어 삶의 샘이자 지주이며 곳간으로 늘 함께하고 있다.

30대 초반부터 우리 문화에 관심을 갖기 시작해 전국 유적지를 답사하면서 자연에 눈뜨기 시작한 저자는 이때부터 우리 식물, 특히 야생화에 관심을 갖게 되어 식물을 공부했고, 전문가에게 도움을 받으며 새와 버섯 등을 공부하기 시작했다. 최초의 생태 공원인 길동자연생태공원에서 자원봉사를 하며 자연과 곤충에 대한 열정을 키워 나갔고, 우리나라 딱정벌레목의 대가의 가르침을 받기 위해 성신여자대학교 생물학과 대학원에 입학했다.

석사 학위를 받고 이어 박사 과정에 입학한 저자는 '버섯살이 곤충'에 대한 연구를 본격화했고, 아무도 연구하지 않는 한국의 버섯살이 곤충들을 정리할 원대한 꿈을 향해 가고 있다. 〈한국산 거저리과의 분류 및 균식성 거저리의 생태 연구〉로 박사 학위를 받았으며, 최근까지 거저리과 곤충과 버섯살이 곤충에 관한 논문을 60편 넘게 발표하면서 연구 활동에 왕성하게 매진하고 있다.

이화여자대학교 에코과학연구소와 고려대학교 한국곤충연구소에서 연구 활동을 했고, 한양대학교, 성신여자대학교, 건국대학교 같은 여러 대학에서 강의하고 있으며, 현재는 우리곤충연구소를 열어 곤충 연구를 이어 가고 있다. 또한 국립생물자원관 등에서 주관하는 자생 생물 발굴 사업, 생물지 사업, 전국 해안사구 정밀 조사, 각종 환경 평가 등에 참여해 곤충 조사 및 연구를 해 오고 있다.

왕성한 연구 작업과 동시에 곤충의 대중화에도 큰 관심을 가진 저자는 각종 환경 단체 및 환경 관련 프로그램에서 곤충 생태에 관한 강연을 하고 있고, 여러 방송에서 곤충을 쉽게 풀어 소개하며 '곤충 사랑 풀뿌리 운동'에 힘을 보태고 있다.

2015년 〈올해의 이화인 상〉을 수상하였으며, 저서로는 〈정부희 곤충기〉인 《곤충의 밥상》, 《곤충의 보금자리》, 《곤충의 살아남기》, 《곤충과 들꽃》, 《나무와 곤충의 오랜 동행》, 《갈참나무의 죽음과 곤충왕국》이 있고, 《곤충들의 수다》, 《버섯살이 곤충의 사생활》, 《생물학 미리 보기》, 《사계절 우리 숲에서 만나는 곤충》, 〈우리 땅 곤충 관찰기〉(1~4권), 《먹이식물로 찾아보는 곤충도감》, 〈세밀화로 보는 정부희 선생님 곤충교실〉(1~5권), 《벌레를 사랑하는 기분》 들이 있다. 학술 저서로는 〈한국의 곤충(딱정벌레목: 거저리아과)〉 1권, 2권, 3권, 〈한국의 곤충(딱정벌레목: 개미붙이과)〉, 〈한국의 곤충(딱정벌레목: 버섯벌레과)〉, 〈한국의 곤충(딱정벌레목: 긴썩덩벌레과)〉, 〈한국의 곤충(딱정벌레목: 허리머리대장과, 머리대장과, 무당벌레붙이과, 꽃알벌레과)〉 들이 있다.

정부희

곤충학 강의

쉽게 풀어 쓴 곤충학 입문서

1판 1쇄 펴낸 날 2021년 5월 21일 | **1판 5쇄 펴낸 날** 2024년 7월 29일

글 사진 정부희

그림 옥영관

편집 박세미 | **디자인** 오혜진 | **기획실** 김소영, 김수연, 김용란

제작 심준엽 | **영업마케팅** 김현정, 심규완, 양병희 | **영업관리** 안명선

새사업부 조서연 | **경영지원실** 노명아, 신종호, 차수민

인쇄와 제본 (주)상지사P&B

펴낸이 유문숙 | **펴낸 곳** (주)도서출판 보리 | **출판 등록** 1991년 8월 6일 제9-279호

주소 (10881) 경기도 파주시 직지길 492

전화 031-955-3535 | **전송** 031-950-9501

누리집 www.boribook.com | **전자우편** bori@boribook.com

값 33,000원

보리는 나무 한 그루를 베어 낼 가치가 있는지 생각하며 책을 만듭니다.

ISBN 979-11-6314-196-9 03490

정부희

곤충학 강의

일러두기

1. 이 책은 곤충의 분류, 생태, 분포, 특성 따위를 알기 쉽고 재미있게 풀어 쓴 곤충학 입문서입니다.
2. 모두 5장으로 구성되어 있는데, 1장에서 4장까지는 곤충학 기초 이론을 저자가 직접 관찰하고 촬영한 사진과 함께 정리했습니다. 5장은 우리나라에서 쉽게 찾아볼 수 있는 하루살이, 잠자리, 나비, 파리 같은 20개의 곤충 목을 중심으로, 앞서 설명한 이론이 곤충마다 어떻게 나타나는지 정리했습니다.
3. 곤충 이름과 분류는《국가생물종목록》(환경부 국립생물자원관, 2021)을 따랐습니다. 우리나라에서 볼 수 없는 곤충들 가운데, 국명으로 표기할 수 없는 곤충은 *Aonidiella aurantii*, *Phryxothirx* sp.와 같이 학명으로 표기했습니다.
4. 맞춤법과 띄어쓰기는《표준국어대사전》(국립국어원 누리집)을 따랐으나 과명에는 사이시옷을 적용하지 않았습니다. 일부 전문용어들도 띄어 쓰지 않았습니다.
   · 필수휴면, 조건휴면, 후탈피, 혈림프, 기관아가미, 산란경호
   · 이파릿과 → 이파리과
5. 부록에 나온 '우리나라 곤충 분류 체계 목록'의 국명과 학명, 목, 과, 속은 5장의 분류 차례대로 실었습니다.